ocappa 课程

从洗发到烫、染、剪、吹一本就OK

日本美发技术全解析

（日）发书房 著

朴 实 韩海莲 李红梅 译

辽宁科学技术出版社

沈 阳

前　言

如今，我们所需要的已经不仅仅是追求流行的造型，而是要有顺应时代变化的“基础能力”。

近年来，为了提高发型师应对重视发型效果的成年顾客的技术实力，强化基础、重视技术培训课程的发廊也多了起来。

发廊的门户网站和橱窗照片虽然可以招揽新的顾客，但若没有吸引回头客的技术实力，那么就无法留住客人。

本书集头发科学、洗发、染发、烫发、拉直、吹发、剪发于一书，就是为那些想成为能够独立工作的发型师，提供必备的知识和技术。

作为为了加深对课堂学习内容理解的参考书、发廊教育的工具书、学习者的辅助教材，请利用此书来进行练习和自主活用。

基础能力会支撑起您的美发事业。

※ 本书是月刊《Ocappa》上刊登的“Ocappa 系列课程”的合订本。

目 录

Ocappa 的 课程安排

从在发廊半工半学到独立担当发型师大约需要 3 年！

独立担当前需要经历 2 ~ 5 年不等的时间。月刊《Ocappa》在 50 多家发廊的协助下，结合时代特征，修订了课程设置，将学习时间敲定为 3 年。

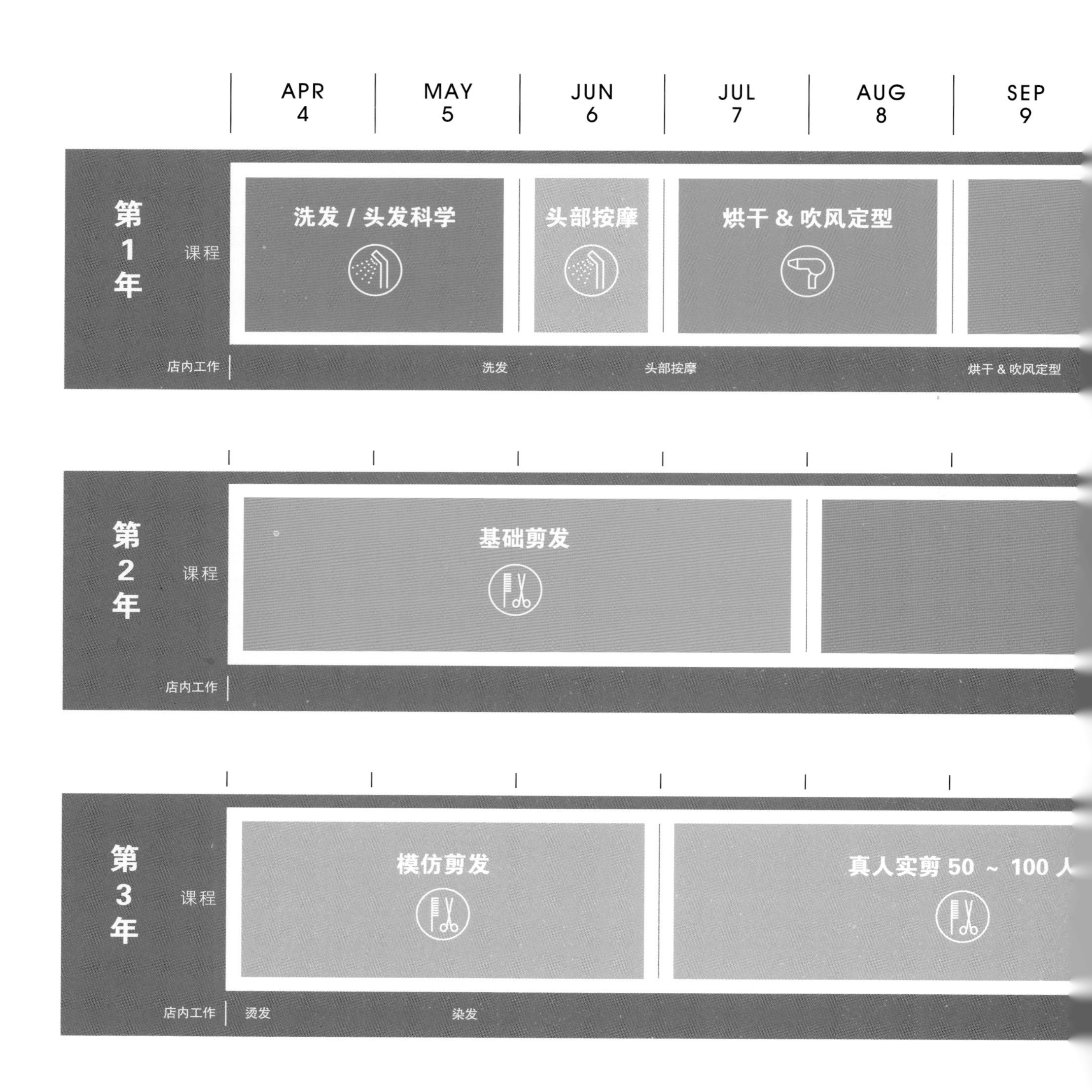

关于课程表

1. 在本书中，用不同颜色来表示不同的小标题。
2. 表中上一栏的“课程”代表学习的内容，请尽可能将其与发廊工作结合起来。
3. 表中下一栏的“店内工作”是助手在发廊内的工作内容。课程结束后，请在发廊内进行实践！

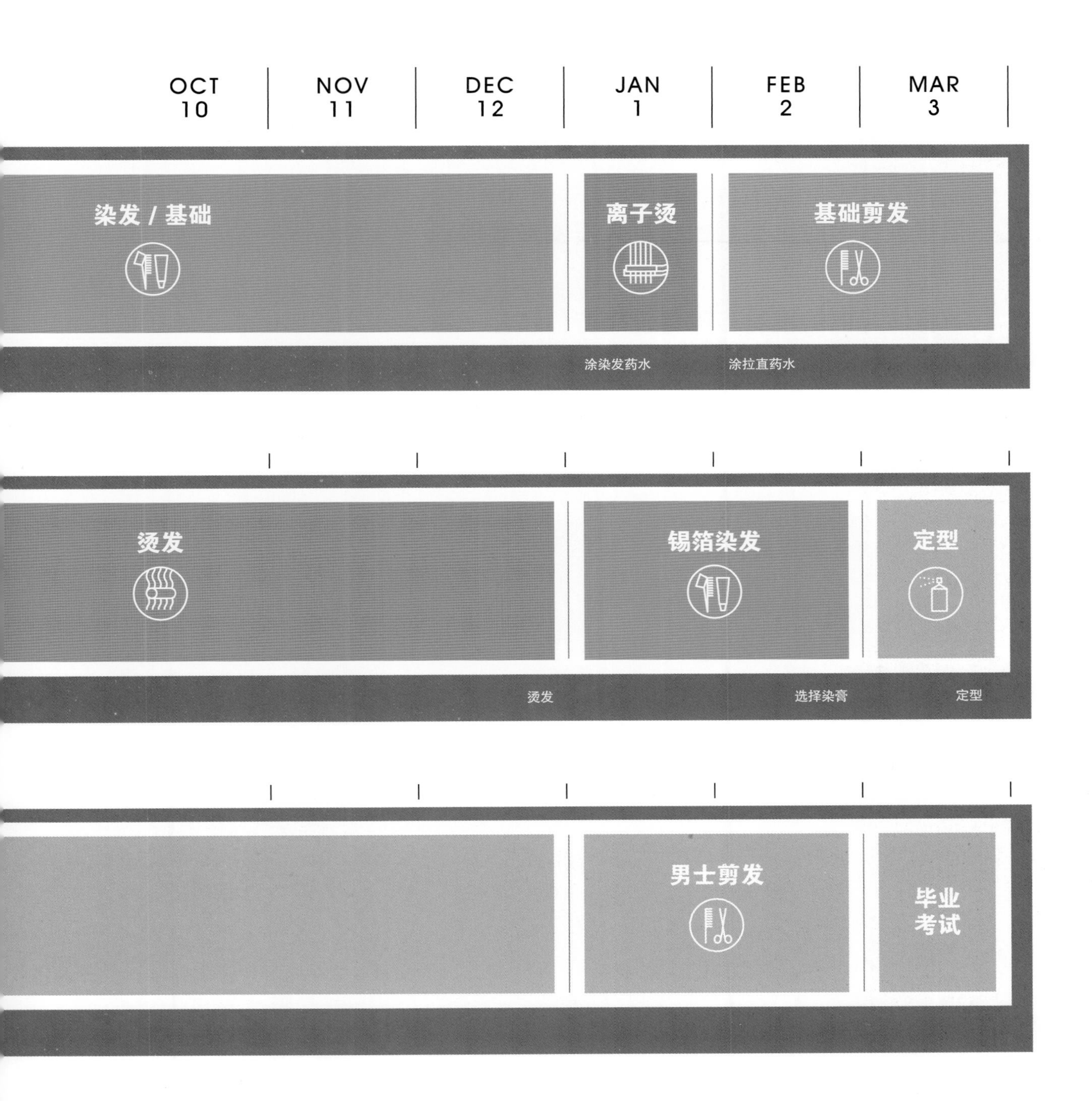

Ocappa 课程的 有效使用方法

[效果倍增的 Ocappa 式 5 条]

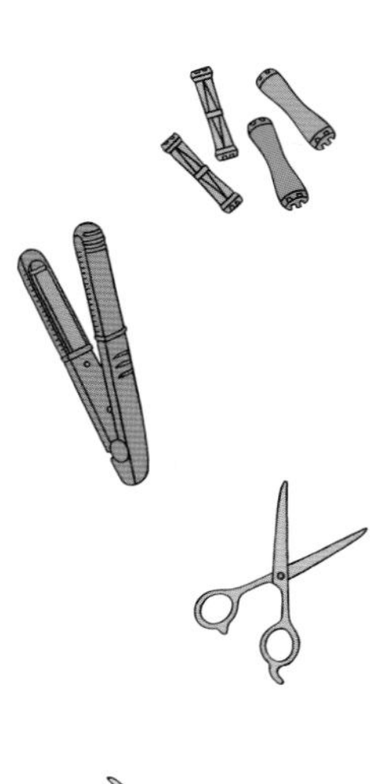

1 课上必须记录操作时间。

2 在店内工作时，需反复操练课上所学内容！

3 学会之后，在工作中应有意识地去做洗发和染发的工作！

4 用假发练习时也要当作给真人美发来看待。

5 请将练习时的模特当作自己接待的顾客一样！建立信赖关系是关键！

Ocappa 课程的特征

- 本课程设定的学习时间为 3 年。
- 因为在学习烫发之前如果先掌握了剪发基础，更易于了解头发的构造，所以设定从第 1 年开始学习“剪发基础”。剪发的练习时间因人而异。
- 本课程以发廊通用的内容为学习目标，为与时俱进可作适当调整。

Hair Science

头发的科学

你知道我们每天触摸的头发是如何生成的吗？与其死记硬背，倒不如先来了解一下头发的构造、生长过程，并遵循该过程来学习，能让我们更好地理解和掌握头发科学。另外，在工作时，怎样说明才能更便于客人理解呢？让我们先来学习美发工作中关于头发科学的用语吧。

日华化学股份有限公司
DEMI COSMETICS 商品统筹部
商品企划组 组长

为国浩史 [p8 ~ p14]

头发是如何生成的？

/ 日华化学股份有限公司　为国浩史

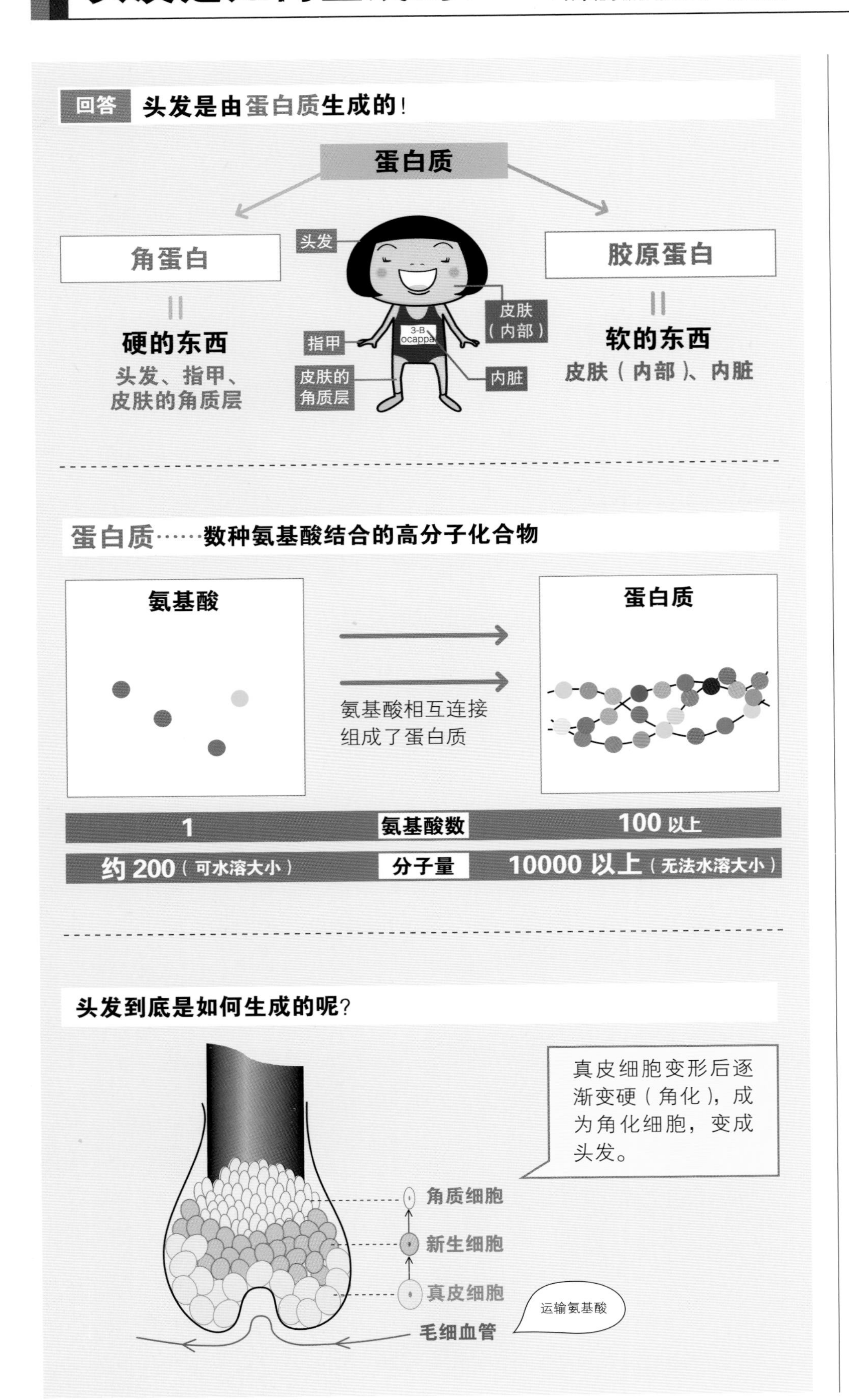

工作时这么说说看！

我来介绍一下如何向客人解说头发，也请自己想想看还可以怎么说！

可以和客人这样说❶

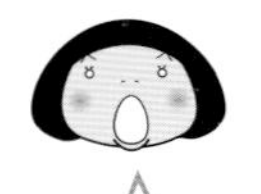

头发是由和指甲、皮肤的角质层同种的蛋白质构成的哦。

可以和客人这样说❷

大豆、海带、褐藻富含氨基酸，对头发很好哦。要是氨基酸不足的话，生发能力会变弱的。

可以和客人这样说❸

血液循环不畅的话，氨基酸就无法正常输送。

让我们在头发中“漫步”!

纵切照片

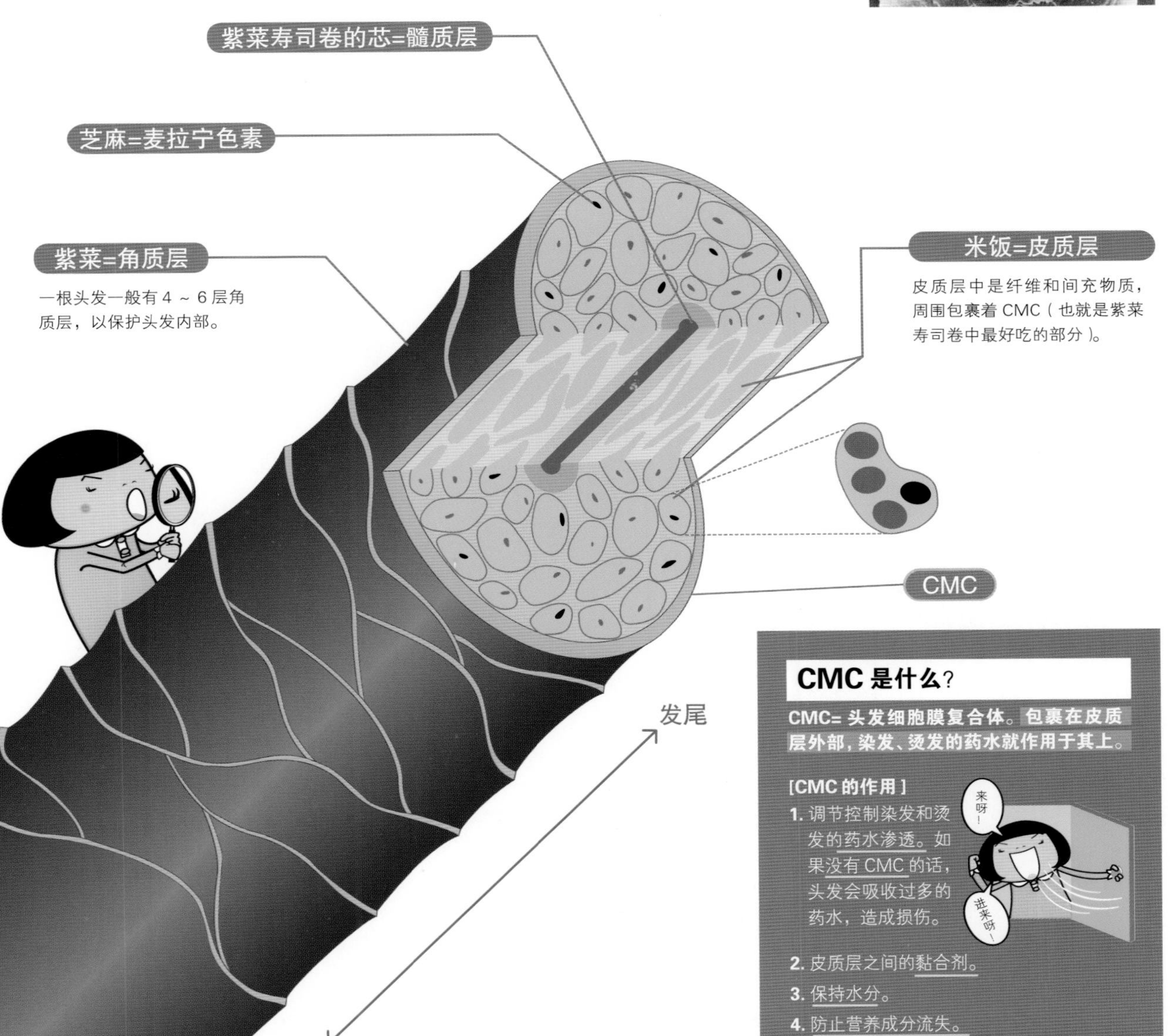

CMC是什么?

CMC=头发细胞膜复合体。包裹在皮质层外部，染发、烫发的药水就作用于其上。

[CMC的作用]

1. 调节控制染发和烫发的药水渗透。如果没有CMC的话，头发会吸收过多的药水，造成损伤。
2. 皮质层之间的黏合剂。
3. 保持水分。
4. 防止营养成分流失。

横切照片

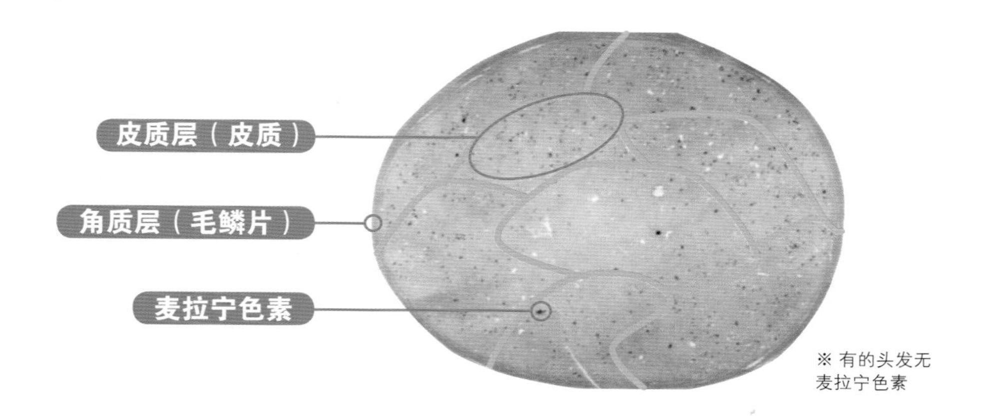

※ 有的头发无麦拉宁色素

间充物质的功能

★给予头发水分和弹性
★烫发定型就是利用间充物质移动的原理
★阻止染发剂进入头发内部

间充物质流失会导致头发没有光泽、弹性，烫发难以定型，以及染发过早退色。

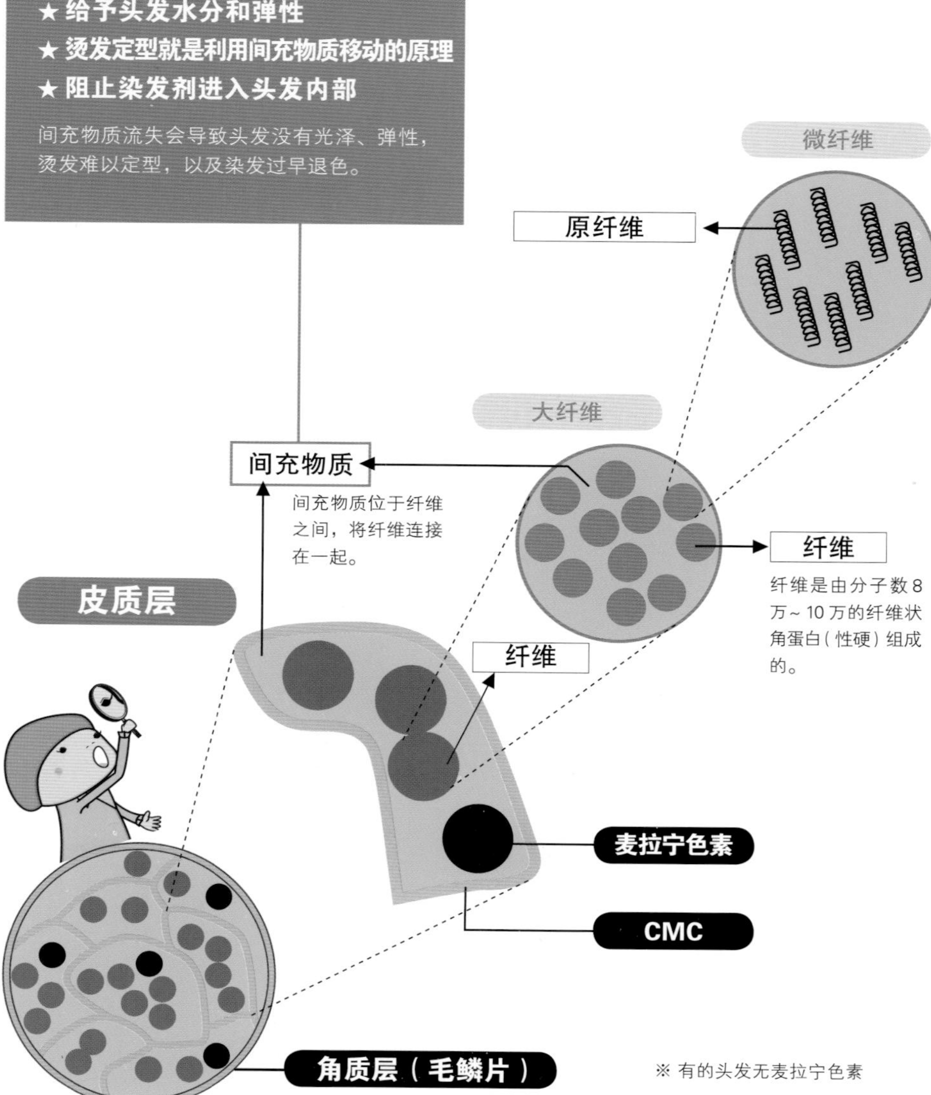

※ 有的头发无麦拉宁色素

工作时这么说说看！

我来介绍一下如何向客人解说头发，也请自己想想看还可以怎么说！

可以和客人这样说④

如果把头发比作紫菜寿司卷的话，角质层就如同紫菜哟。和为了不让米粒掉下来而卷着的紫菜一样，角质层有4～6层，保护头发中的养分。

可以和客人这样说⑤

角质层是肉眼不可见的。角质层剥落最严重的是在染、烫、梳、吹中受热最多的发梢部分。因此，需要特别温柔呵护。这一点非常重要哦。

可以和客人这样说⑥

头发内部最重要的就是皮质层部分。它包含着水分、油分等头发不可或缺的营养成分。如果皮质层流失就麻烦了，头发将会变得没有光泽和弹性！

头发为何会受损？

来自外部的损伤

① **染发和烫发造成的损伤**
CMC 消失 = 黏合剂消失

↓

② **黏合剂消失会造成角质层剥落**

↓

③ **间充物质（蛋白质）流失**

> 间充物质流失会使头发水分流失，
> 导致染发过早退色

未染烫过的头发

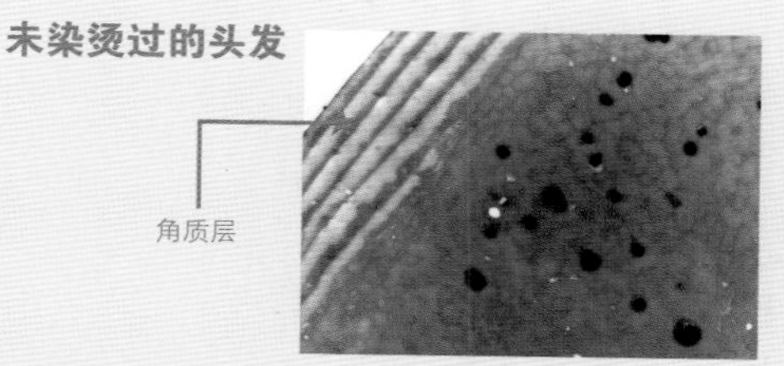

强力漂白过的头发

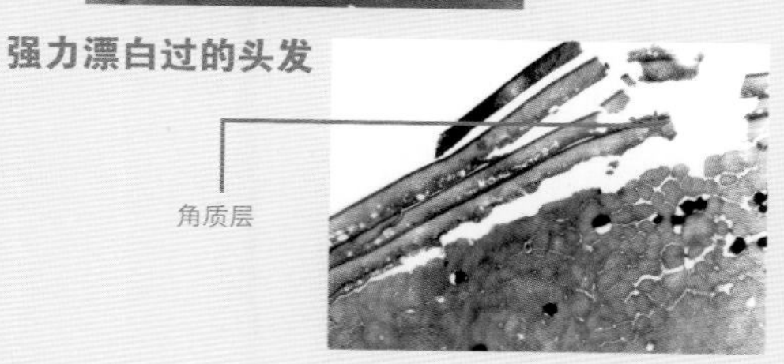

来自内部的损伤

① **染烫导致头发变成碱性，残留的碱性物质会分解间充物质（蛋白质）**

↓

② **蛋白质流失会造成头发的水分流失**

> 头发中如果有碱性物质残留，就会造成头发内部损伤！

低损伤

间充物质稍有流失，形成小空隙。

→

高损伤

间充物质流失，形成大空隙。

引起头发损伤的原因

除了日常梳理、吹干和换季所引起的损伤外，染、烫、剪发也会造成损伤。

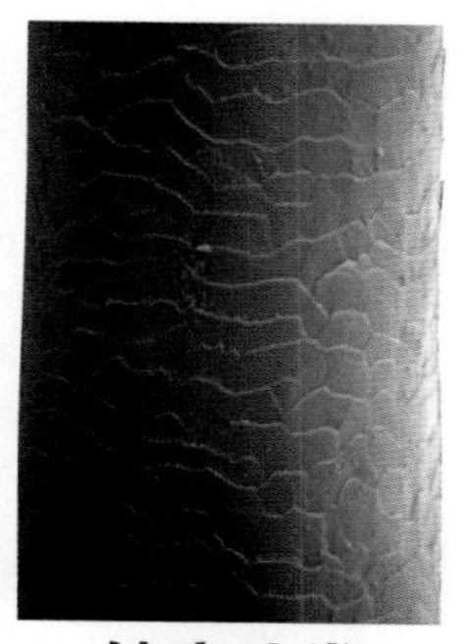

健康头发

电热棒加热和风筒吹干

免洗干剪

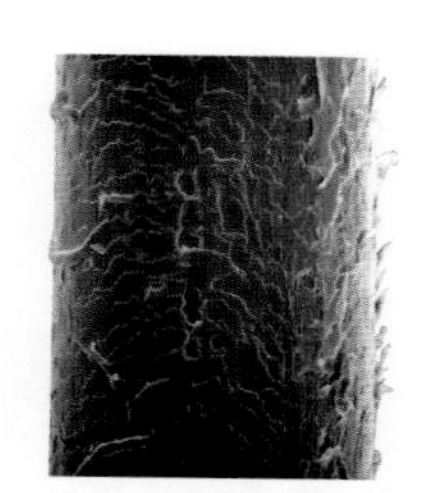

染发（漂白）和烫发

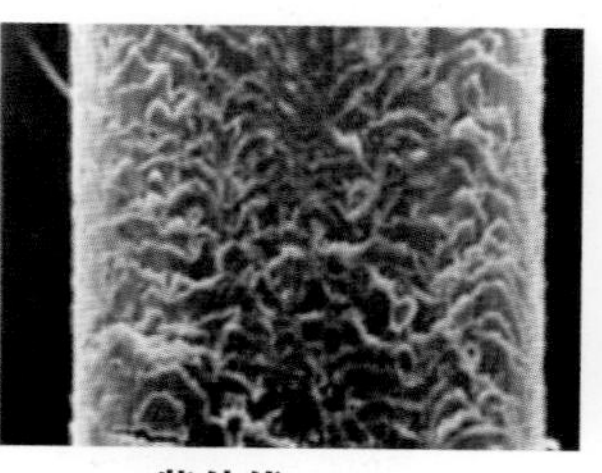

紫外线（阳光）

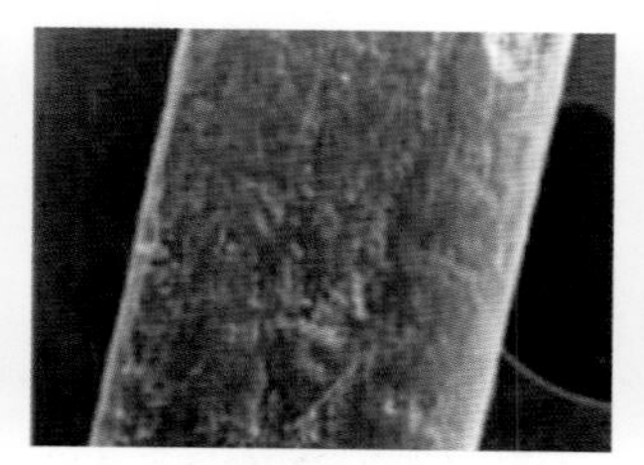

氯水（泳池）

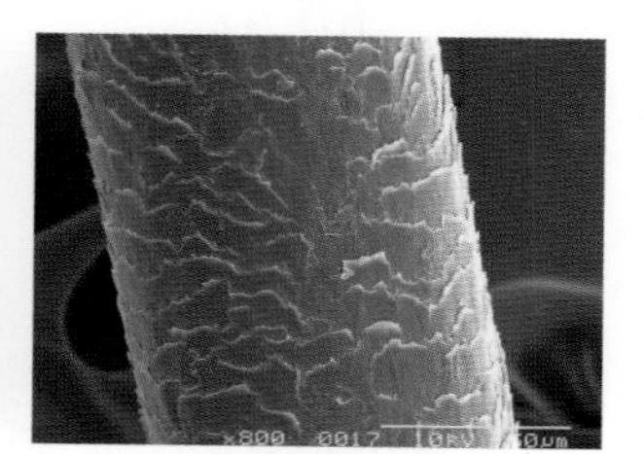

洗发和梳理

来了解头发的最佳状态!

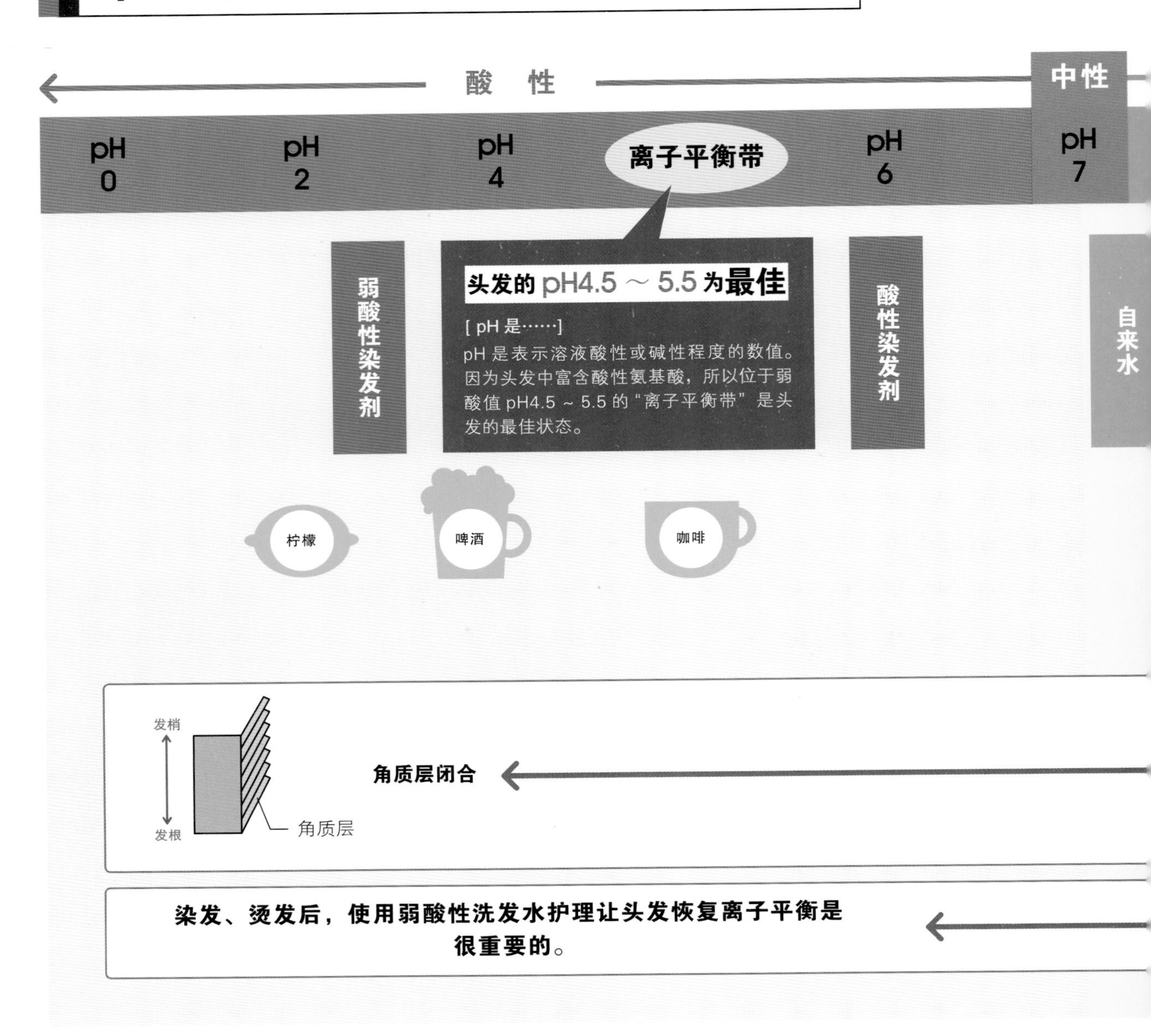

染发、烫发后，使用弱酸性洗发水护理让头发恢复离子平衡是很重要的。

何为链键?

头发是由 4 种链键组合而成的!

介绍对头发来说很重要的链键

将断开的链键重组起来!

1. 氢键

头发湿的时候，头发中的氢键是断裂的，干后会再次连接到一起。

●美发过程中氢键的作用

湿剪后氢键断开，风筒吹干氢键重组。

2. 离子键

头发受损后 pH 失衡，导致离子键断开。要想连接离子键，需要让头发的 pH 恢复到 4.5 ~ 5.5（离子平衡带）。

●美发过程中离子键的作用

将因染烫造成的偏碱性的头发（离子键断开），用弱酸性洗发水来护理（离子键重组）。

易断

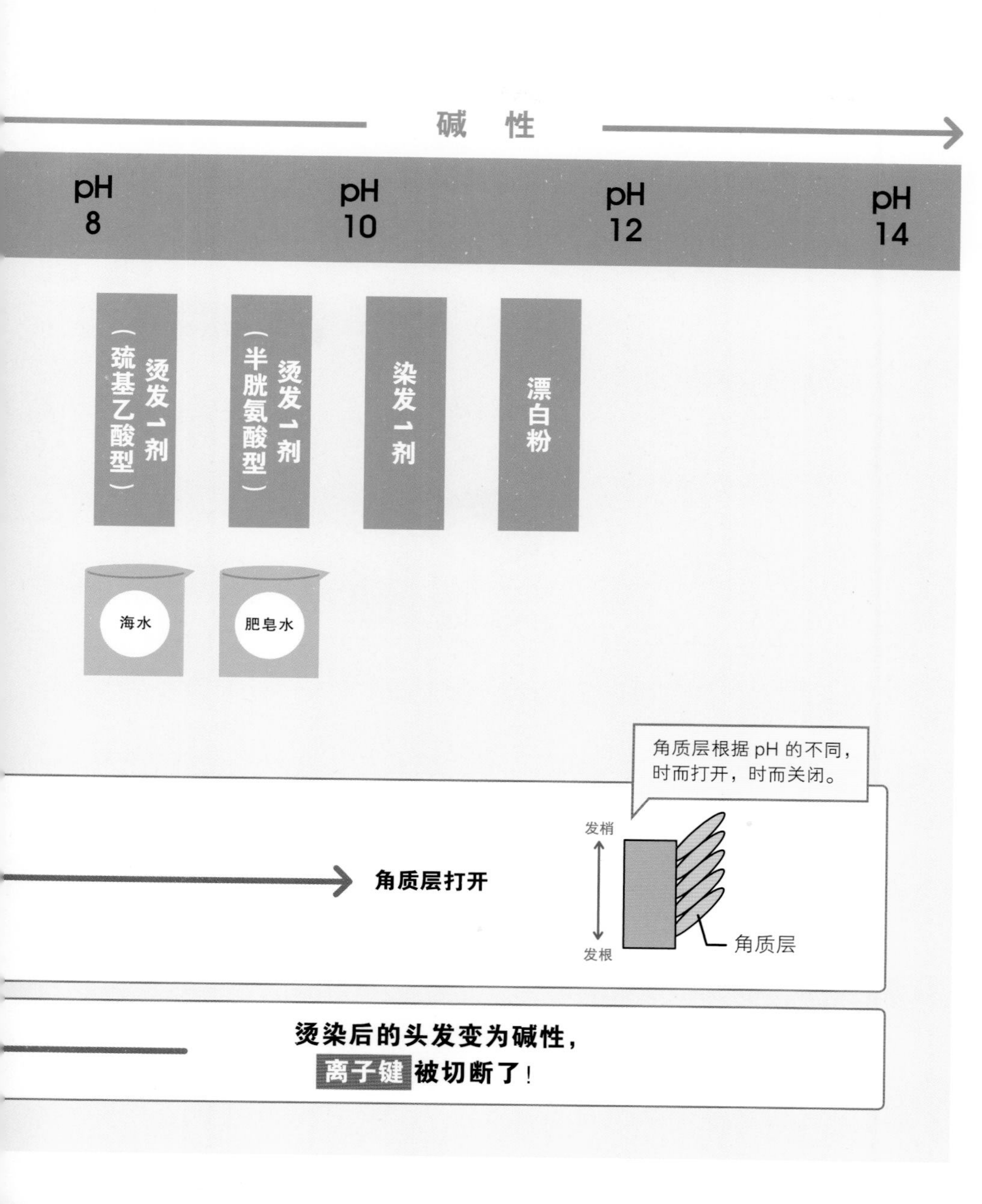

3. 二硫键

使用药剂，利用二硫键来烫发。

●美发过程中二硫键的作用

用烫发 1 剂（还原剂）进行软化（二硫键断开），再用 2 剂（氧化剂）来烫卷儿定型（二硫键重组）。

4. 氨基键

氨基键如果断开，头发就会干枯。因此，这是如同"头发之命"的链键。

断开后就无法还原了！

●美发过程中氨基键的作用

严重损伤可导致头发断掉或分叉（氨基键断开）。而氨基键一旦断开，则无法还原。

不易断

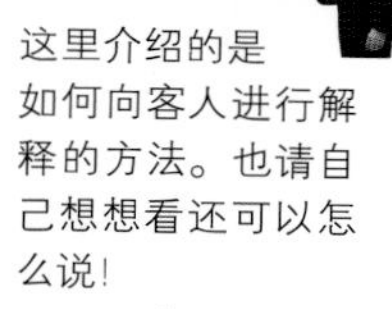

这里介绍的是如何向客人进行解释的方法。也请自己想想看还可以怎么说！

可以和客人这样说⑦

我们常说皮肤是弱酸性的，头发和皮肤一样在弱酸性的状态下是最好的状态，而人的眼泪和海水一样是碱性的。

可以和客人这样说⑧

染烫之后，头发就变成碱性的了。碱性成分会分解蛋白质链，降低头发的保湿性。因此，我们为您使用店内销售的弱酸性洗发水。要知道，保证头发中无碱性残留物是很重要的。

可以和客人这样说⑨

自来水是弱碱性水，所以对于弱酸性状态下是最好状态的头发来说，仅仅用水打湿，角质层就会打开，让头发处于不稳定的状态。因此，在用水打湿头发时，轻柔地对待头发是很重要的。

损伤程度★ 头发诊断表

请尽快检查一下自己和店员的头发！

1. 有角质层，还是没有角质层？

角质层是肉眼看不见的。跟角质层最多的新生头发的发根相比，感觉有什么不同呢？从发根到发梢摸摸看！

请选择！

☐ **有干涩的部分** → 角质层变少的部分。反复染发的发梢，角质层也会消失。

☐ **从发根到发梢触感无异** → 角质层完整的头发。

用自己的头发进行检查☆

拔一根自己的头发看看！用拇指和食指夹住头发：

①从发根向发梢移动手指

②从发梢向发根移动手指

①和②的触感没有变化的人的头发几乎没有角质层！
做②的动作时，手指移动变得困难的头发证明有角质层。

2. 皮质层还有多少？ 目测

请迎着光线看发梢！

☐ **透光** → 没有皮质层的状态。

☐ **不透光** → 皮质层完整的状态。

3. 吸水性头发？抗水性头发？辨别损伤程度！ 目测

把头发弄湿看看！

☐ **吸水后变软** → 吸水性头发 = 损伤大。

☐ **不吸水** → 抗水性头发 = 无损伤 ~ 损伤小。

以专业人士的眼光来诊断每个人的头发

我经常参加有关头发科学的专题讲座，感到对头发科学不了解的助理实在是太多了。为了克服这点，并不需要特意去背头发科学，而是应该按“头发是由什么生成的”“按什么顺序生成的”等顺序来学习。这才是学习的重点！请记住“头发构造”与“损伤”之间的关系，可以加深理解。

❶ 头发的构造
↕
❷ 追溯头发形成的过程

加深对头发知识的理解后，能够拥有将每一位顾客的日常生活、业余娱乐活动和染发、烫发的损伤联系起来的“专业人士的眼光”。

特别说明！ 使用电烫棒的顾客，头发内部是什么样的呢？

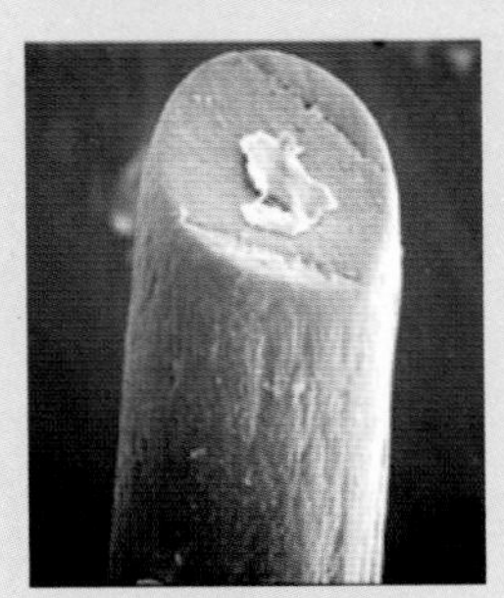

蛋白质变性的头发（在没有染发的状态下）。

① 也有很多在家一边用高温电烫棒卷发一边看电视的顾客。那么，她们头发的内部是什么样的呢？

如果反复做离子烫或用电烫棒的话，头发中的**蛋白质会发生变性**，蛋白质即角蛋白遇热会改变性质。以鸡蛋为例，生鸡蛋可变为水煮蛋和煎鸡蛋。蛋白质变性的头发是无法由肉眼判断的。所以，做离子烫的顾客要特别注意！

② 蛋白质变性后，头发会发生哪些变化呢？怎样才能判断头发是否发生了蛋白质变性了呢？

蛋白质变性后，头发会变硬，不易上色和做卷儿，也就无法做出心仪的发型，使客人失望。解决方法就是要确认顾客的染烫记录和日常护理情况！

Shampoo

洗　发

据说被顾客点名洗发多的人将来会成为发廊中最赚钱的人。在洗发课堂上，事先记住头部轮廓的话，将来学习剪发时理解程度会迅速提升。

apish
井上千寻

[p16 ~ p20]

◎ 1989 年 4 月 13 日出生于日本大分县。毕业于山野美发专科学校。进入 apish 公司工作已 5 年，是获得过公司内洗发比赛冠军的洗发名人。

DIFINO
矶 圭一

[p21 ~ p24]

◎ 1991 年 11 月 28 日出生于日本栃木县。毕业于窪田美容美发专科学校，后加入 DIFINO 工作。目前已经做了 2 年的助理。学生时代已获得泰国传统按摩资格证，并将之应用到发廊洗发工作中，是被顾客点名洗发最多的人。

从理发台到洗发台的导客方法

/ apish　井上千寻

恰当的问候、引导和细心关照是完成令人心情愉悦的洗发的大前提。
这里先来介绍洗发前的重要事项。

1. 打招呼

决定客人对你第一印象的打招呼要阳光开朗。问候时，一定要先自报姓名。

“您好！我是今天为您洗发的井上，请多多指教！”

2. 引导

一只手搭在椅子上，一只手指向洗发台为客人作介绍。引导过程中，要留意、配合客人的前进速度。

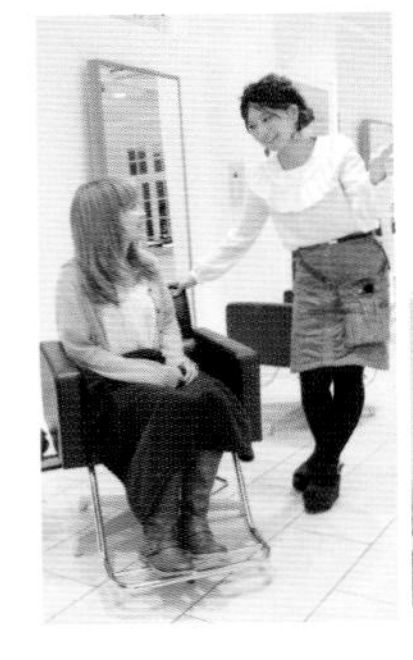

3. 围毛巾

为了不弄湿客人的脖子，把毛巾上部折叠3cm左右，在客人颈后交叉系紧。卷毛巾时，要和客人确认松紧程度，以免顾客有压迫感。

OK

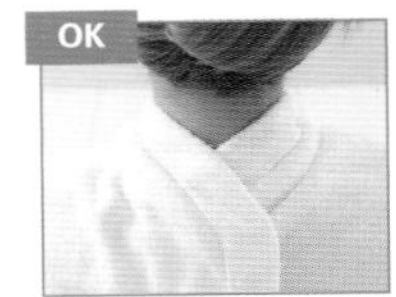

为了防止脖子进水，要紧紧地系好毛巾。

NG

如果不系紧，恐怕会弄湿衣服。

4. 围布

耳前的毛巾要在围布外，耳后的毛巾为了防止水分渗入，要用围布紧紧地包住脖子。

OK

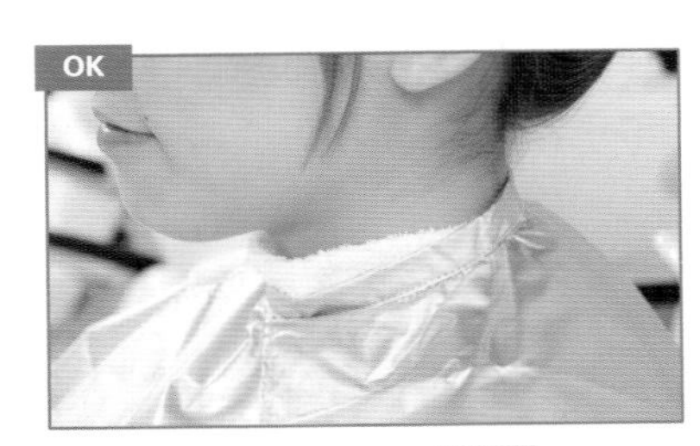

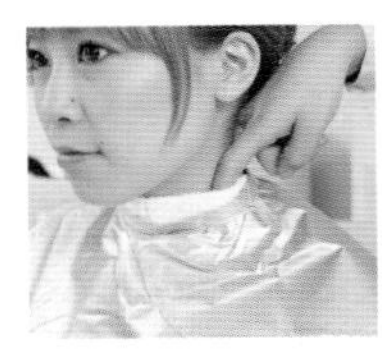

要点

为了不系得过紧，围布的松紧度以能够伸进一根手指为宜。

NG

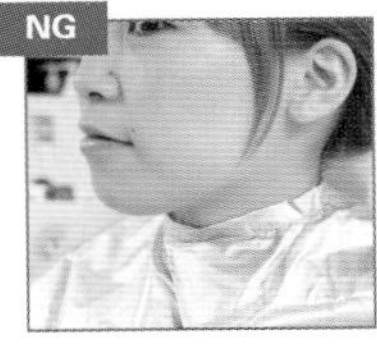

毛巾如果放在围布里，湿的围布就直接接触到皮肤了。

5. 向洗发台移动客人身体的方法

突然放倒客人身体的话，可能会令客人吓一跳。所以，要提前和客人打招呼，然后再慢慢向后移动。移动客人身体的时候，要稳稳地握住客人的颈部。

扶客人躺向洗发台

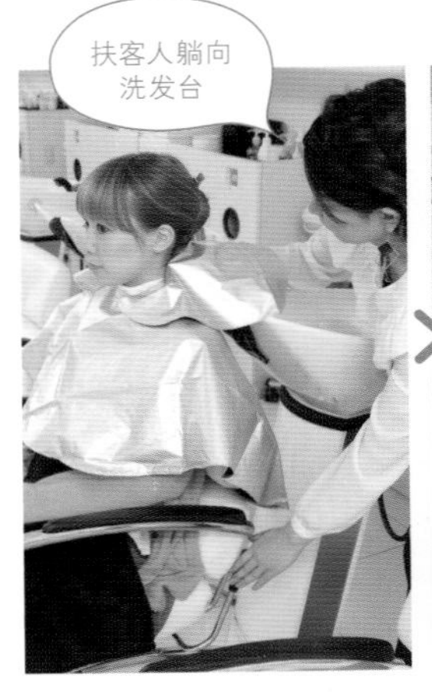

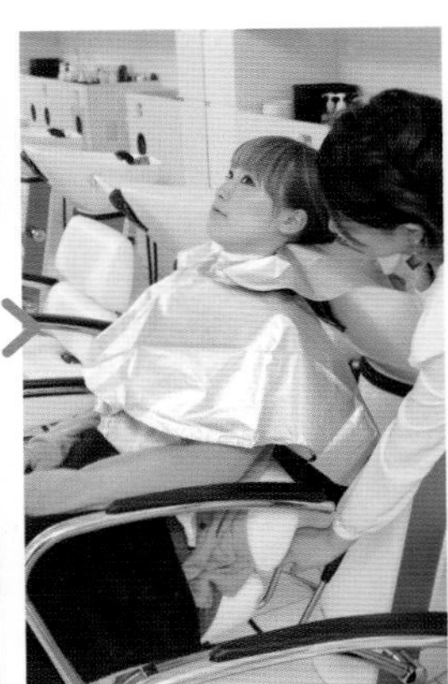

令人心情愉悦的洗发要点

注意头部形状和特征、头部的穴位、手法、姿势、水流方向这 5 个要点，有助于提高洗发水平。

要点1 头部形状和特征

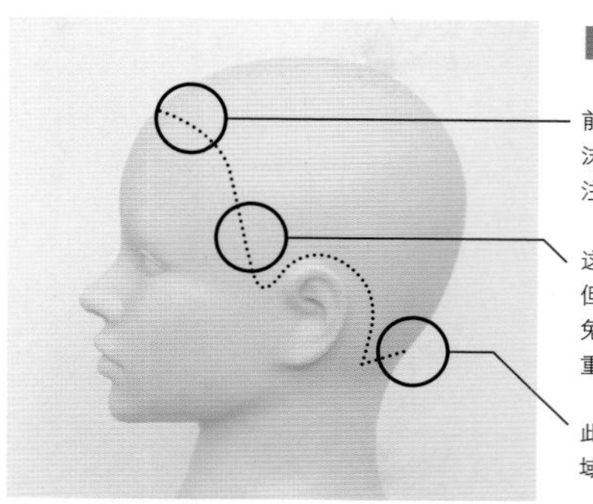

■ 侧面

前额发际线处有弧度，容易将泡沫弄到脸上，因此操作时要特别注意。同时，手部动作要轻柔。

这是比较平的部位，便于清洗，但耳朵周围很敏感，因此为了避免耳朵进水，细致地清洗是非常重要的。同时，还要注意水声。

此处皮肤较厚，是不太敏感的区域，需要稍微用点儿力洗。

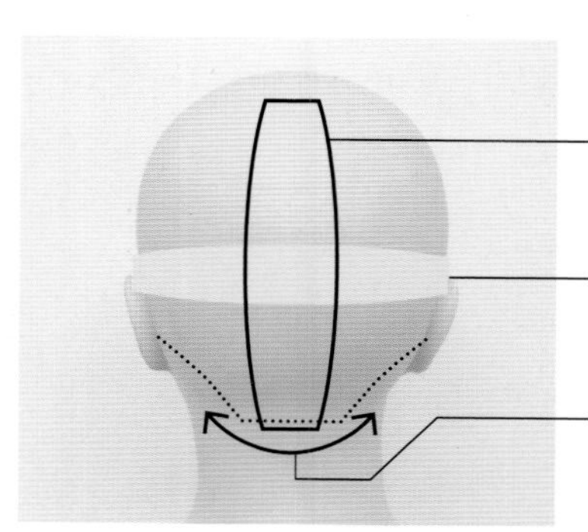

■ 后面

正中线周围是容易痒的区域，洗侧面的时候，要调整力度，有节奏地清洗。

此为背洗和立洗的分界线。洗头时，要时刻意识到头部轮廓弧度。

颈枕处要注意各个穴位，沿耳下清洗。要不留死角清洗干净。

要点2 可以按摩的穴位

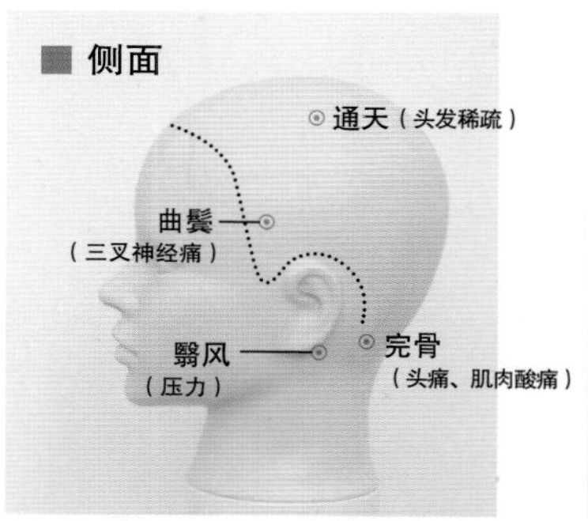

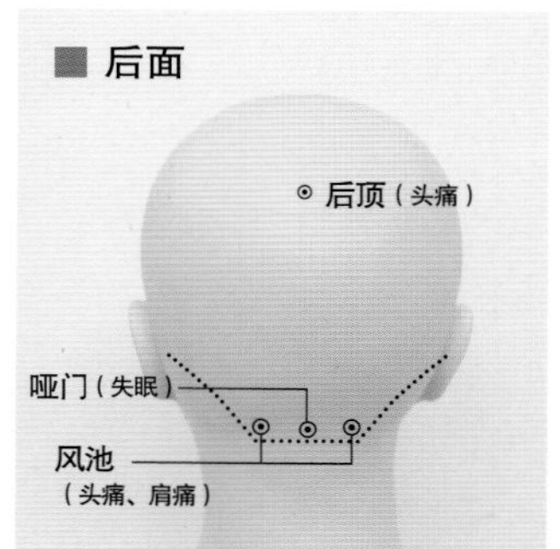

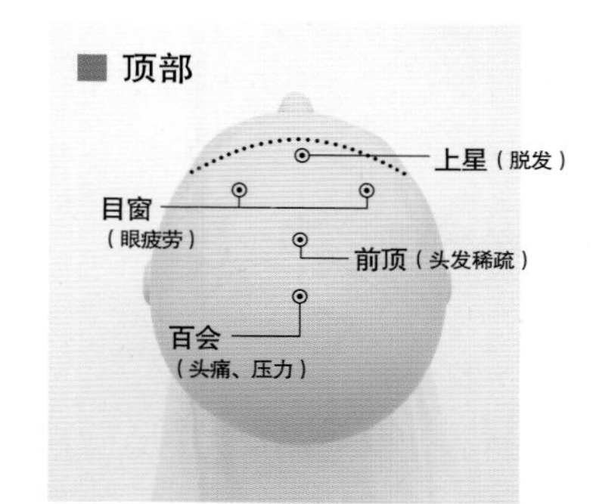

要点3 水流的方向

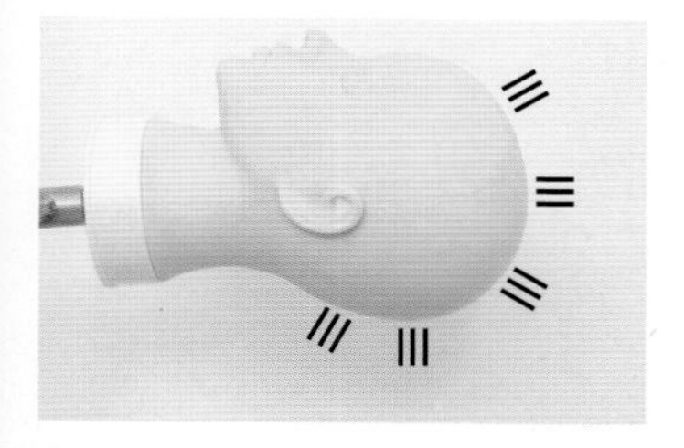

注意始终保持水流与头皮垂直，这样可以让头皮与水充分接触。

要点4 姿势

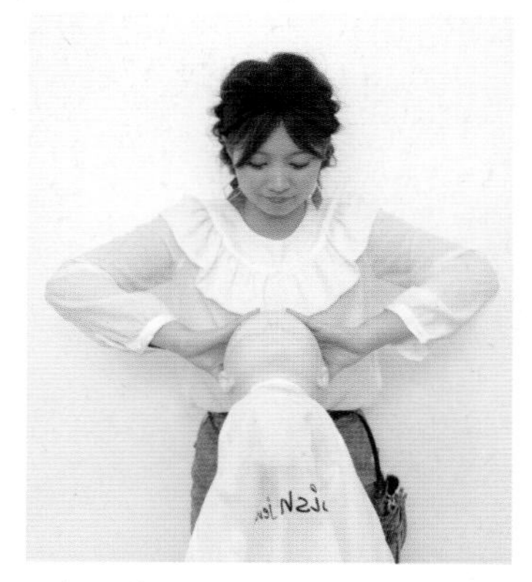

因为要沿着头部轮廓移动双手，所以，为了能做大幅度的动作，要张开两臂，抬高双肘。如果双腋夹紧，动作幅度会变小，导致无法用力。

要点5 手法

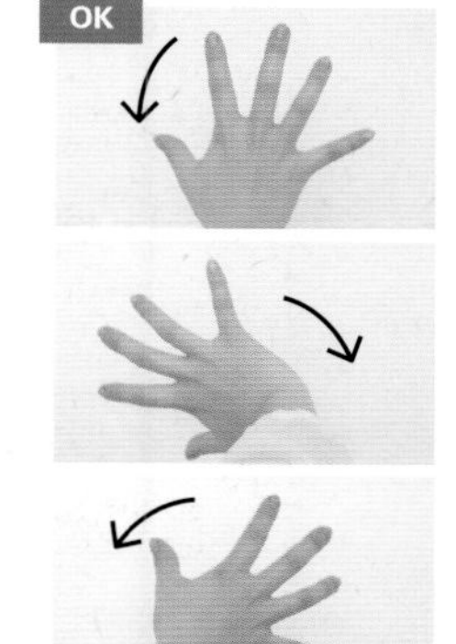

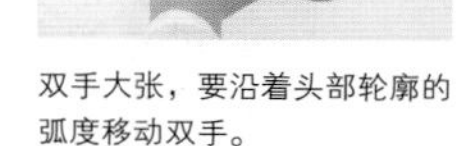

双手大张，要沿着头部轮廓的弧度移动双手。

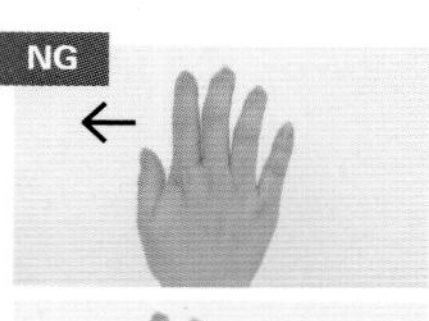

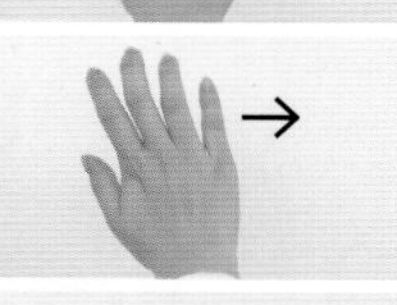

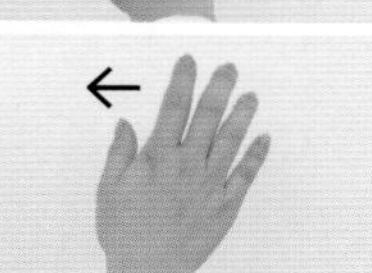

手指合拢会减小动作幅度，请注意。并且，不要直上直下移动双手。

背洗

背洗和侧洗相比，会带给顾客更多的治愈感。
此时，用力按摩是要点。为了让顾客感到舒适与满足，手法和力度是关键。

背洗的流程

标准时间为 15 分钟

从最初冲洗到洗后用毛巾擦干的标准时间为 15 分钟。各步骤的时间可以以此为参考。

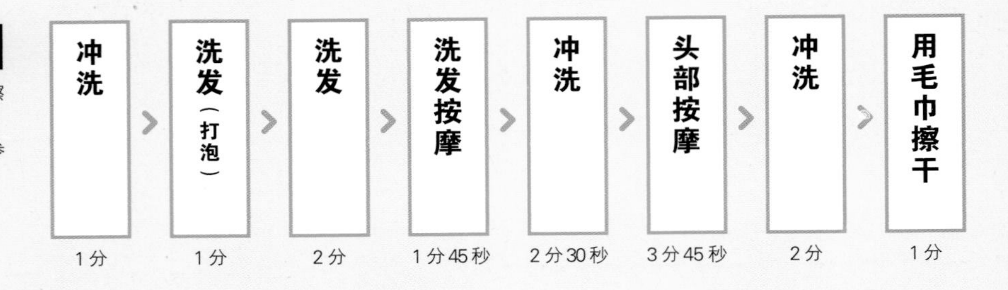

头部分区图

如图，将头部分为 4 个区，洗发时请按此图分区涂抹洗发水。

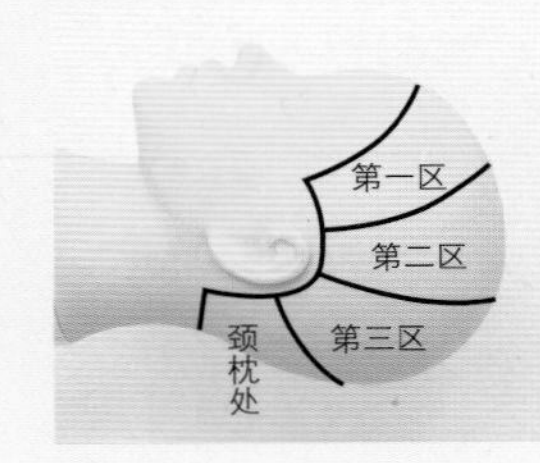

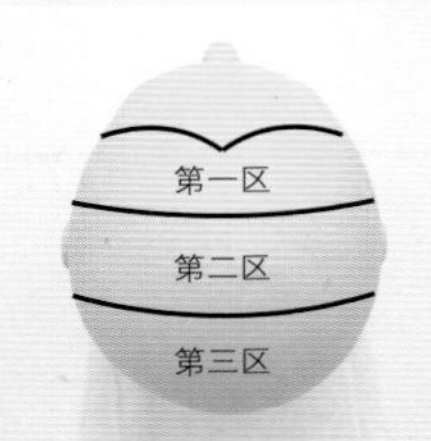

标准时间 1 分钟

冲洗

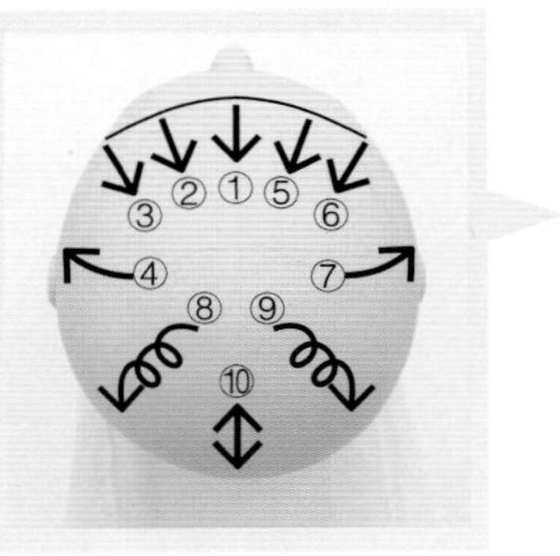

用手确认温度，水温合适（38℃左右）后，再将头发全部润湿。

从第一区（脸周发际线）开始冲水，用手压住水流，从前额发际线中心处向左移动。

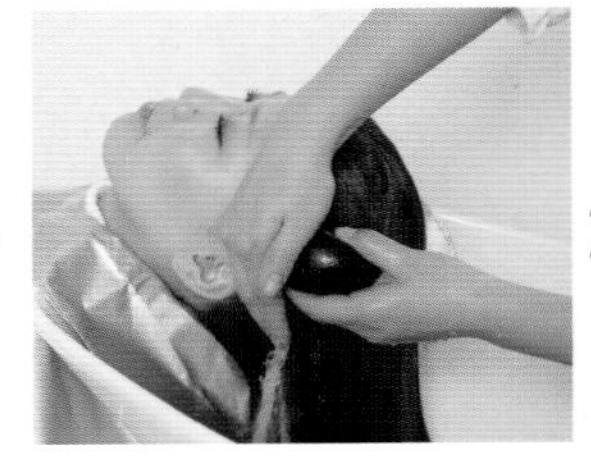

冲洗耳朵上方时，用右手小指侧面紧贴住额头，以防止水花溅到顾客脸上。

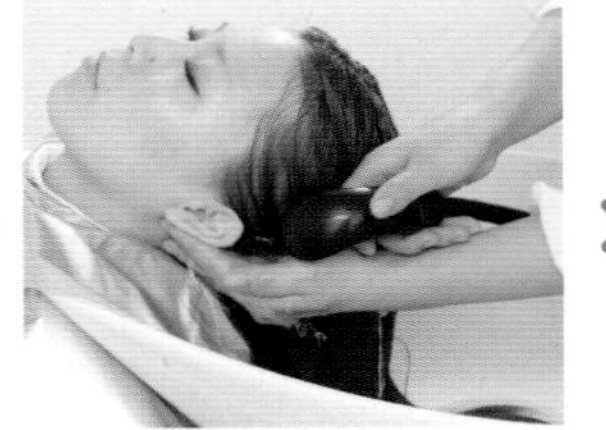

冲洗耳朵下方时，用左手的手掌压住水流冲洗。右侧清洗方法相同。

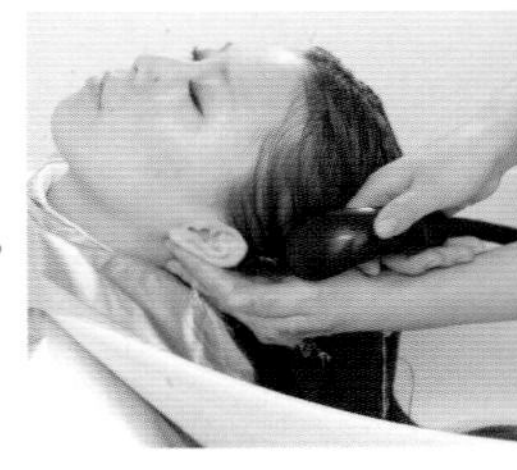

用拇指打圈，喷头配合手部动作，一边移动一边冲洗。

双手轻轻地托起头部，左手紧贴在颈枕处，用手压住水流冲洗。

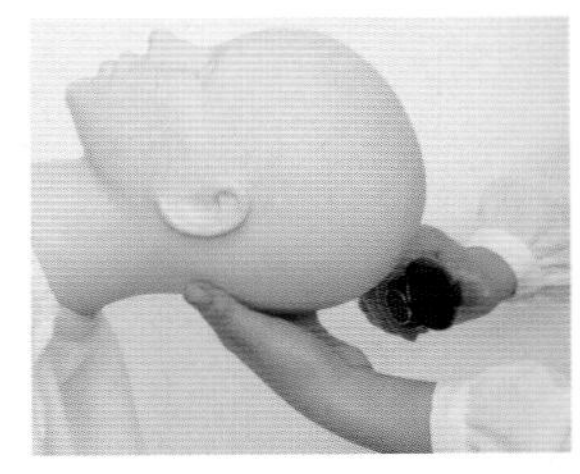

为防止水花溅到顾客脖子上，要用手指紧贴在颈枕处轻柔地冲洗。

标准时间 1 分钟 洗发（打泡）

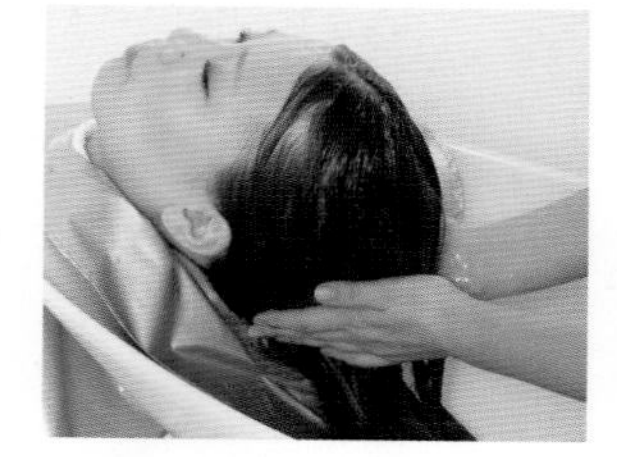

将洗发水用手涂抹在头发上。

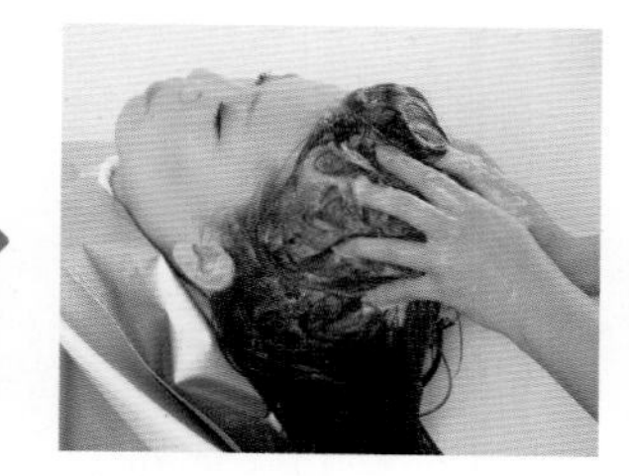

手指轻向内打圈，让洗发水、空气、热水充分混合。

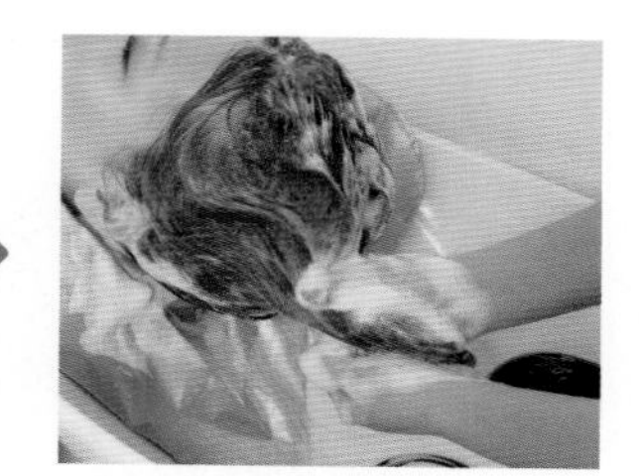

洗长发时，要让发梢也充分起泡，避免水飞溅出来。

标准时间 2 分钟 洗发

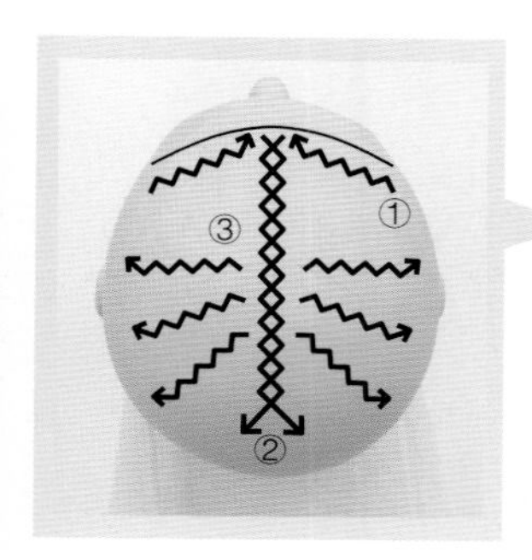

以食指和中指为中心，从头两侧沿脸周发际线移动清洗（①）。

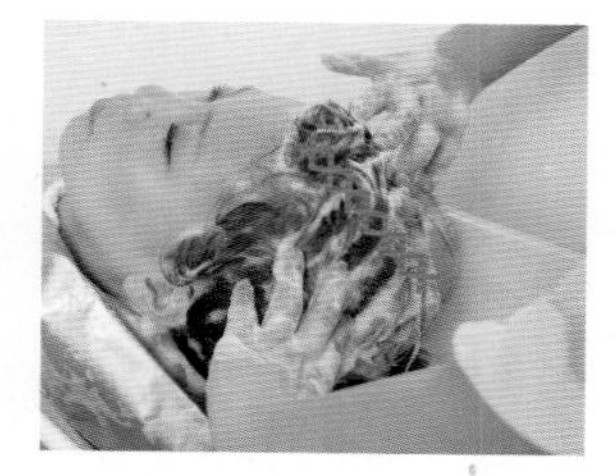

手指移动到正中线后，双手交叉揉搓清洗至第三区（②）。

从第二、第三区的位置开始洗后脑区域（③）。

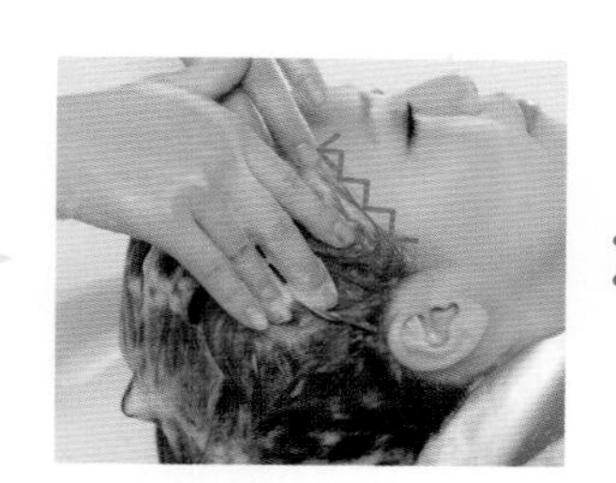

沿脸周发际线从右至左地用食指、中指反复揉洗（④）。

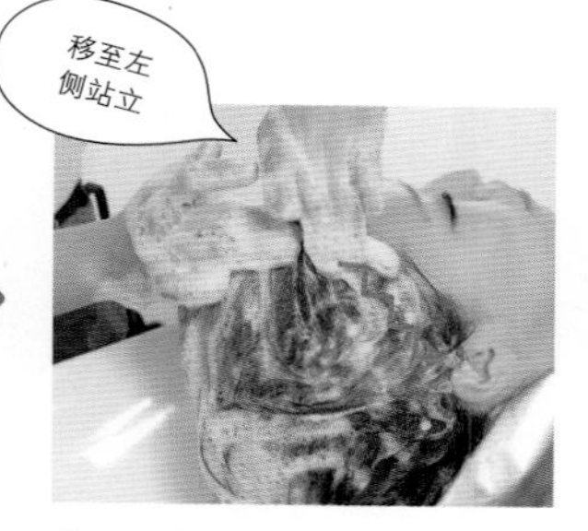

第二区也同样由一侧至另一侧反复清洗（⑤）。

从第二区到颈枕处清洗方法同前（⑥、⑦）。

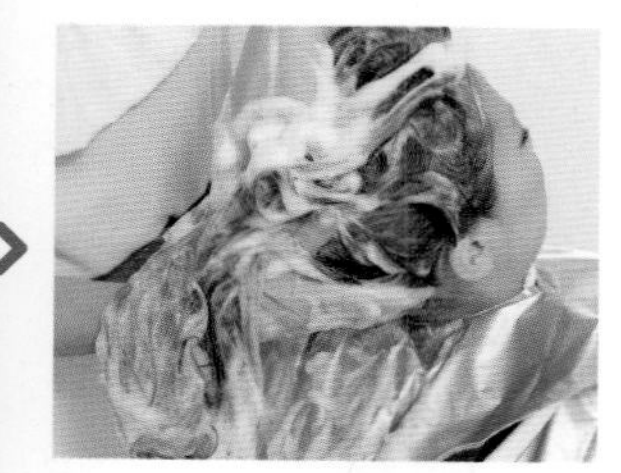

后脑近颈枕处头发横向清洗后，再上下揉搓清洗。

■ 后面

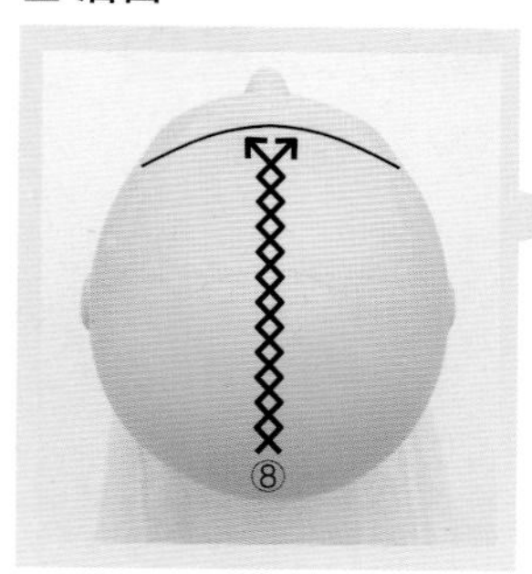

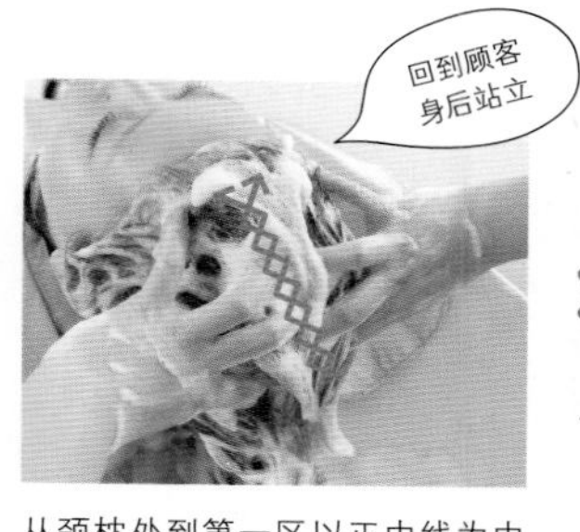

从颈枕处到第一区以正中线为中心，双手揉搓清洗。

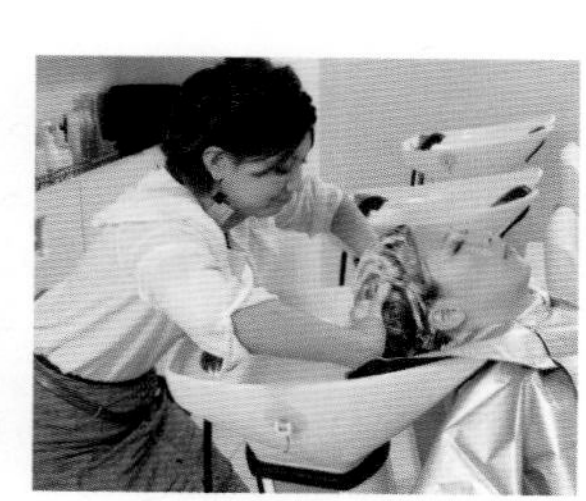

为了清洗干净，需要高抬双肘，大幅度地动作。

标准时间 1 分 45 秒 洗发按摩

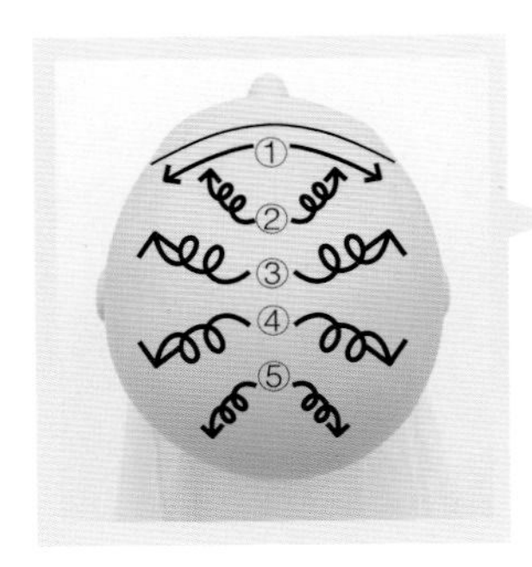

双手沿脸周发际线轻轻按摩，用食指进行指压（①、②）。

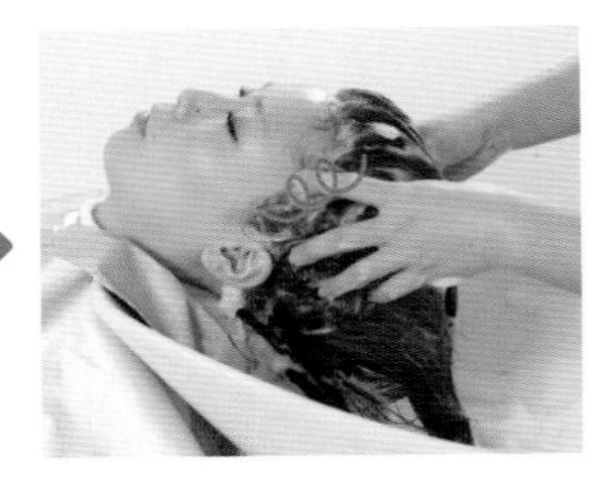

以鬓角处的穴位为中心，打圈按摩（③）。

双耳上方同样以穴位为中心打圈按摩（④）。

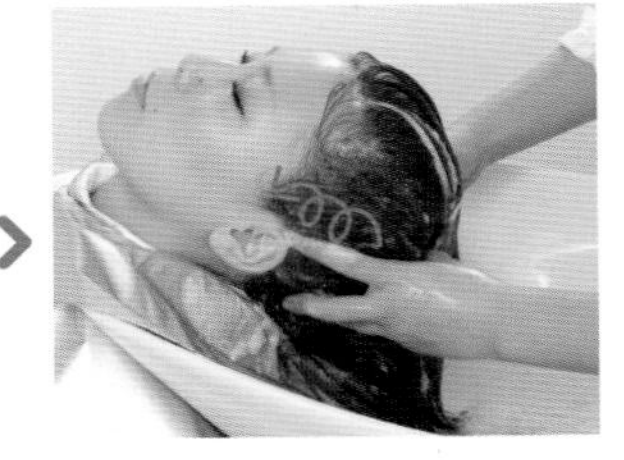

耳周按摩方法同前。用食指和中指好好清洗（⑤）。

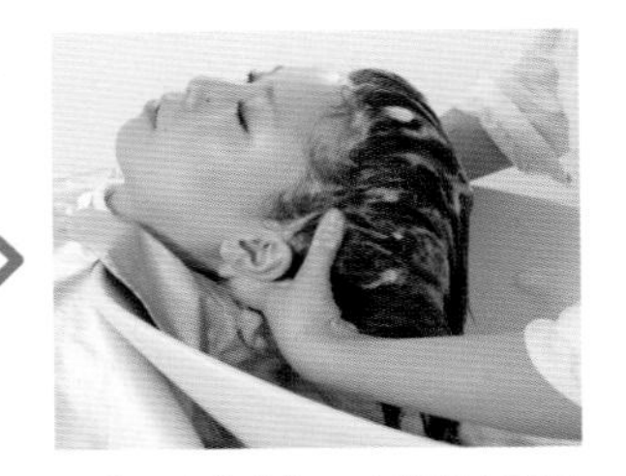

从头下方将食指、中指插入颈枕处头发中，以穴位为中心打圈按摩。

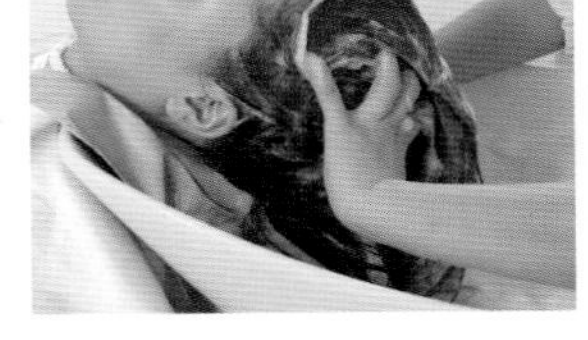

以拇指为中心，从颈部开始打圈按摩（⑥）。

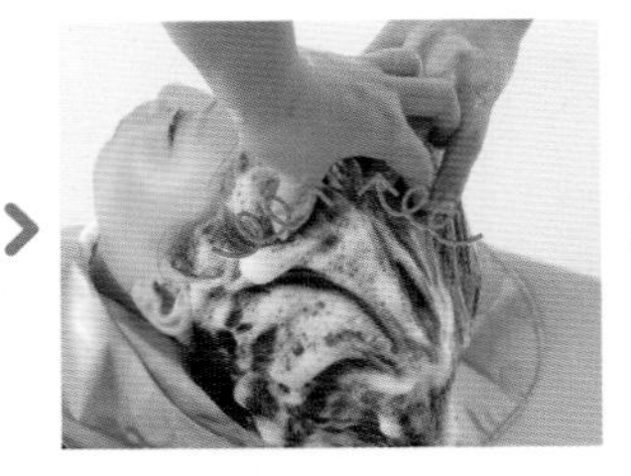

以同样手法一直按摩到第一条线处（⑦、⑧）。

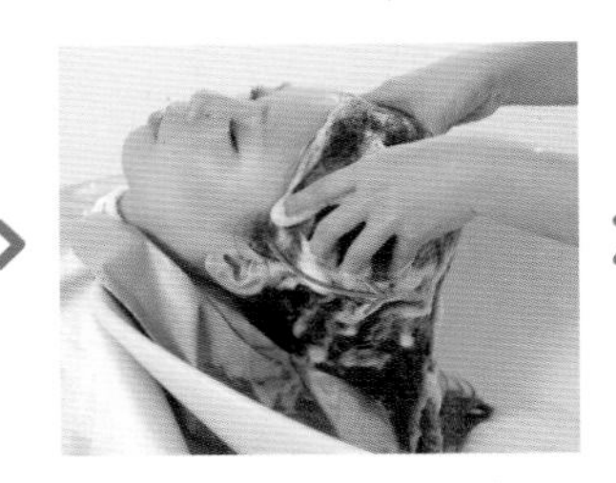

沿着脸周发际线的穴位转动，适度按摩 3 次。

用右手托住头部，一边用左手的食指和拇指按压颈枕处穴位，一边向上移动手指。

向上移动过程中，换成一根手指按压颈枕部，并保持该姿势向上移动手指。

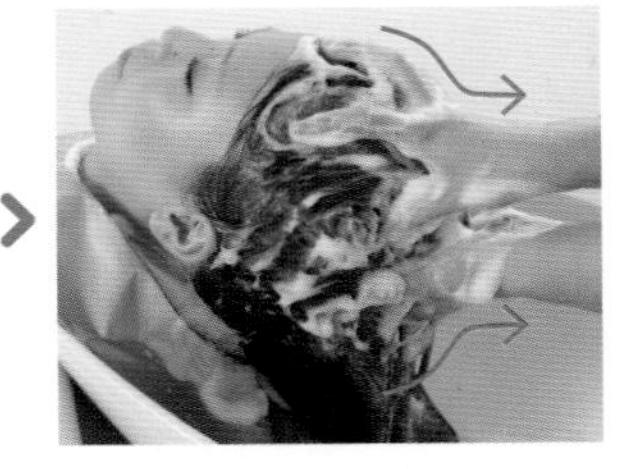

双手插入头发中，向后牵拉头发。

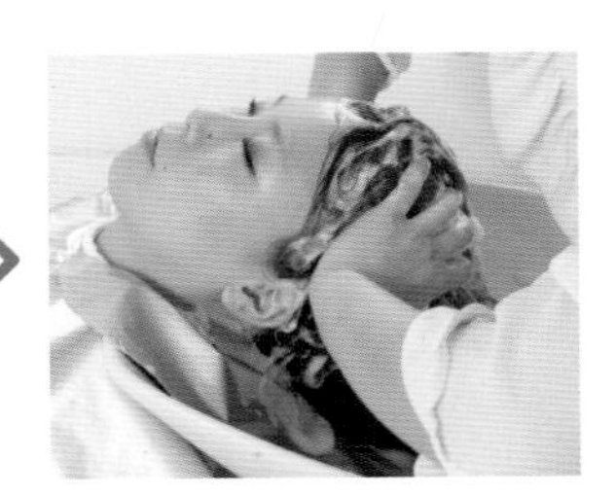

最后用双手按压头盖骨周围，然后用水冲洗头发。

标准时间 3 分 45 秒 护发按摩

护发按摩和洗发按摩的方法相同，但比洗发按摩的时间要稍长些，需要更充分地按摩，让顾客感到放松。

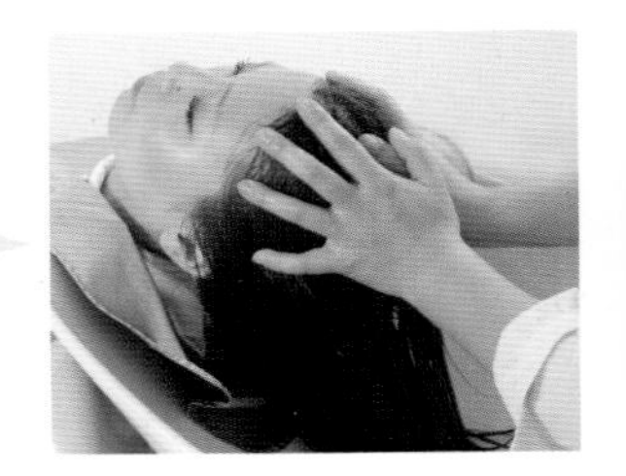

侧洗

/ DIFINO　矶圭一

侧洗时要注意站位和站姿。此时，洗干净是重点。那么，如何通过自己的身体让顾客感觉不出左右的区别呢？接下来，将介绍令顾客心情愉悦的侧洗技术。

侧洗的流程

标准时间为 16 分钟

从洗发到擦干的标准时间为 16 分钟。

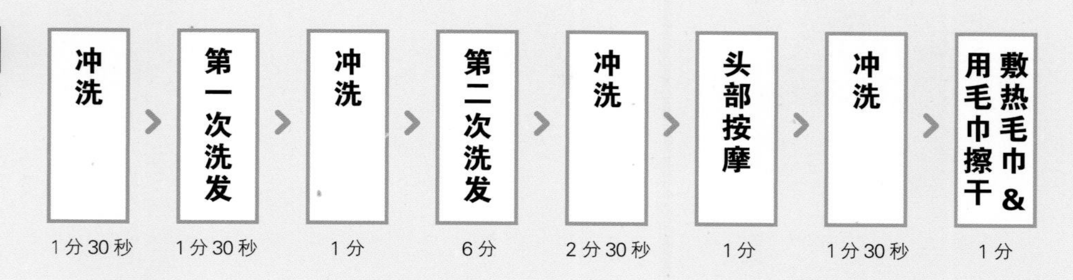

头部分区图

这是从脸周发际线到颈枕处的头部分区图。洗发时请按此图来分区、涂抹洗发水。

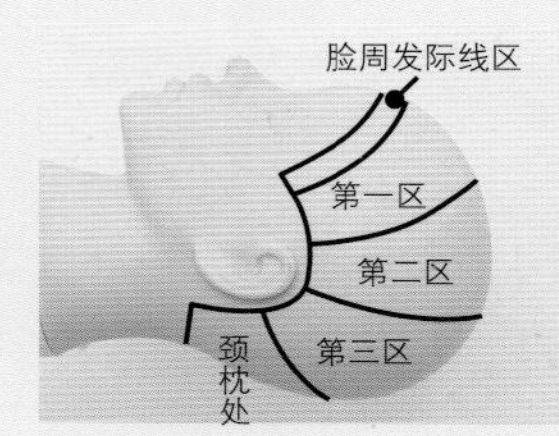

标准时间 1 分 30 秒

冲洗

用手指捂住喷头，尽量不让水流发出声音，用手腕试下水温，保持在 38℃左右。

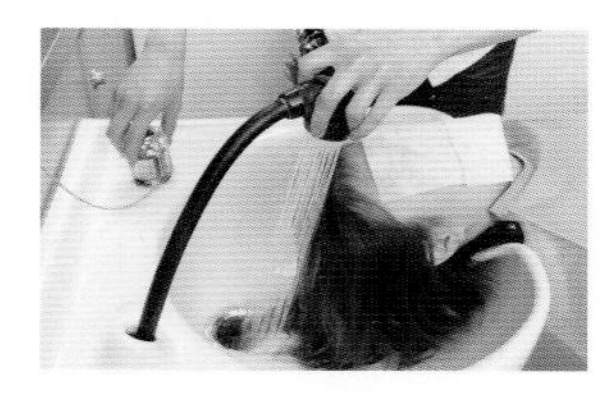

为防止热水溅到脸上，可将喷头稍微倾斜。

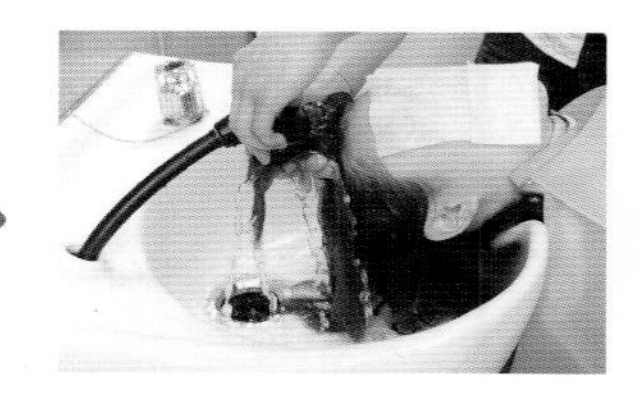

首先，从脸周发际线中间开始蓄水冲洗。一边冲一边问顾客水温是否合适。

向右移动冲洗。耳周对声音比较敏感，所以尽可能别发出声音，要温柔地冲洗。

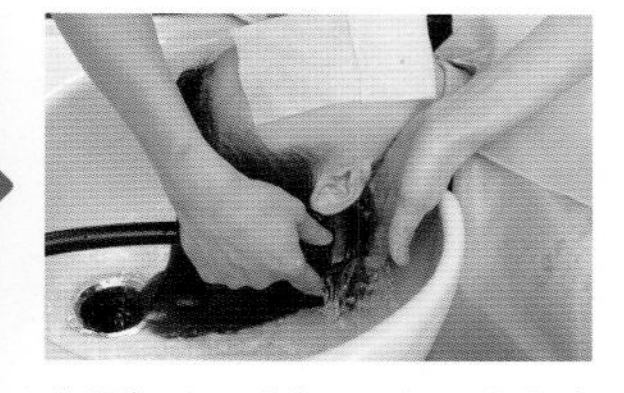

从腮部到耳垂处尽可能用热水冲洗，右侧亦是。

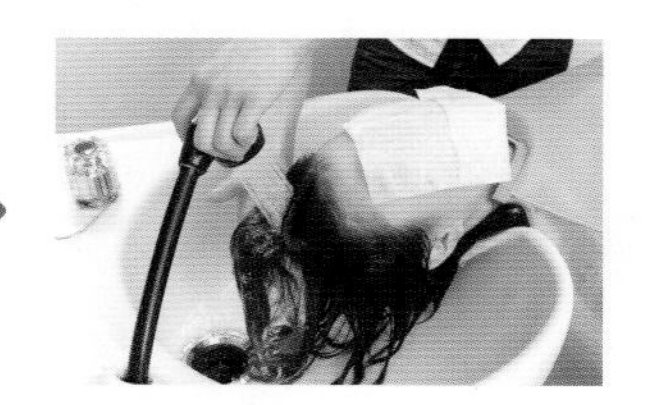

喷头垂直对着头皮冲洗。

清洗颈枕处时，要大幅移动喷头，从一侧冲洗至另一侧。

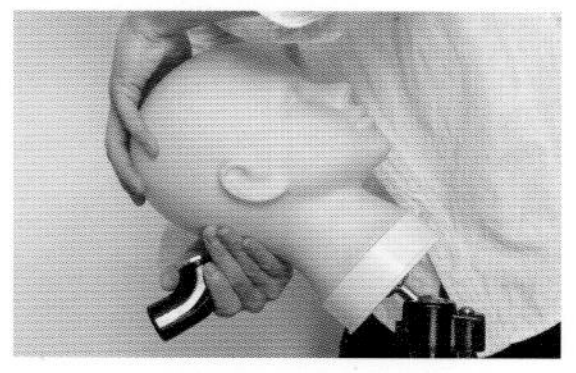

反手将喷头向上冲洗颈枕部。

[冲洗时的站姿]

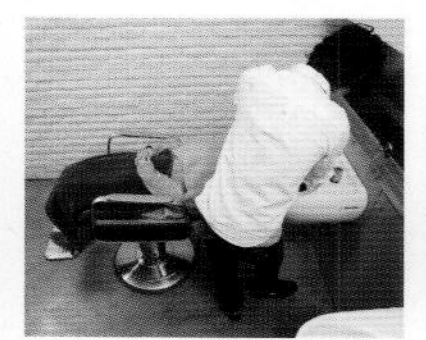

蓄水冲洗头中部

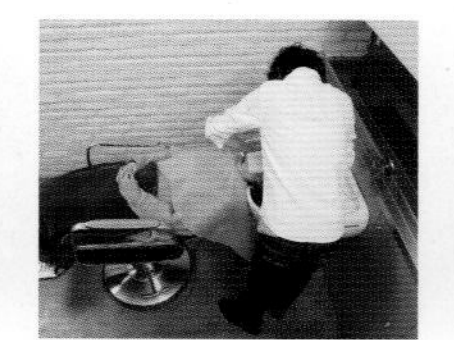

蓄水冲洗右耳上方

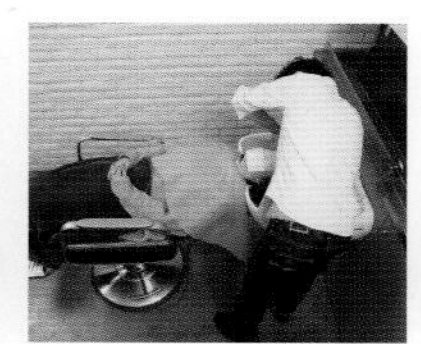

蓄水冲洗右耳下方

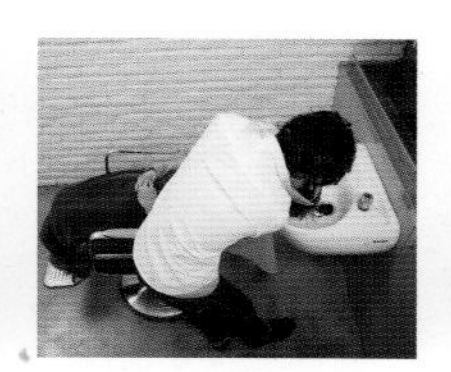

蓄水冲洗左耳上方

蓄水冲洗左耳下方

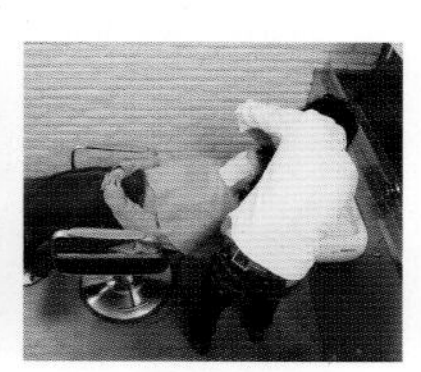

冲洗颈枕处

标准时间 6 分钟 洗发

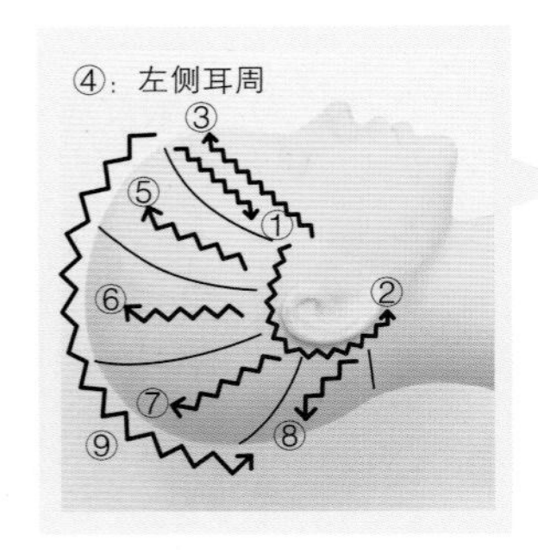

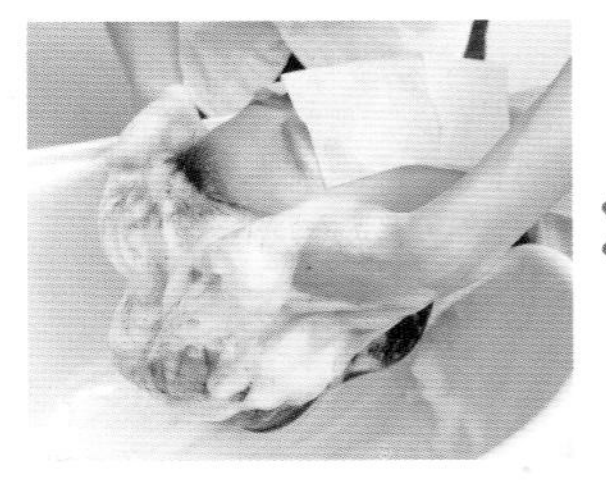

涂抹洗发水，让热水与空气混合，揉出丰富的泡沫。

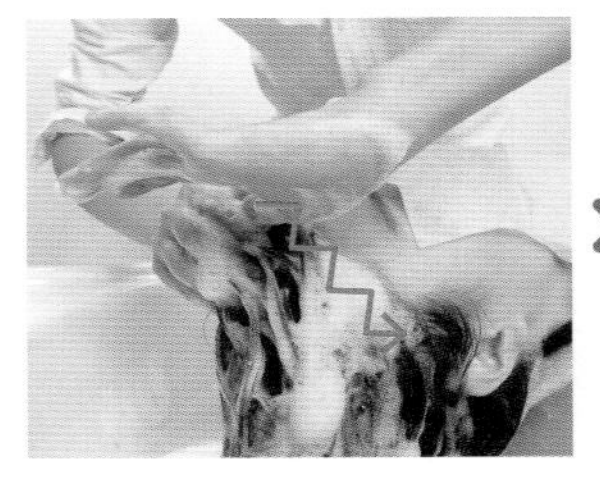

用左手遮挡着揉洗，以免将泡沫弄到脸周发际线处（①）。

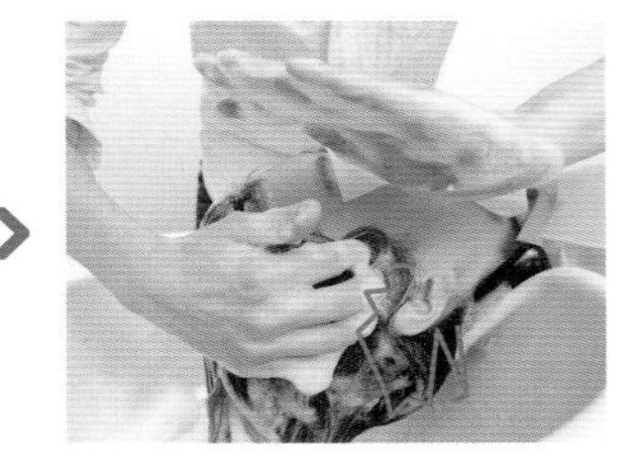

一边揉洗一边向右侧移动。耳周要轻柔地洗，一直洗到鬓角处（②）。

一边揉洗脸周发际线，一边向左侧移动（③）。

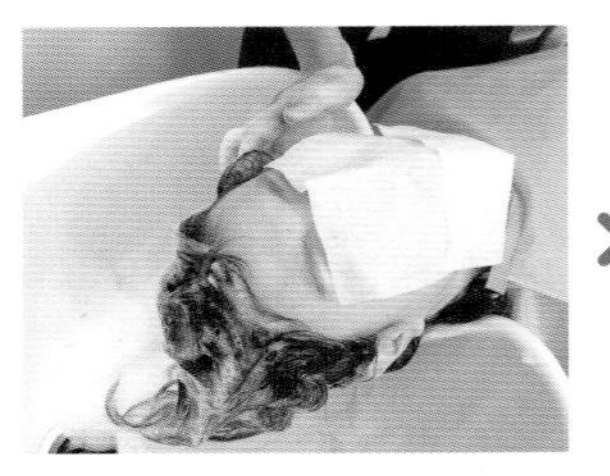

左侧的耳周也如右侧一样轻柔地揉洗（④）。

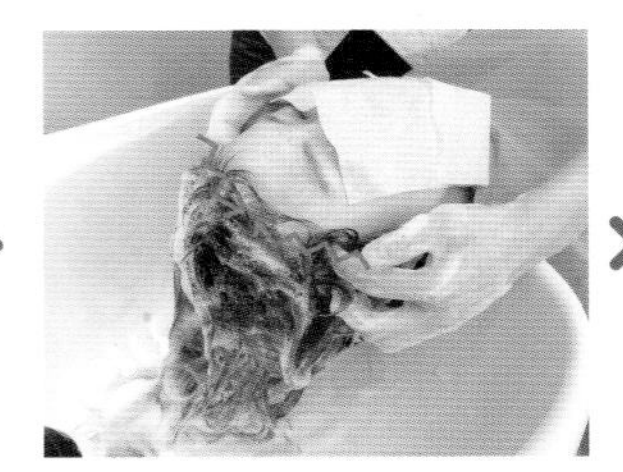

双手从头两侧向中间移动，稍施力度，揉洗第二区（⑤）。

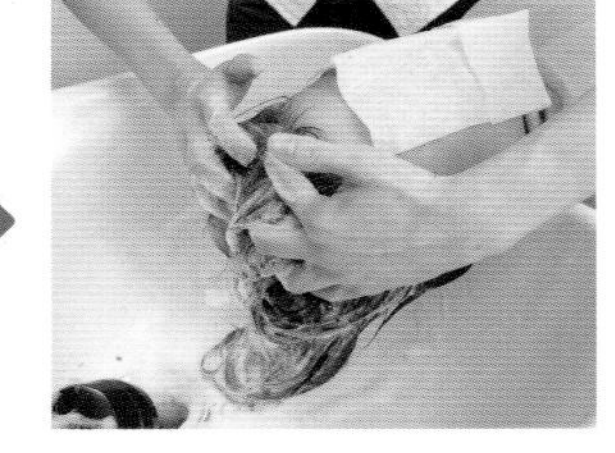

两肘抬起，加大力度，仔细揉洗至头顶。

清洗头顶时，双手手指交叉，大幅度地揉洗，从太阳穴一侧洗至另一侧。

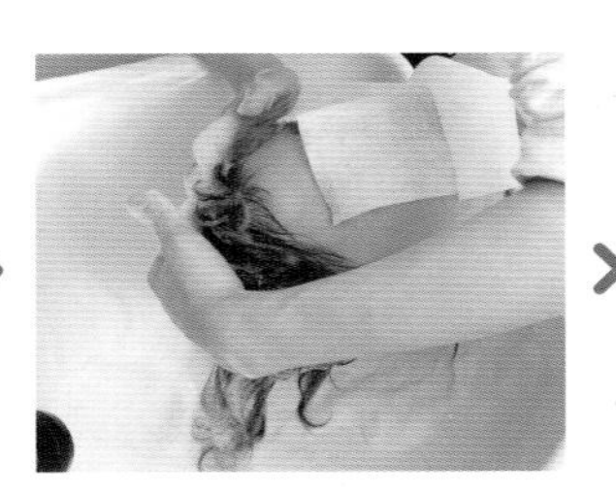

双手手指交叉揉洗，大范围地清洗全头。

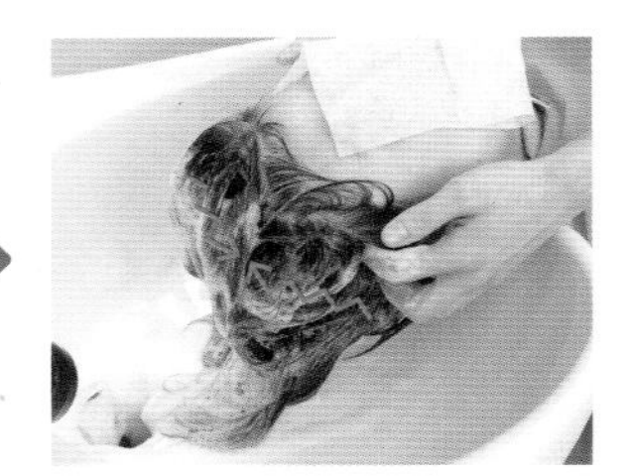

第二区也同第一区一样，从头两侧向头中间移动，用力揉洗（⑥）。

[洗发时的站姿]

洗脸周发际线

洗左耳耳周

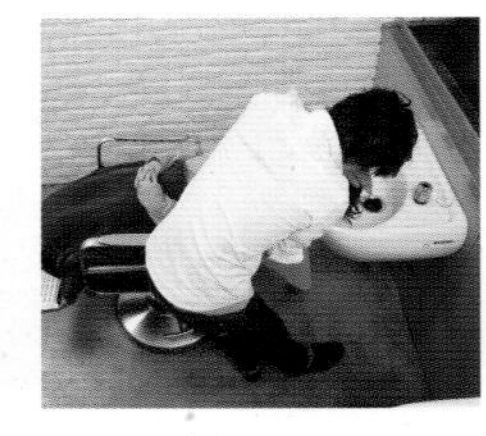

洗右耳耳周

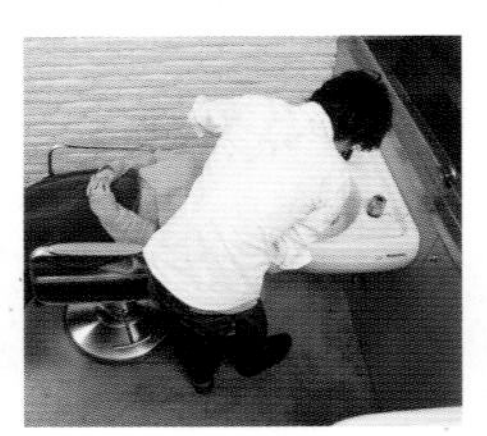

洗第一区

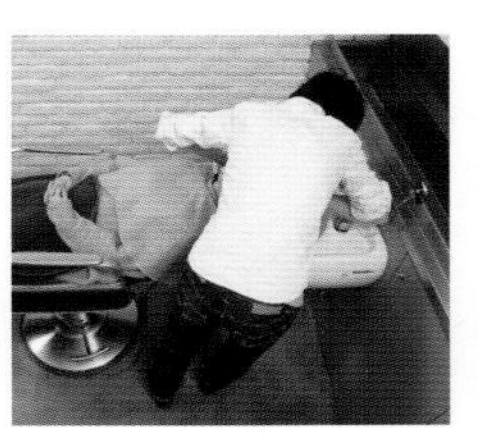

洗第二区

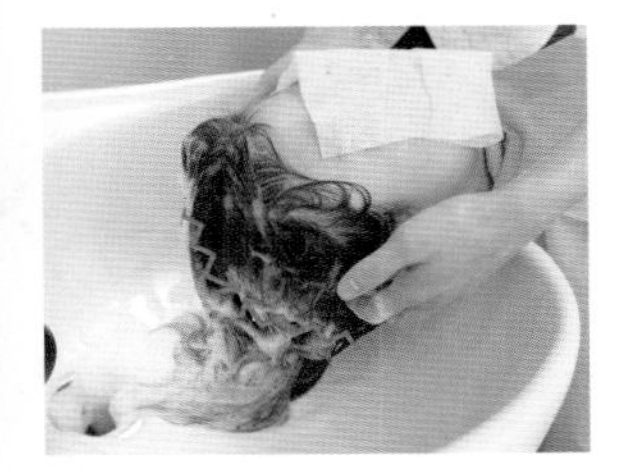

第三区也要从两侧向中间移动着揉洗（⑦）。

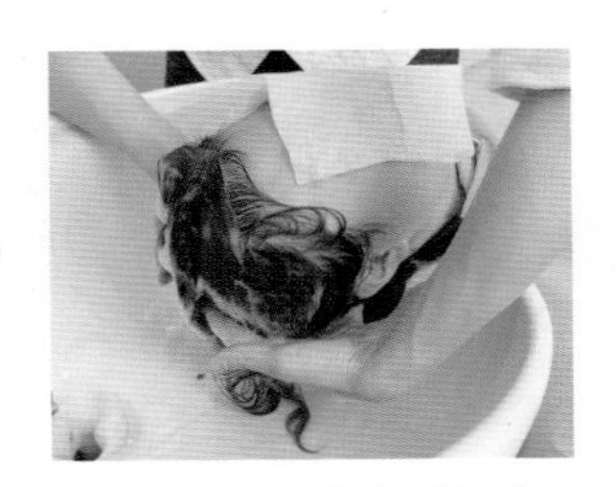

洗至第三区时，要将头部抬起来，稍加施力。

左手稍微抬高颈枕处，用右手揉洗（⑧）。

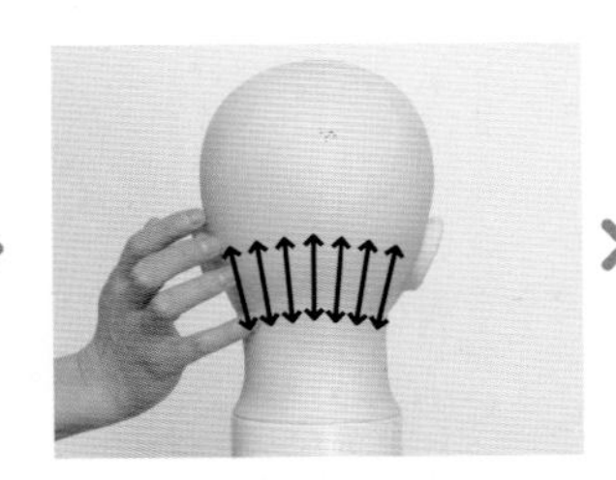

颈枕处要有意识地由一侧清洗至另一侧。揉洗至中间时，稍微加大手部力度。

回到脸周发际线处，双手沿着发际线由两侧向中间揉洗。

从头部中间开始，沿着头部轮廓纵向揉洗（⑨）。

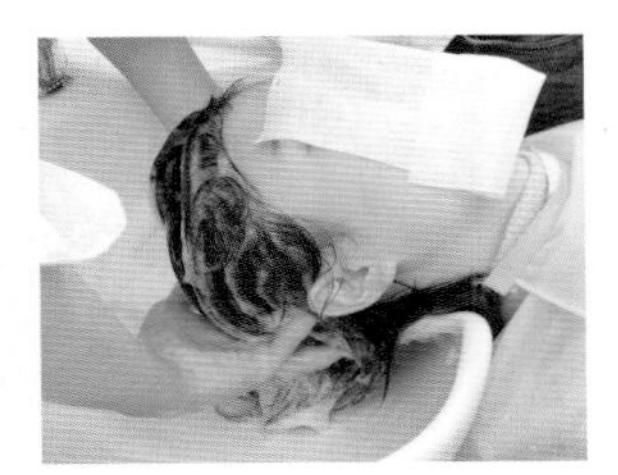

绕到顾客身后，仔细清洗至颈枕处。

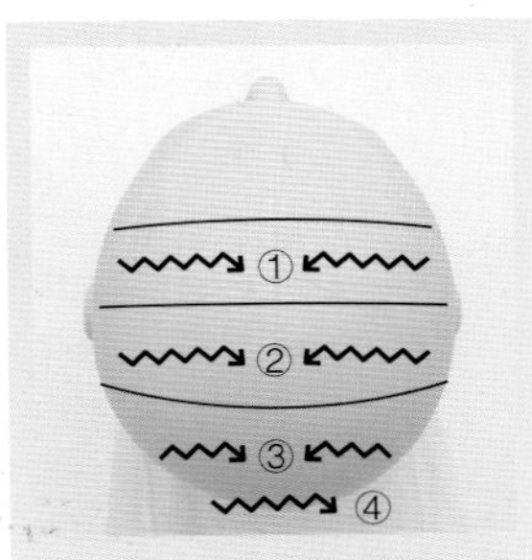

纵向洗时，再次按从第一区到颈枕处的顺序分区揉洗。

双手到达头顶时，要施力仔细揉洗。

洗至颈枕处后，再由第三区洗回至第一区。

双手返回第一区后，再次纵向由前向后揉洗。

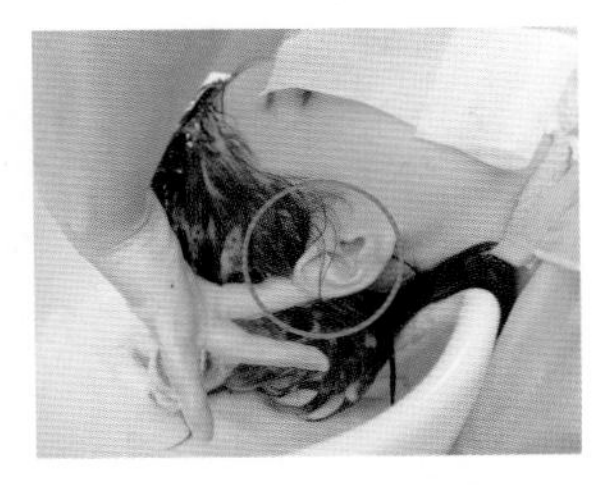

最后揉洗容易痒的耳后和脸周发际线处。

洗第三区

洗第三区（左侧）

洗颈枕处

竖洗脸周（脸周发际线）

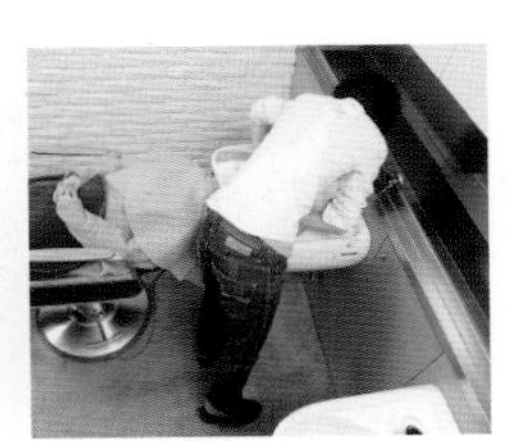

竖洗颈枕处

目标时间1分钟 护发按摩

以发梢为中心涂抹护发素，从脸周发际线开始纵向按摩。

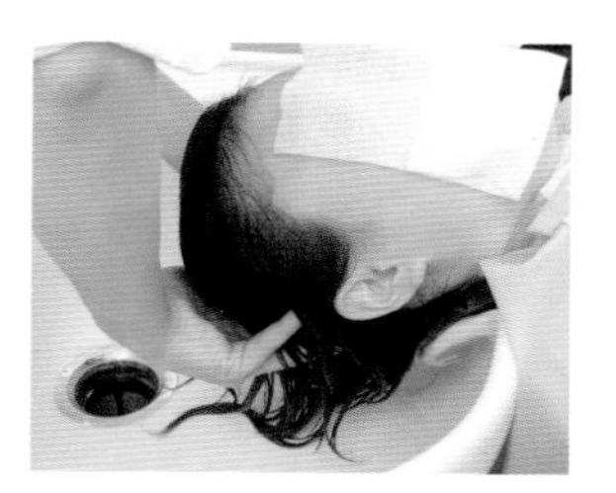
在第三区因为头部轮廓弧度较大，要用手腕施力来按摩。

用双手按压头盖骨。

抬起头部，用手指按摩颈枕处穴位。之后用手指沿脸周发际处按压。

目标时间30秒 敷热毛巾

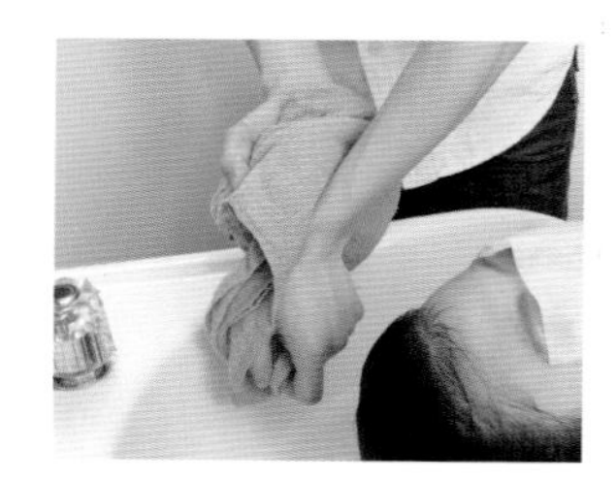
用手腕确认热毛巾的温度。

先确定不太烫后再慢慢地把毛巾沿脖颈放好。

双手拿着毛巾，贴在脖颈处，并慢慢放低头部。

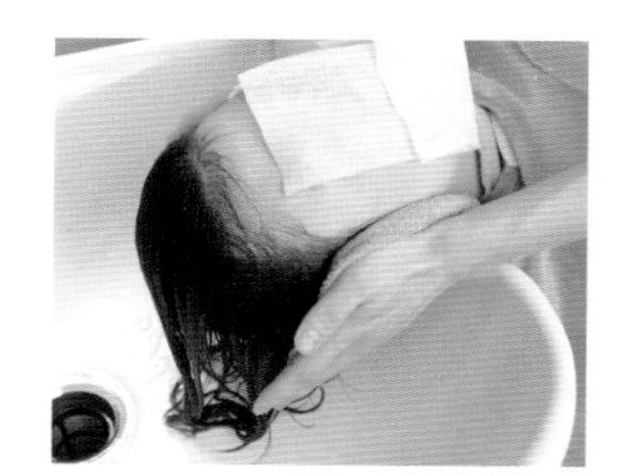
轻柔地把毛巾贴在双耳上。

目标时间30秒 用毛巾擦干

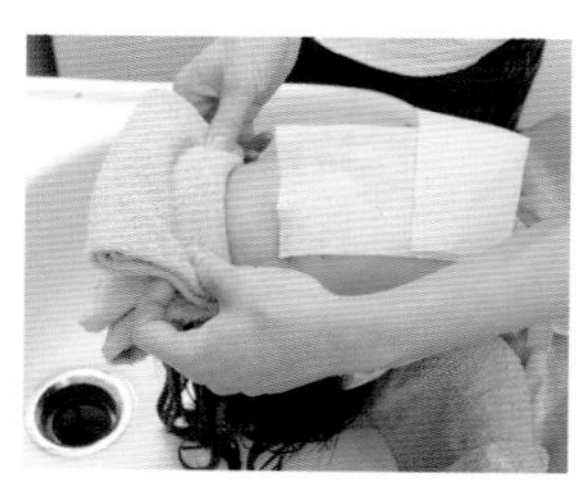
将干毛巾折叠，首先擦拭脸周发际处。

耳后易残留热水，要仔细擦拭。使用毛巾干燥处。

用毛巾盖住脸周发际处，用拇指按压。

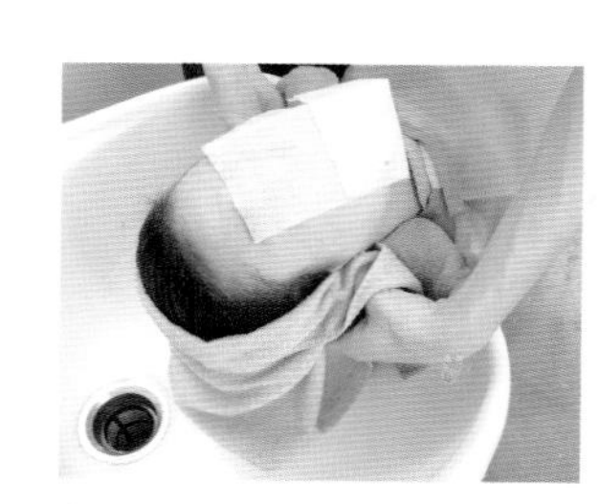
仔细地轻柔擦拭耳朵。

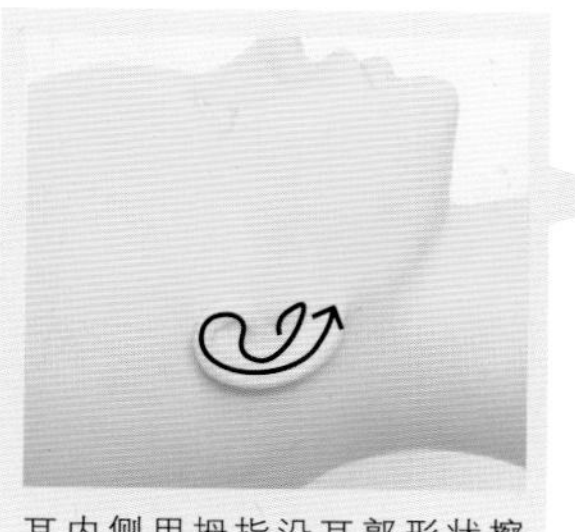
耳内侧用拇指沿耳郭形状擦拭。

擦拭耳朵后再擦拭全头头皮。

用毛巾包裹住头部，用左手抬高头部。

接下来擦拭颈枕处，擦好头部后，将客人由洗发台扶起。

染　发

Color

染发要掌握涂抹染膏和最后的颜色设计。为此要有目的地反复练习，并致力于与顾客形象气质相称的染色设计。

imaii
大泽正行
[p28 ~ p47]
◎ 1980 年 6 月 20 日出生于日本崎玉县。毕业于日本美容专门学校后就职于 imaii。现在，作为染发指导活跃于各种比赛和讲习会中。

kakimoto arms
林 仁美
[p48 ~ p54]
◎ 林仁美 1980 年 10 月 3 日出生于日本兵库县。毕业于 Le TOA 东亚美容专门学校。2000 年加入 kakimoto arms，曾做 Lazona Kawasaki Plaza 店的染发总监，现在是 kakimoto arms 自由之丘店的染发总监。

中野制药股份有限公司
营业推进本部沙龙支持部
头发诊断师
岩崎 昭宪
[p26 ~ p27]

染发剂的分类

/ 中野制药股份有限公司　岩崎 昭宪

染发剂根据用药法和染发效果的不同，分成以下几类：

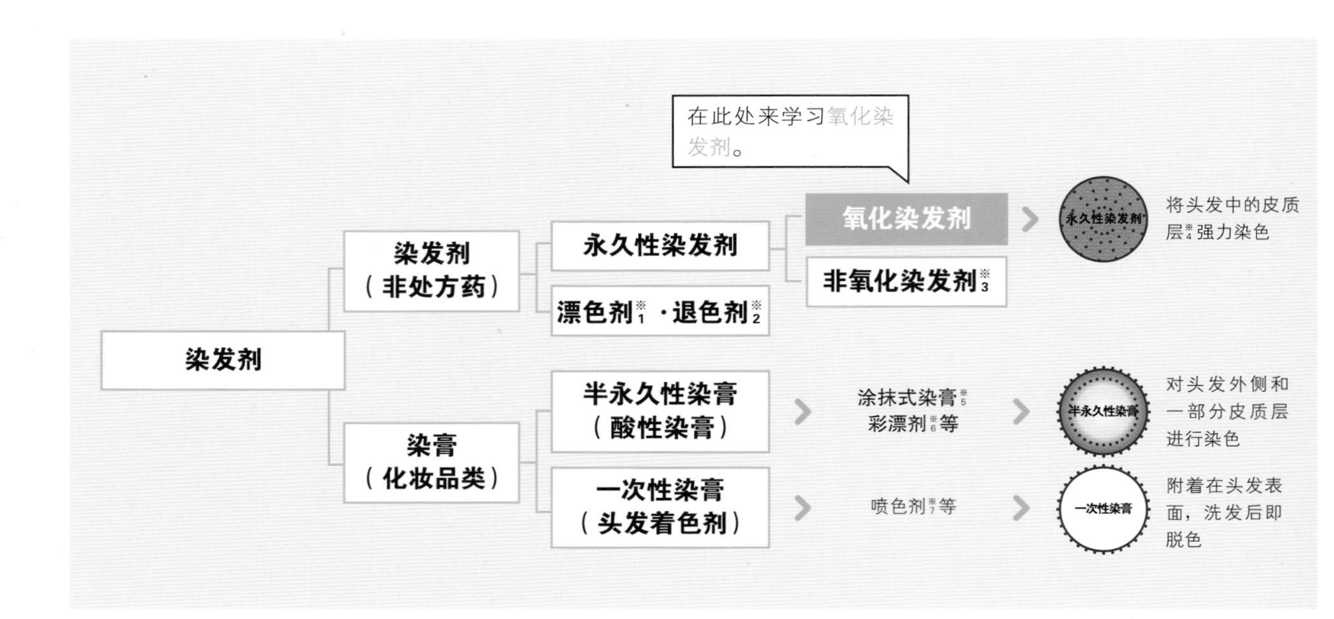

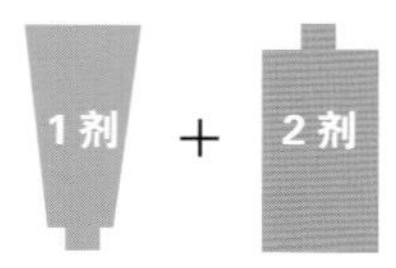

氧化染发剂是利用 1 剂、2 剂混合后的“化学反应”来染发的！

什么是氧化染发剂呢？

让我们一起详细地看看氧化染发剂。

①碱性氧化染发剂	②酸性氧化染发剂、中性氧化染发剂
●1 剂：主要成分是氧化染料※8和碱性剂※9。 ●2 剂：以双氧乳※10为主要成分的 1 剂和 2 剂要混合使用！	●1 剂：以氧化染发剂为主要成分。 ●2 剂：以双氧乳为主要成分。 1 剂和 2 剂混合使用！混合后的药水 pH※11为 6 ~ 8，属中性。

氧化染发剂是漂色和上色同时进行的！

① 1 剂中的碱性成分打开角质层

↓

②分解麦拉宁色素※12漂色※13　　③利用化学反应来上色

漂色　　上色

漂色与上色的关系

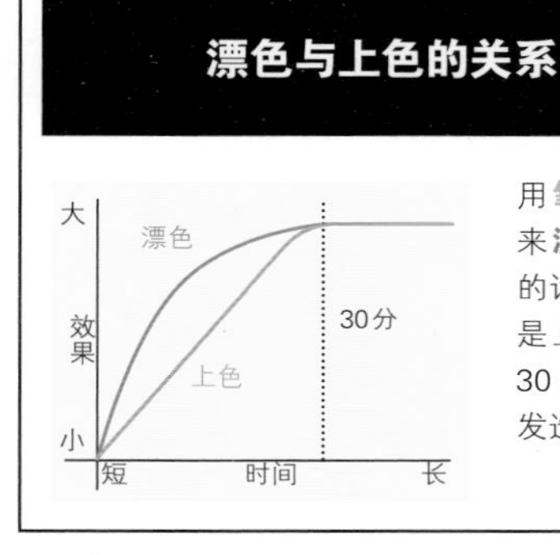

用氧化染发剂来漂色和上色的话，30 分钟是上限！超过 30 分钟会对头发造成损伤。

一定要牢记氧化染发剂是漂色和上色同时进行的！

※ 1. 漂色剂：分解头发中的麦拉宁色素。以提亮发色为目的，被广泛使用。主要是乳状。
※ 2. 退色剂：与用漂色剂来提亮发色不同，退色剂是用来退除已染发色的。此漂色剂所产生的化学反应的作用更大，能够在短时间内大量分解麦拉宁色素。主要呈粉末状。
※ 3. 非氧化染发剂：是以铁为主要成分的染发剂，引起炎症的可能性较小。现在已几乎不用。
※ 4. 皮质层：沿着头发生长的方向，比较规则排列的细胞，是染发剂染色起作用的部分，占头发的 85% ~ 90%。
※ 5. 涂抹式染膏：利用氧化染料的离子键重组对头发表层进行染色。
※ 6. 彩漂剂：氧化染料等直接染料配以酸，使之吸附在头发表面来染色。
※ 7. 喷色剂：将色素喷在头发上染色。
※ 8. 氧化染料：具有氧化和上色性质的染料。代表性氧化染料有对苯二胺。染发 1 剂的主要原料。
※ 9. 碱性剂：使染膏呈碱性的碱性物质。作用是：①使头发膨胀、角质层打开，易于药剂浸透。②促进双氧乳的分解。
※10. 双氧乳在染发 2 剂中用作氧化剂。与 1 剂混合分解，释放活性氧。
※11. pH: 测试“碱性”“酸性”等溶液性质的基准。头发最好的状态是 pH4.5 ~ 5.5。
※12. 麦拉宁色素：形成肤色、发色的决定性因素。麦拉宁越多头发越黑。
※13. 漂色：分解头发内部的麦拉宁，漂白头发。氧化染色剂是漂色与上色同时进行。

氧化染发剂的染色原理

请看 1 剂、2 剂的成分和染色原理。

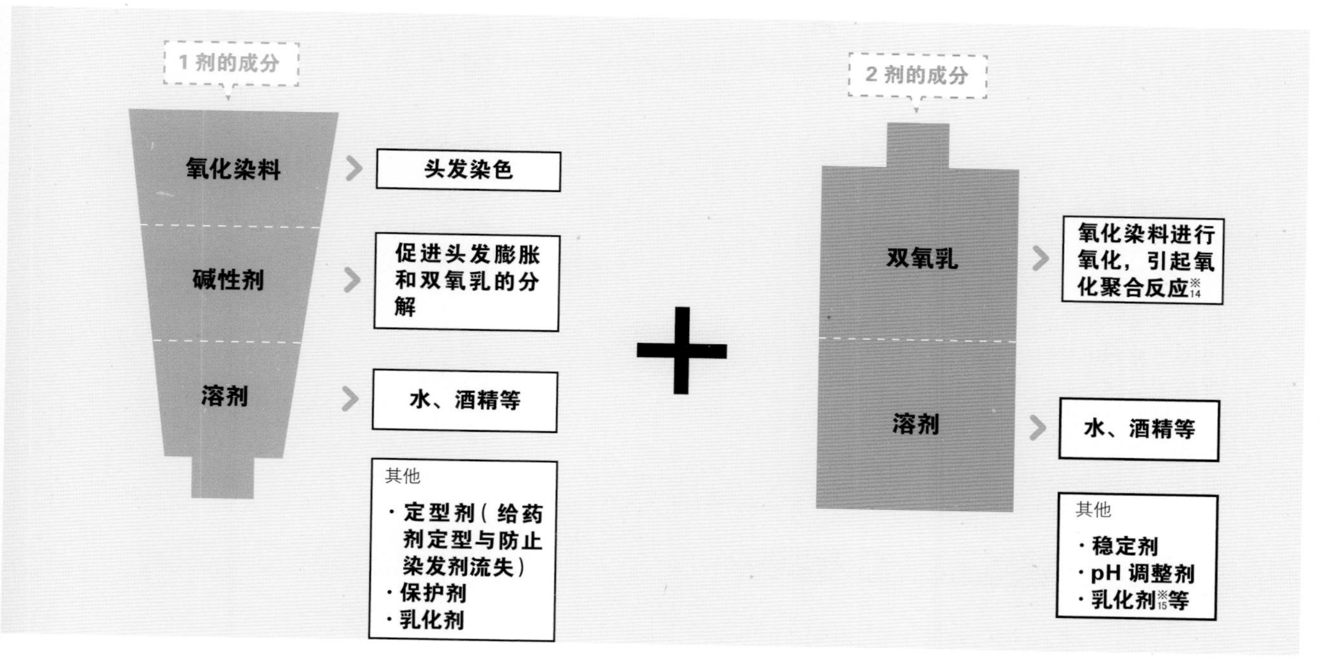

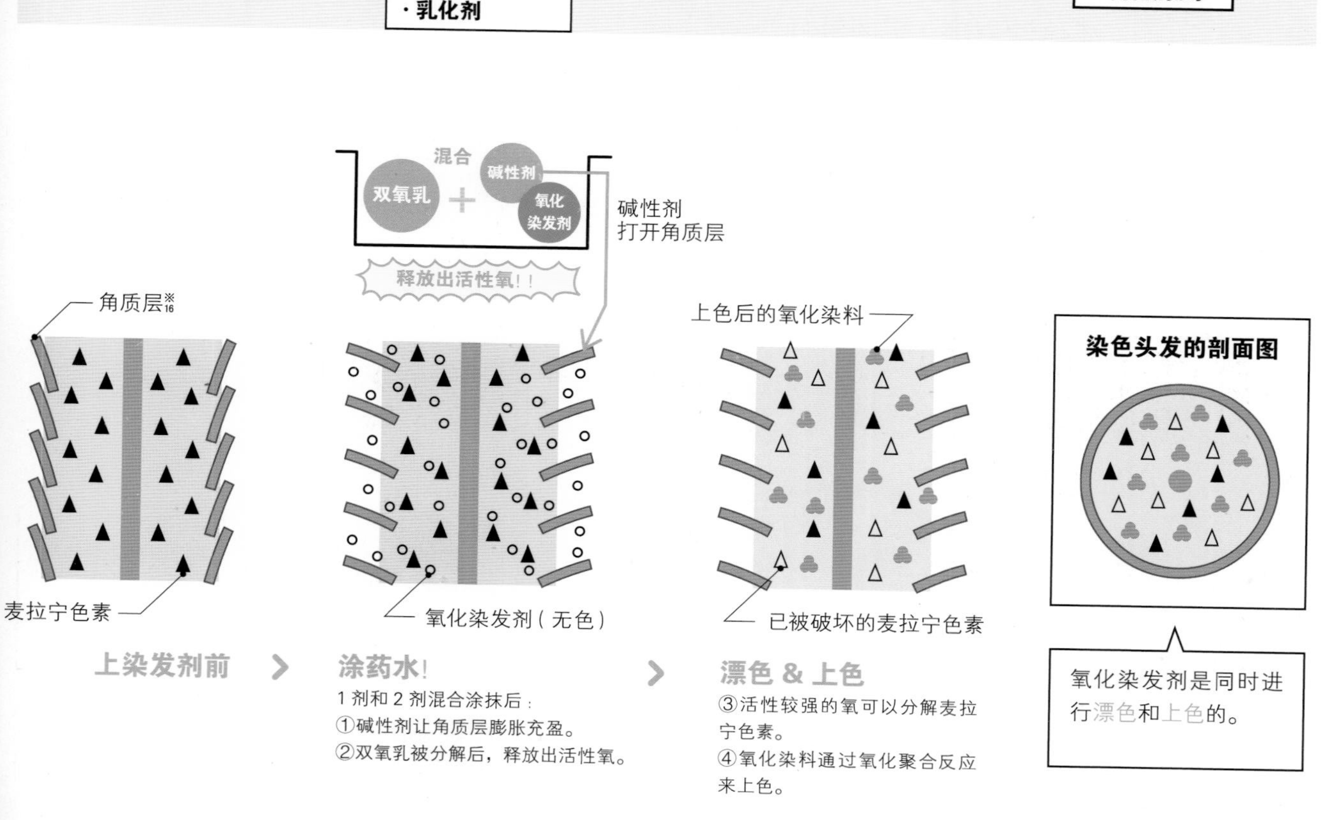

1 剂和 2 剂混合涂抹后：
①碱性剂让角质层膨胀充盈。
②双氧乳被分解后，释放出活性氧。

③活性较强的氧可以分解麦拉宁色素。
④氧化染料通过氧化聚合反应来上色。

氧化染发剂是同时进行漂色和上色的。

※14. 氧化聚合反应：在染发时，2 剂中的双氧乳释放氧原子进行氧化，使 1 剂中的氧化染料相连接，氧化聚合生成大分子，进行上色。
※15. 乳化剂：在染发中用来混合 1 剂、2 剂的物质。
※16. 角质层：覆盖在头发外侧，一般 4 ~ 6 层。保护头发内部。

避免由发质和自然卷儿所造成的染色不均

/ imaii　大泽正行

假发和真人头发在染色时的差异

假发与真人头发有哪些具体区别呢？下面找出了影响染色的要素。
在日常的发廊工作中要注意客人的头发和假发的区别。

1　真人头部有体温

真人头部是有体温的，有易上色和难上色的部分。假发能够均匀染色，而真人染发时上色效果会受到体温影响。务必要再次确认易上色和难上色的部分。

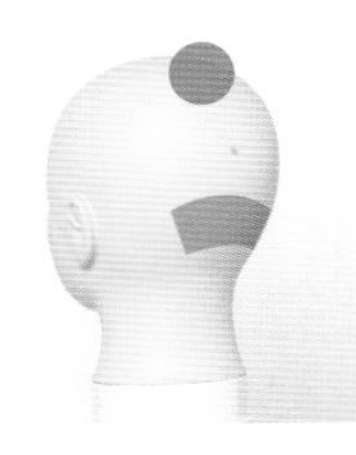

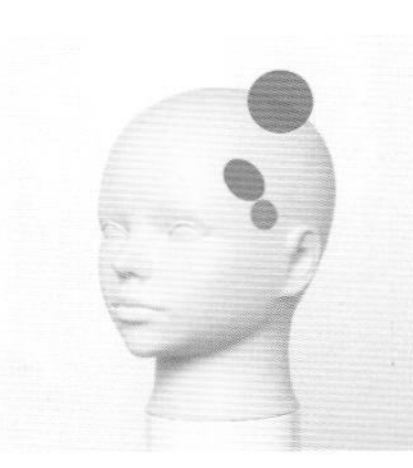

易上色部分
（头顶、太阳穴）

难上色部分
（颈枕处、鬓角）

常见的失败

- **受体温影响，发根处颜色较重。**
- **染发速度如果慢的话会因受体温影响而产生色差。**

→

解决染色不均的关键

- **体温低不易上色，从局部开始涂染膏。**
- **接近头皮的发根处不要涂抹太多染膏。**
- **尽快涂抹染膏。**

★有效分片染发

横分

斜分

染色时要斜分发片。这样分后的发束比横分的发量多，可以节省多次取发的麻烦。

横分

斜分

同时，沿头部轮廓斜向分片，易于在涂染膏时避开已涂发束。横向分片的话，上面的已涂发束很容易掉下来，造成麻烦。

★采用最易于染色的姿势来染发

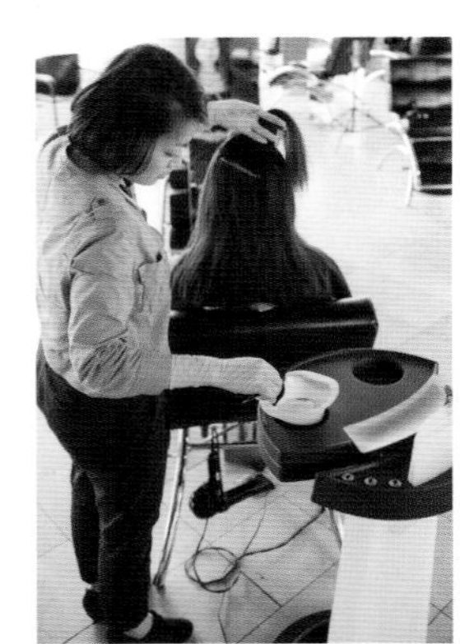

OK

将事先放好染膏的容器放在自己最容易接触的地方。

NG

2 发量和头发粗细有所不同

假发的粗细相同、发量均等，而真人头部不同部位的头发数量和头发粗细各不相同。

［脖颈发际处的不同］

模特

发　　量：多
头发粗细：粗

假发

发　　量：各处均等
（比真人头发少）
头发粗细：全部相同

［脸周发际处的不同］

模特

发　　量：少
头发粗细：细

染膏容易涂多

假发

发　　量：各处均等
（比真人头发少）
头发粗细：全部相同

常见的失败

- **尽管和假发一样分片染色，但真人头部总会有漏染的地方。**
- **仅有脸周发际处颜色变亮。**

解决染色不均的关键

- **针对真人实际发量来分片染色，防止漏染。**
- **脸周发际处发量较少，头发较细，因此可少涂染膏。**

要点

真人头部不同部位的发质（发量、头发粗细等）是不同的。因为并不像假发那样一致，所以要看好发质再分片染发。如果不看发质就染的话，发束过厚过薄都会造成染色不均。

3 真人头部有自然卷儿和发流

假发没有自然卷儿和发流，而真人头部根据个人差异会有不同的自然卷儿和发流。

[脖颈发际处的不同]

模特

自然卷儿较重、头发经常膨起。

头发弯曲处易积留染膏

假发

没有自然卷儿、头发笔直。

[头顶部的不同]

模特

因为有发旋，所以头顶周围的发流很明显。

有发流不易染发根

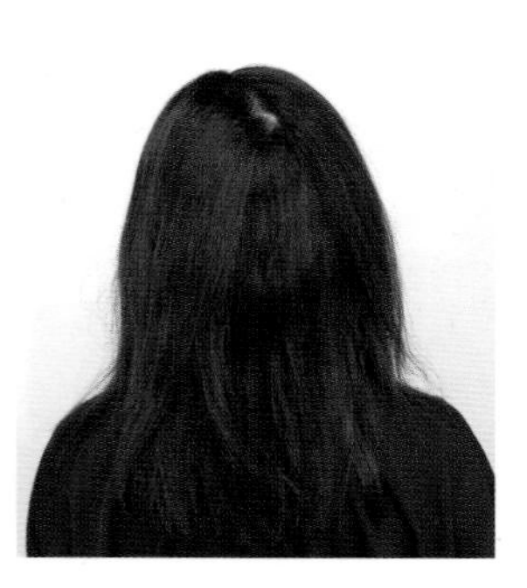

假发

因为没有发旋，所以没有发流。

常见的失败

- 顺着发流分片无法染到发根处。
- 在靠近自然卷儿膨起处积留过多染膏，造成染色不均。

解决染色不均的关键

- 逆着发流分片。
- 薄分发片，均匀涂抹适量染膏。

★分片方向

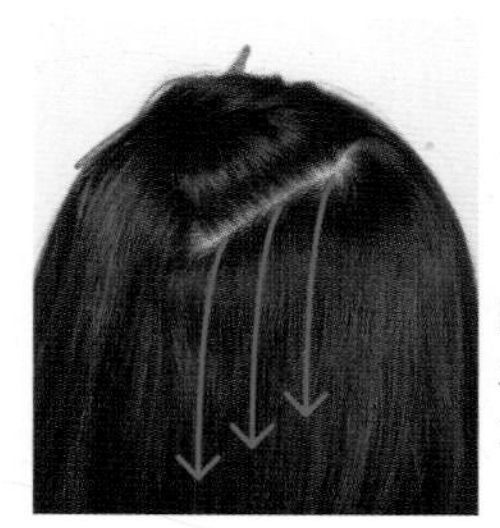

图示为发旋周围的发流。头发按箭头方向生长。

逆着发流方向拉起发片易于涂抹染膏至发根处。

NG

顺着发流方向拉起发片的话，发根在发流下方，不易染色。

4 骨骼的不同

假发是按标准骨骼设计的。然而真人头部的骨骼轮廓各不相同。请牢记亚洲人的骨骼轮廓。

[后脑部的不同]

模特

后脑和假发模型的头部相比略陡。颈窝的下凹处较深。

下凹处易被漏涂

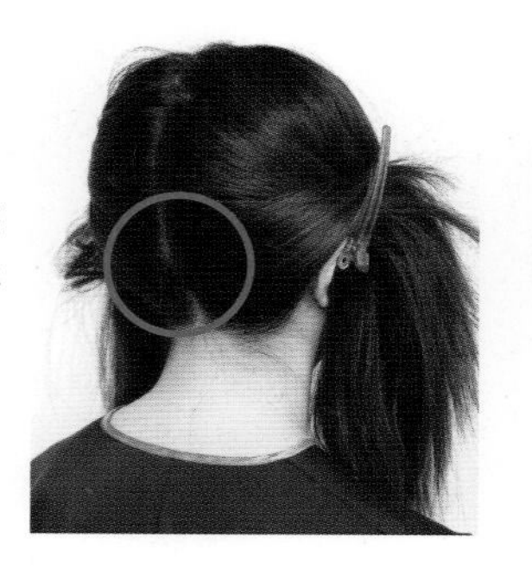

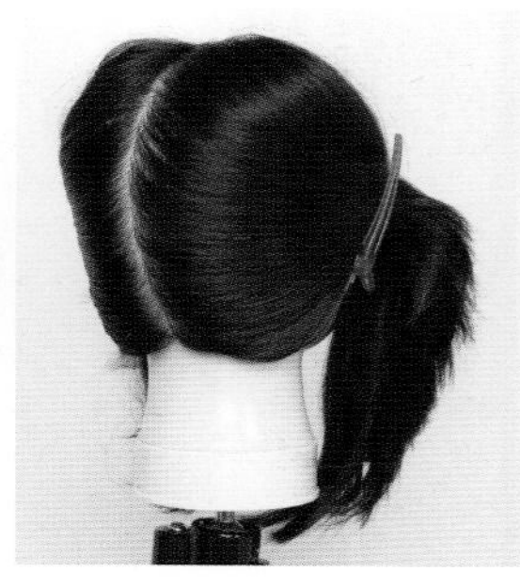

假发

从头顶到脖颈处有柔和的曲线。

常见的失败

- **颈窝下凹处头发涂不到以致染发不均。**

解决染色不均的关键

- **将染膏均匀地涂抹至颈窝下凹处的发根部。**

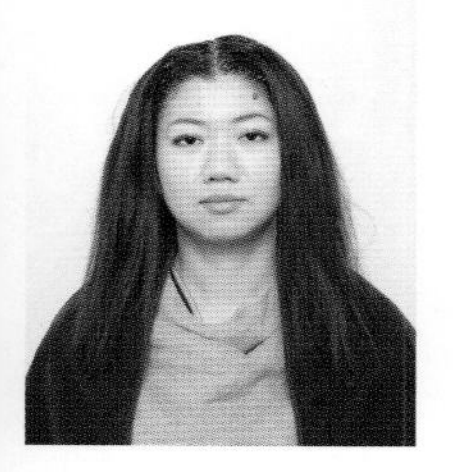

试着检查模特头发漏染较多的地方！

对发根处长出 4cm 新发的模特进行补染。初看时会觉得染得很好，让我们来检查一下。

检查 要点

耳周

请注意耳周的漏染！

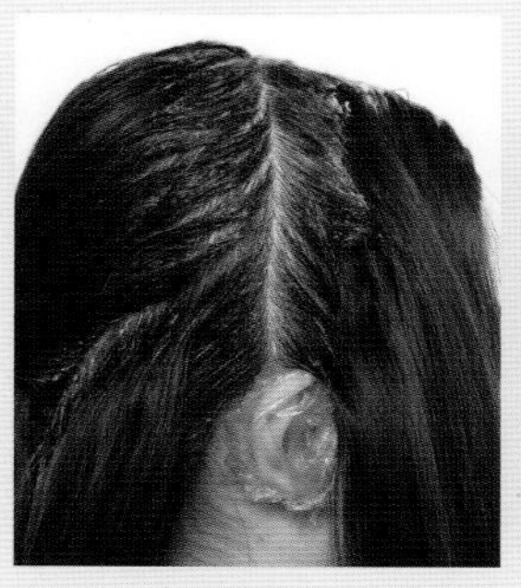

耳周的染膏用量稍少，头盖骨周围的染膏有积留。

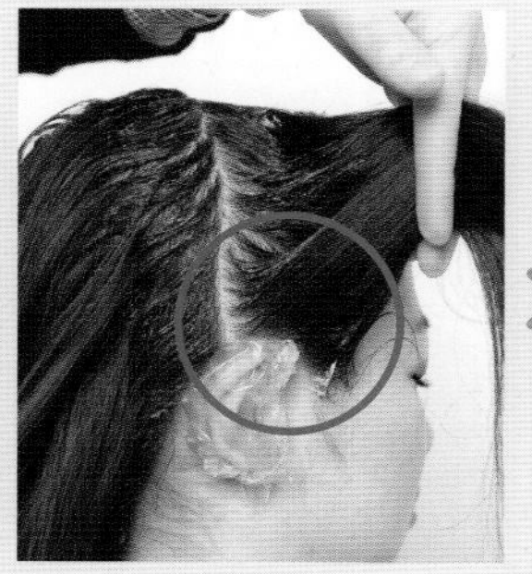

把耳朵上方的发束拉起后看到有未涂上染膏的地方。

能像这样充分涂抹才 OK。耳周有难于涂抹的地方，因此，发束的里侧也要好好涂抹染膏。

脖颈发际处

注意自然卷儿造成的染色不均！

发量多、自然卷儿重的脖颈发际处。环视发束周边可见大面积的染色不均……

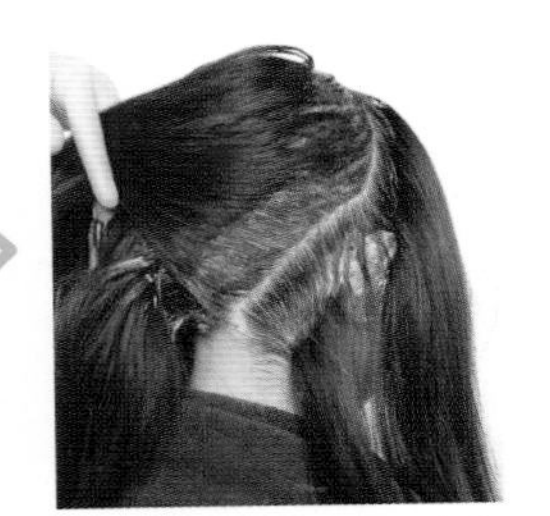

薄分发片，仔细涂抹以防染色不均。发片里外都要涂到。

头盖骨周围

注意染膏的积留！

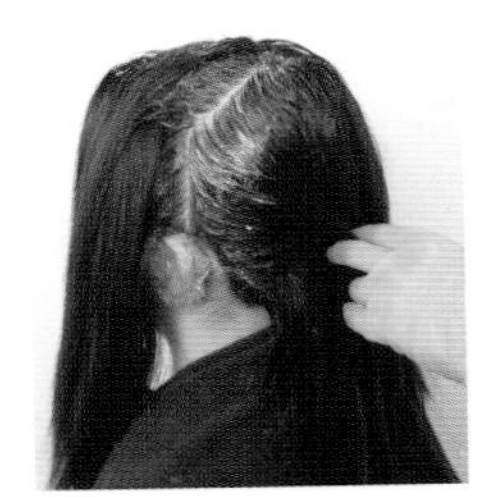

染膏容易积留在头盖骨周围，造成染色不均。

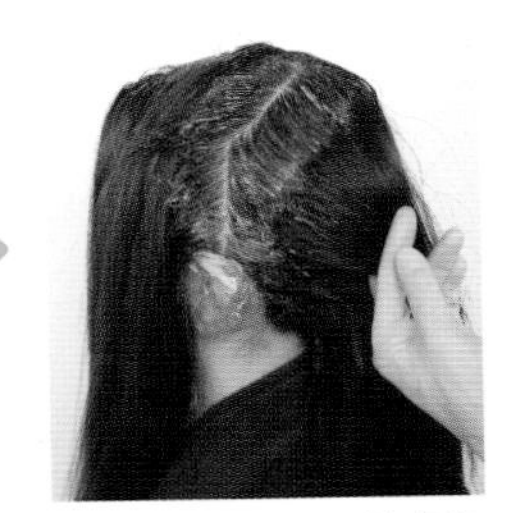

涂抹时注意不要让染膏积留在头盖骨周围。

颈窝

注意下凹处的漏染！

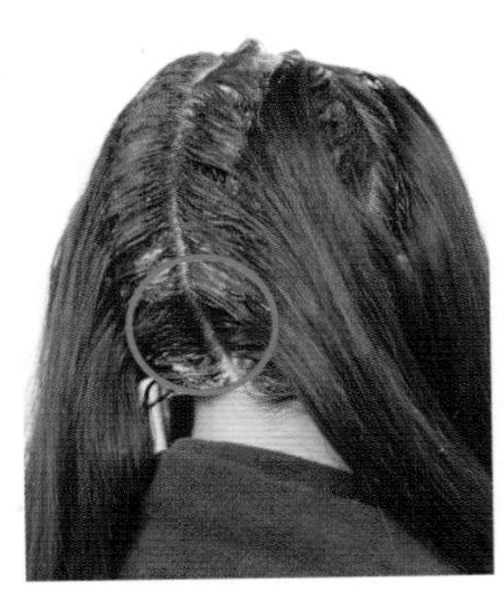

真人头部的下凹处是相当大的颈窝。下凹处的发根部分未涂上的话就会造成染色不均。

脸周

注意染膏用量！

如果和给假发染发的用量一样，会造成染膏渗透过度、上色过重。

脸周发际线处的染膏用量适当减少。

全体

注意左右侧染色不均！

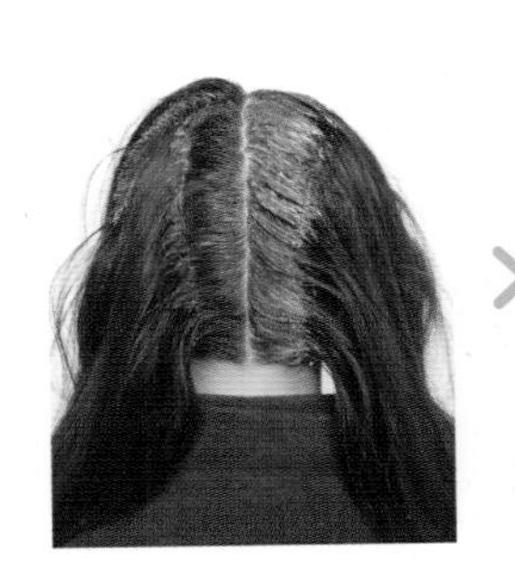

虽说左右颜色一致是根本，但往往右侧的染膏用量会稍大些。因为右利手者往右侧涂抹更方便些，而往左侧涂抹时则要困难些。因此，要注意到该问题，左右均等地涂抹染膏。

即使在假发上做得再好，换成真人模特后也会有问题。这一点大家都一样。要记住头发自然卷儿和头部骨骼等的类型和特点，抓住染色的关键。解决染色不均的第一步就是掌握适合模特的染色方法。

避免染浅、染深和补染所造成的染色不均

染浅的失败案例

发根颜色过亮过浅

染浅的失败案例中最常见的就是发根部分变得过亮过浅，与其他部分颜色不一致。让我们来探寻造成这种情况的原因。

没有意识到体温和染色的顺序

如果忽略人的体温而直接染色的话，发根处因为受到头皮体温的影响会变得更亮更浅。

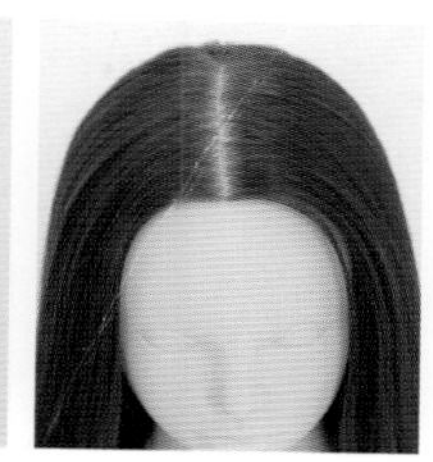

典型失败案例。头顶的发根处颜色过亮过浅，看起来醒目而突兀。

基本染色顺序 **颈枕处 > 侧面 > 头顶**

染浅发色时一定要从 ● 想要变亮的部分 ● 难染色的部分 开始入手!

[也要注意到退色程度的不同]

外侧头发受到紫外线照射等因素影响会比里侧头发退色更快。这种情况下，染浅发色时要从想要更亮更浅的里侧头发染起，逐渐往外染到外侧头发为好。

[染浅至发尾时按以下顺序染色]

全体新生头发
↓
里侧已染头发
↓
外侧已染头发

※由于发根容易上色，所以先由距发根5mm处开始染色，然后再把染膏延涂至发根。

发根处的染膏用量过多

发根处受自身体温影响本就易于上色，因此，如果在发根处涂抹过多染膏的话，就会造成发根处过亮过浅。

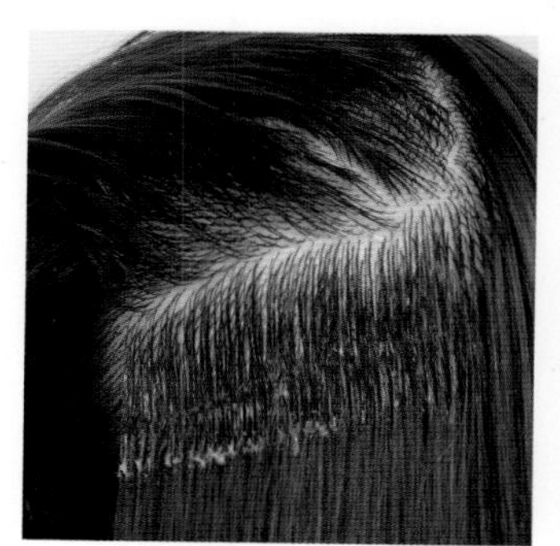

正确的发根处涂抹量

直接从头皮附近开始涂抹的话，染膏容易积留在发根处，因此要注意避免此情况。

明度和饱和度判断不正确

如果不能正确判断出准确的颜色，染色后就会出现染色不均的情况。请确认自己的判断方法是否正确。

颜色选择是否合适要从以下 2 部分来判断。

明度 和 **饱和度 [颜色的鲜艳度]**

判断颜色的方法

接下来将介绍判断颜色是否染好的方法。此方法既适用于染浅也适用于染深，请牢记。

[看明度（颜色的明亮度）]

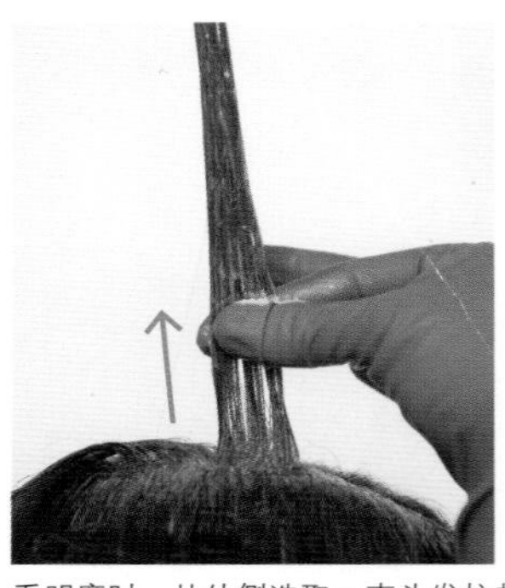

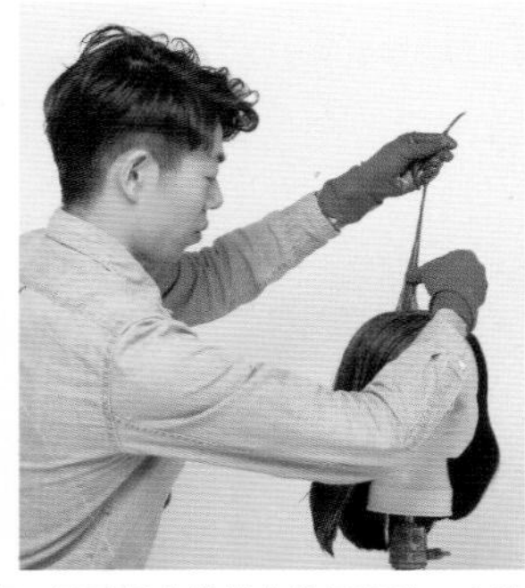

看明度时，从外侧选取一束头发拉起，用手指从发根向发尾移动，去掉发束上的染膏。

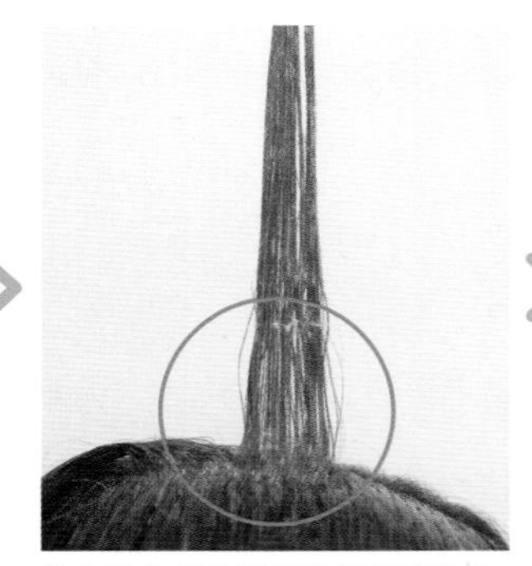

将去除染膏的部分迎着光线透视，确认明度。

■ 染后

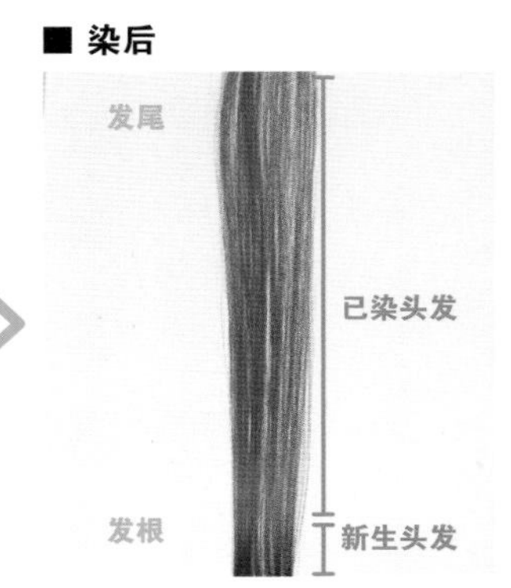

新生头发和已染头发的明度大致相同，无色差。

NG

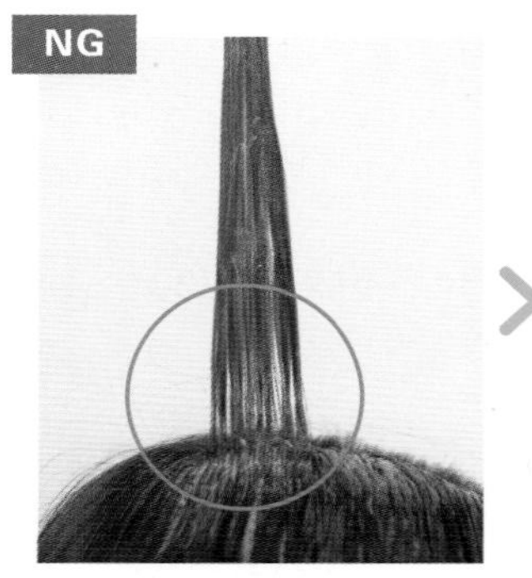

该状态下，明度还不够。

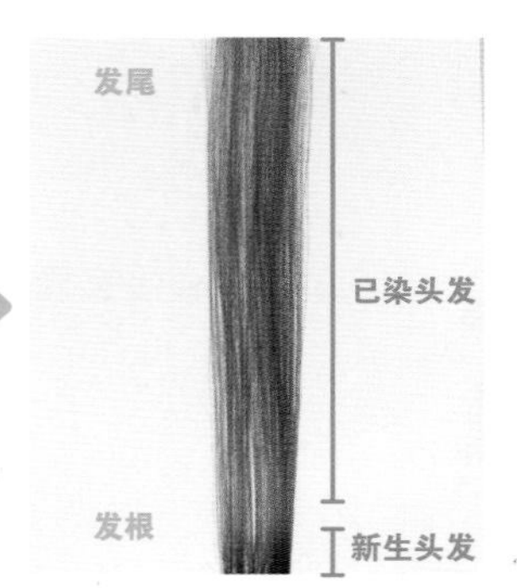

新生头发的明度如果不够的话，就会和已染头发出现色差。

NG

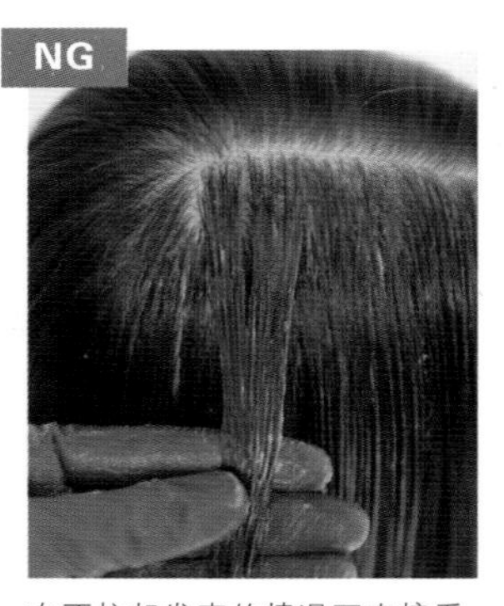

在不拉起发束的情况下直接看，因为发束没有迎光透视，所以是无法准确判断的。

NG

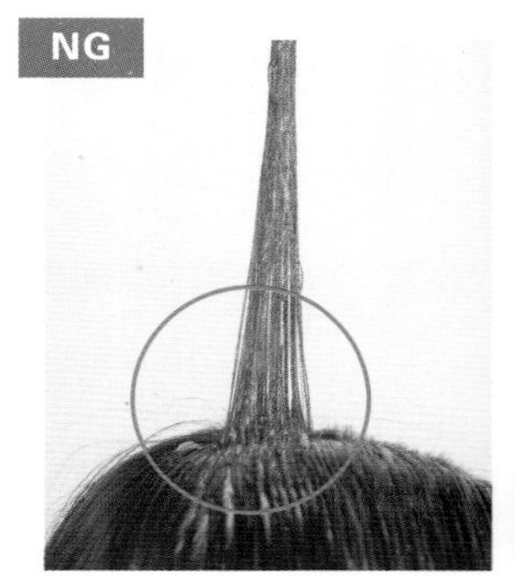

没有把发束上的染膏用手指去除，无法准确判断出明度。

[看饱和度（颜色的鲜艳度）]

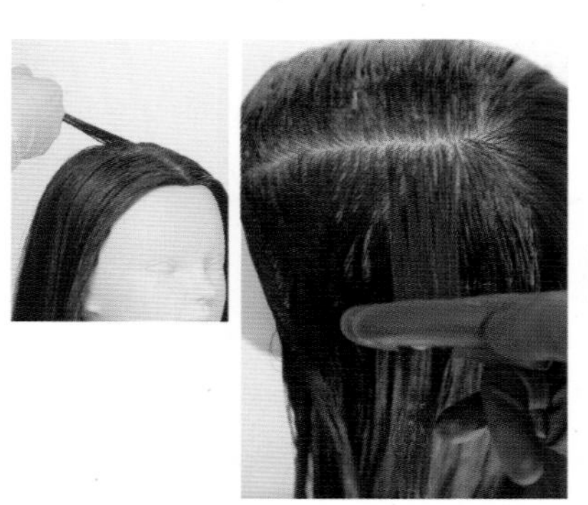

看饱和度时，要向下牵拉发束。用手指去除发束上的染膏后再确认发根的颜色。看饱和度时如果迎光透视，因为发束很薄是无法准确判断出来的。

■ 染后

新生头发

发根

已染头发

发尾

发根已充分染成红色，新生头发和已染头发没有色差。

NG

新生头发和已染头发出现色差。

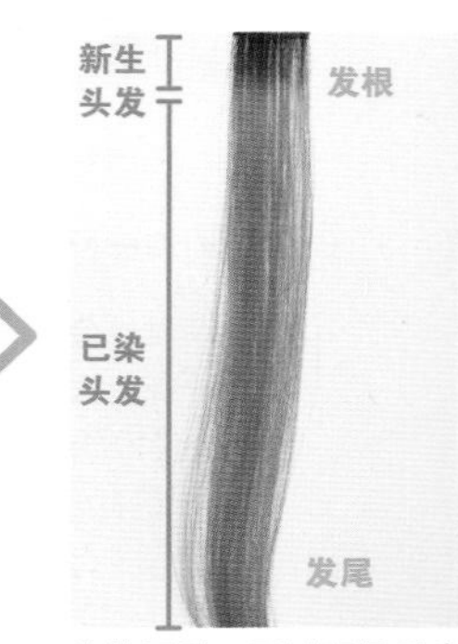

头发干后，可以明显看出巨大色差。

染深的失败案例

发尾上色过多颜色变深

染深的失败案例中最常见的就是发尾变深造成染色不均。
发尾颜色为什么会变得很深呢？让我们来找出其中的原因。

放置时间过长

染膏在头发上放置时间过长，会让损伤较大的发尾部分不断吸收颜色，最终造成发尾比其他部分颜色深的情况。

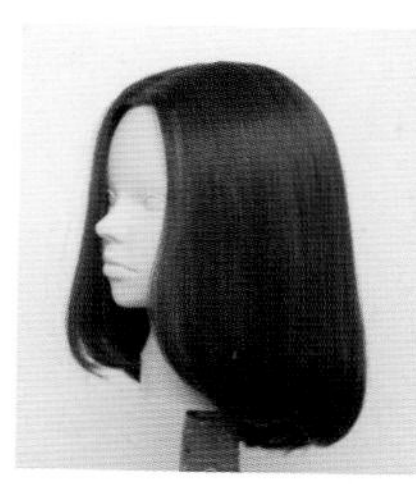

典型失败案例——
发尾颜色变深。

原因 2

加热的伤害很大

大部分人都是发根受损较小而发尾受损较大。受损多是由染烫、加热等化学反应造成的。因此，染发后受损的部分会易上色又易脱落。尤其是反复加热后的头发会发生“蛋白质变性”，染深发色时常会导致发色暗淡、无光泽。

什么是蛋白质变性呢？

构成头发的蛋白质经过加热后会改变性质。发生蛋白质变性的头发很难染出想染的理想颜色，发色会暗淡、无光泽。

[同样颜色、同样放置时间下比比看]

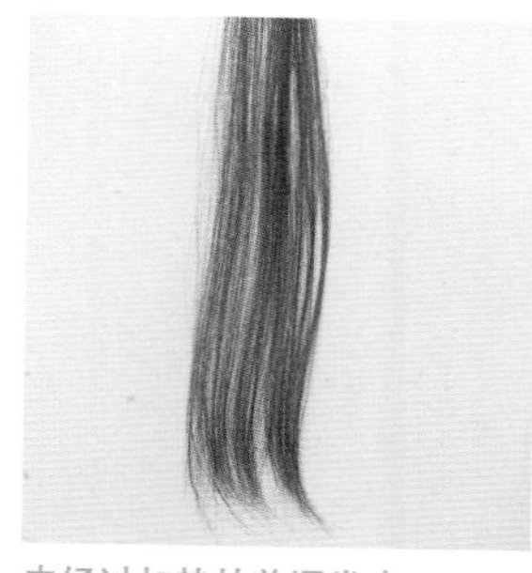

未经过加热的普通发束

发尾经过反复加热的发束

是否要加热呢？首先要向新客人仔细确认她的美发史，要问客人在多久以前做过离子烫和热烫，在染深时一定要加以注意。

染深的失败案例

发尾没染上色，形成色斑

发尾的涂抹量不够

染深时也会有发尾局部没染上的失败案例，这是由于发尾处染膏涂抹量过少造成的。
受损发梢较细，容易打结，染膏难以全部涂到，就会产生由于涂抹量少而导致的漏涂。因此，要充分、仔细地涂抹，避免染色不均。

从头发中部到发尾处有的地方颜色过亮，染色不均。

补染的失败案例

新旧发分界处色差明显

补染的失败案例中最常见的就是新旧发分界处染色不均。让我们来学习分界线周围如何染色的技术。

什么是分界线呢?

新生头发和已染头发的分界处。补染时要避免能看出分界线。

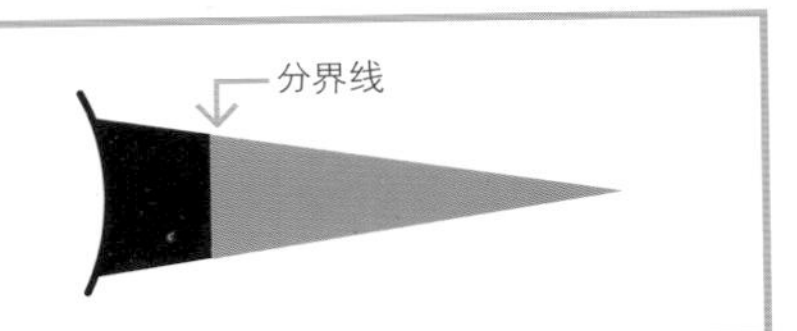

原因 补染技术不到位

染色技术不过硬是造成补染上色不均的重要原因。请接下来再次学习补染技术。

补染技术要根据易受体温影响的发根处新生头发的长短来灵活运用。

失败案例①

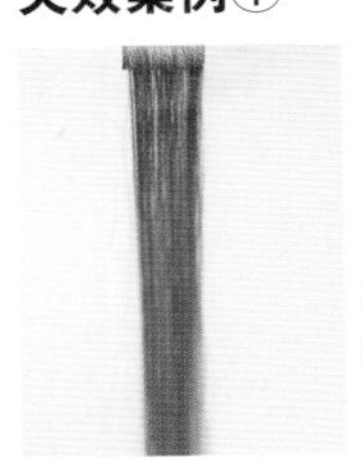

只有分界线变亮变浅。

失败案例②

分界线变成一条黑线。

1.5cm 新生发的补染

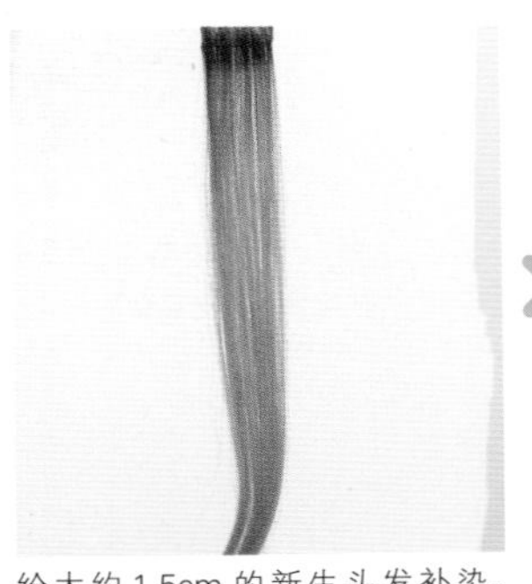

给大约 1.5cm 的新生头发补染。前次染色在 1 ~ 1.5 个月前。

刷子从距发根 5mm 处开始涂抹染膏。

向发根处延涂。为了避免发根处涂抹过多，将发根附近头发上的染膏涂向发根即可。

一直涂抹至新旧发分界处。

发片里侧的头发要从新旧发分界处开始落刷涂抹。

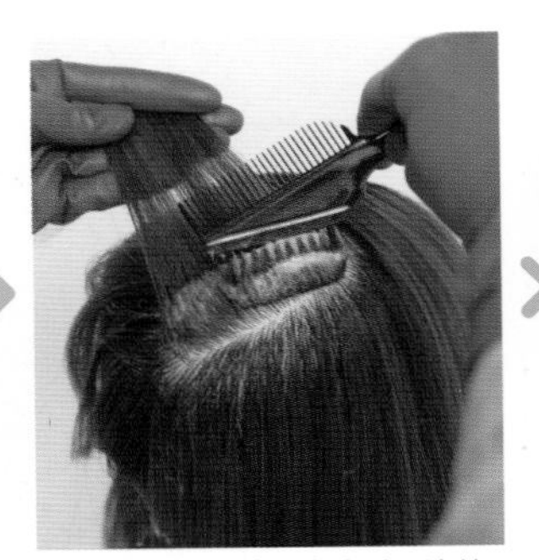

从发根处开始向上移动刷子涂抹。

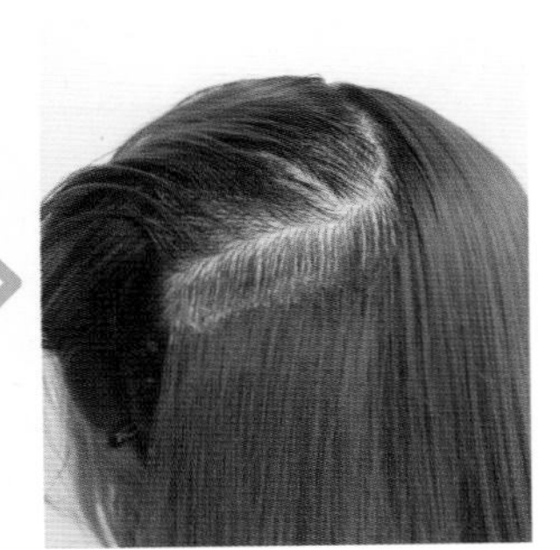

补染结束。

新旧发分界处如果超过 5mm，要注意避免分界处的颜色过亮或过深。

5cm 新生发的补染

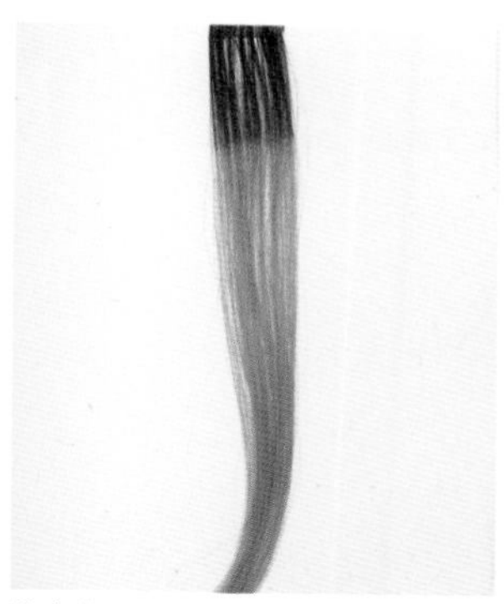
给大约 5cm 的新生头发补染。前次染色在 5 个月左右。

刷子从距发根 5mm 处开始涂抹。预留出 5mm 可以易于调整发根处的涂抹量，避免受体温影响造成发根颜色过亮。

向下涂抹至新旧发分界处。

涂抹发片里侧，从发根向上移动。

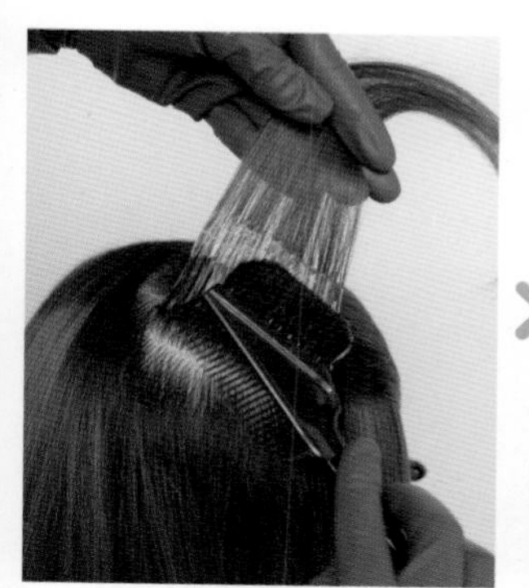
从分界处向发根处涂抹。

涂抹至发根 5mm 处。

这次从发根开始涂抹。

发片里侧涂抹完毕。

再次回到发片外侧，从预留 5mm 处开始向发根涂抹。

补染结束。

NG

涂不到分界处的话就会出现一条黑线，造成染色不均。

染发效果随染膏选择、涂抹技术等各种要素的不同而异。这次介绍的是各位助手易于解决的部分。

如何选择染浅、染深的染膏

什么是染浅、染深?

首先要解释为何为染浅（tone up），何为染深（tone down）。理解色调（tone）是掌握染浅和染深的第一步。

色调 (tone) ＝ 明度[颜色的明亮度] ＋ 饱和度[颜色的鲜艳度]

关于色调

色调有明度和饱和度 2 个要素，是表示颜色的效果的。表达颜色效果有很多说法，比如“强”“暗”“浓”“淡”等，这些指的就是色调。

即

- **染浅 → 提高明度，调节饱和度**
- **染深 → 降低明度，调节饱和度**

明 度

明度即颜色的明亮度。明度越高颜色越接近白色，明度越低越接近黑色。在染发中，将漂色后头发的明度分级设定标准，来判断头发的明度。

明度分级标准

将漂染的头发按发色明度分级排列如下图所示。可以说“明度高”“明度低”，也可以说“提高明度”“降低明度”。

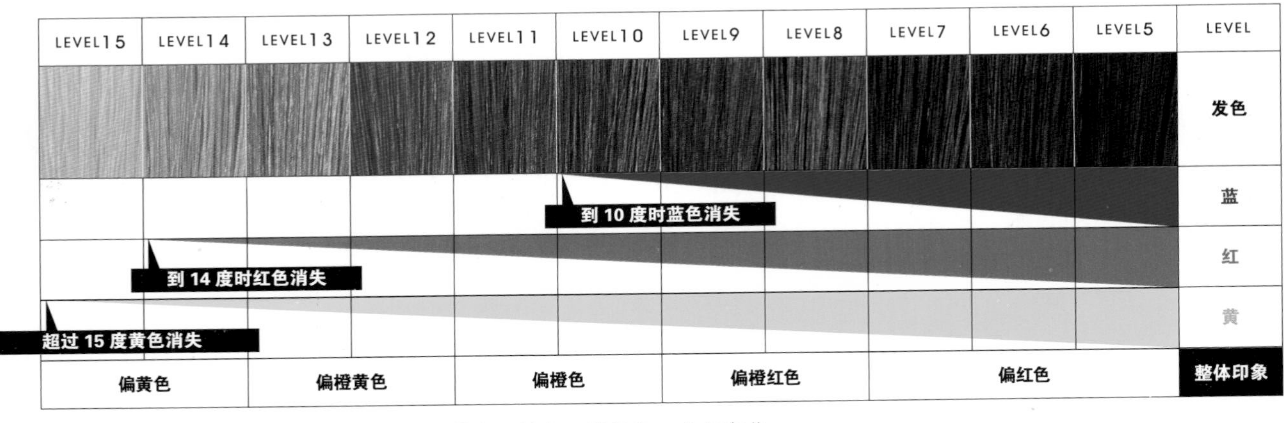

LEVEL15
LEVEL14
LEVEL13
LEVEL12
LEVEL11
LEVEL10
LEVEL9
LEVEL8
LEVEL7
LEVEL6
LEVEL5
LEVEL
发色
蓝
红
黄
到 10 度时蓝色消失
到 14 度时红色消失
超过 15 度黄色消失
偏黄色
偏橙黄色
偏橙色
偏橙红色
偏红色
整体印象

● 随着明度的提高，头发颜色由黑色→深棕色→棕色→浅棕色→金色变化

色彩饱和度

（色彩）饱和度即颜色的鲜艳度。如下面的饱和度表所示，饱和度越高颜色越鲜艳，饱和度越低颜色越暗淡。白色和黑色因为没有颜色，所以叫无彩色。

[发色饱和度的辨别方法]

染发时，同一明度下饱和度也会不同。通过右图可以看出，饱和度低的话，头发颜色会变得不鲜艳。

饱和度高 → 饱和度中等 → 饱和度低

[(色彩)饱和度表]

饱和度混合了鲜艳的颜色和黑白色等无彩色。饱和度越低，色彩越不鲜艳。

※ 该图指染发情况下

低饱和度 ←→ 高饱和度

如何染深?

接下来讲解如何染深头发。请试着理解把头发不同程度染深时应该用什么样的染膏。

［如何染深］ ❶ **首先，降低明度**

↓

❷ **其次，调整饱和度**

染深即降低明度、调节色彩饱和度。首先，选择可以降低到目标明度的深色染膏；然后，选择调节饱和度的染膏；最后，在里面加入 1/3 ～ 1/2 的降低明度的染膏。

降低明度

降低明度时，最重要的是现在发色和目标发色的色差。
要判断好色差程度再选择染膏。

例：把 9 度棕色染深至 7 度

9 度棕色　＋　7 度棕色　＝　8 度棕色

如果直接用目标发色的 7 度棕色，最后染完的发色将不会是 7 度棕色。

9 度棕色　＋　6 度棕色　＝　7 度棕色

选择比目标发色略低的 6 度棕色，染完后将会得到 7 度棕色。

一般要选择
比目标发色低 1 ～ 1.5 度的染膏！

- 将 8 度以下明度不高的头发染成深色时，直接用目标染膏即可！
- 相差 4 度以上的大幅度染深时，也可以选择比目标颜色低 2 度的染膏。

（色彩）饱和度如何调节?

染深更多情况下需要降低饱和度，使颜色接近棕色。这种情况下，需要对前次染发的残留色素进行补色来中和掉原色使其接近棕色，或者直接加入棕色来降低饱和度。

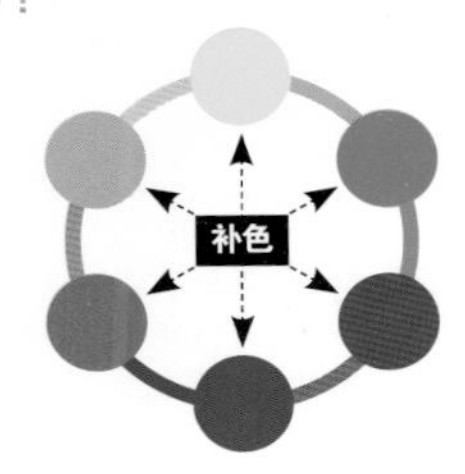

★ **残留色素较多时**
［无法退色时］
通过补色来中和掉残留色素

※ 补色 = 染发时，将两色混合起来，消除被此原始特征以获取棕色。

★ **残留色素较少时**
［可以退色时］
直接加入棕色
混合使用。

如何染浅？

染浅头发时，只需按要求去选择合适级别的颜色。
但是，发质和头发损伤程度等个体差异导致的色差要大于染深。

[**如何染浅**] **❶ 首先，提高明度**

↓

❷ 其次，调整饱和度

染浅即提高明度、调节饱和度。与染深一样，首先，选择可以提高到目标明度的染膏；然后，选择调节饱和度的染膏；最后，在调节饱和度的染膏中加入1/3 ~ 1/2 的提高明度的染膏。

染发

发质与明度的关系

有的发质易于提高明度，有的发质不易提高明度。因此，染浅时有必要结合不同发质选择合适的染膏。

不易提高明度	发质	易于提高明度
粗	**头发粗细**	细
硬	**头发硬度**	柔
强	**自然卷儿**	弱
红色	**麦拉宁色素类型**	黄色
抗水性	**亲水性**	吸水性

一般的染浅
可以直接选择目标发色的染膏！

- 易提高明度的头发，要选择比目标发色低 0.5 ~ 1 度的染膏！
- 不易提高明度的头发，要选择比目标发色高 1 ~ 2 度的染膏！

如何调节饱和度？

染浅时的饱和度调节，需要朝目标发色的色度作以微调。

★目标发色在 11 度以上时

目标发色如果是灰色或亚光色等冷色调时，由于不含蓝色，而黄色的饱和度又过高，可以在染膏中补入蓝色，来中和掉黄色。

以上仅供参考。根据头发受损程度、染膏种类的不同，染浅的方法也会略有不同。请参照上文，制订出自己的染浅、染深标准来。

知识篇&技术篇

实践练习　试为真人模特做染浅、染深

在日常发廊工作中常能遇到既要染浅发根新生头发，又要染深已染头发的情况。
接下来，让我们在注意明度和饱和度的同时，用真人模特实践一下。

染发前

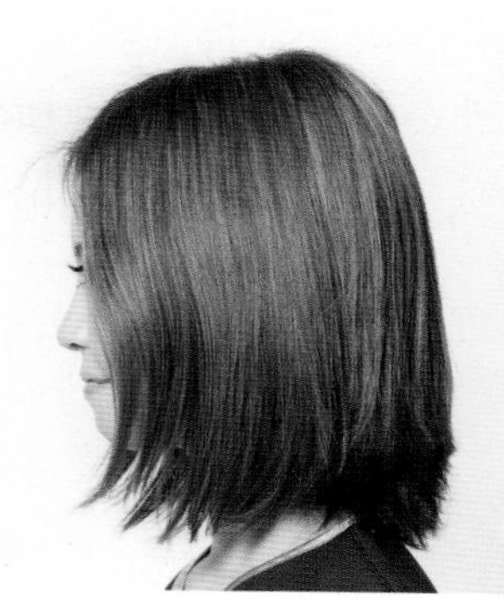

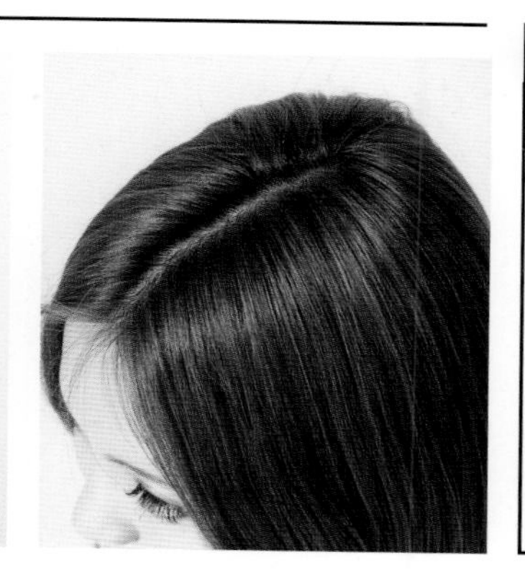

发质数据

头发粗细　**普通**
头发硬度　**局部偏硬**
自然卷儿　**弱**
麦拉宁色素类型　**微红**
前次染发经历
1 个月前。发根处补染 8 度自然棕色。

发根：4.5 度发色的新生头发。新生发长度约 1 cm。

发中：8 度自然棕色

发尾：大上回染色后已退色至 11 度的偏黄调的棕色。

Q. 要染成 9 度粉色系 应如何选择染膏？

[思考重点]

1　发根、发中、发尾 3 个部分应分开选择染膏

统一发色时，分别选择针对发根新生发和已染发的染膏是根本。但是，此时因为发尾已有退色，所以已染发要分为发中、发尾 2 部分来选择染膏。

2　提高 / 降低明度的染膏和调节饱和度的染膏应该分别选择

染浅、染深都是从明度和饱和度两方面进行调节，无论哪一个都要分别考虑应该选择什么提高 / 降低明度的染膏及调节饱和度的染膏。

发根 染膏的选择

1. 提高明度的染膏 → 9 度粉色系

从 4.5 度染浅至 9 度。模特发质染浅难度适中，所以，可以直接选择目标发色的 9 度粉色系染膏。因为新生发只有 1cm，不用分时间涂染也可以。

2. 调节饱和度的染膏 → 不需要

本次要提亮发色为 9 度粉色系，9 度本属红色调，所以不需要加入调节饱和度的染膏。

发中部
染膏的选择

1. 提亮明度的染膏
→ 9 度粉色系

由8度染浅至9度。与发根一样需要涂抹染膏。

2. 调节饱和度的染膏
→ 不需要

9度是红调色，本来颜色也是含有红色的自然棕色，因此，与发根一样不用调节饱和度的染膏。

发尾
染膏的选择

1. 降低明度的染膏
→ 8 度粉色系

从1度染深至9度，因此要选择比目标发色低1～2度的染膏。

2. 调节饱和度的染膏
→ 6 度自然棕色

发尾的11度发色有所退色，要避免加入棕色系后饱和度下降而令发尾处过于鲜艳。

AFTER

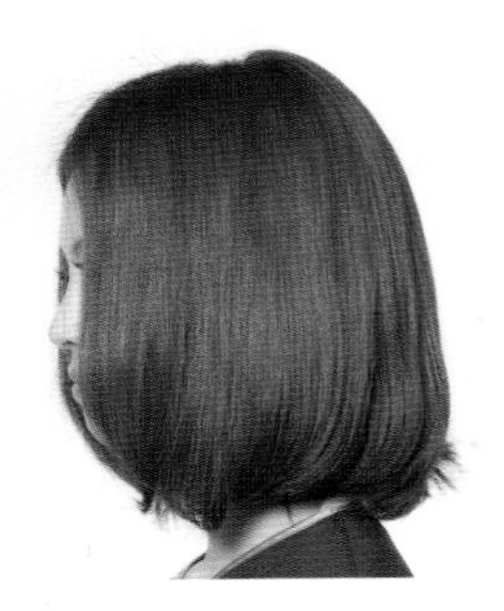

A. 发根·发中部 9 度粉色系
发尾 8 度粉色系 ：6 度自然棕色 ＝ 3 ：1

发根·发中部
9度粉色系

发尾
8度粉色系：6度自然棕色 ＝ 3：1

白发盖染时如何选择染膏

究竟什么是白发呢？

伴随年龄而生的“白发”主要从 35 岁左右开始出现。那么，白发到底是如何生成的呢？

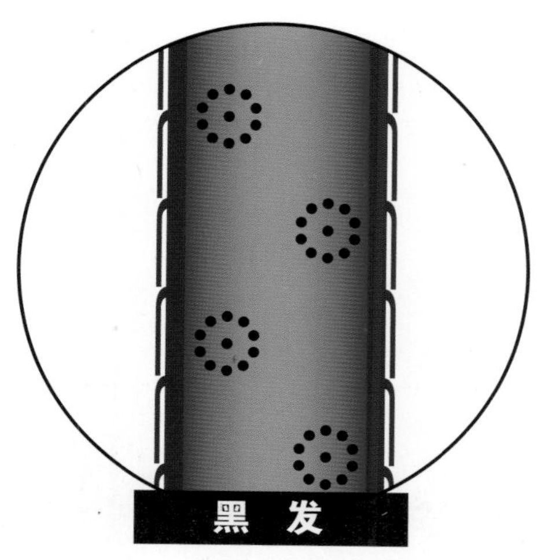

黑 发

· 头发的麦拉宁色素多
· 容易膨胀，易上色

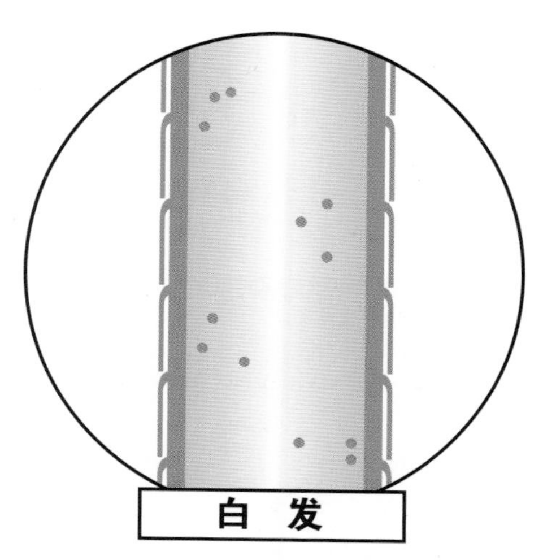

白 发

· 头发的麦拉宁色素少
· 不易膨胀，难上色

“白发盖染”，是指既能进行一般的时尚彩染，又能覆盖难以上色的白发。

白发盖染和时尚彩染的不同之处

让我们来比较一下 2 种染膏。下图分别为做了 7 度时尚彩染的头发和有 20% 白发量的做了白发盖染后的头发。

● 白发盖染

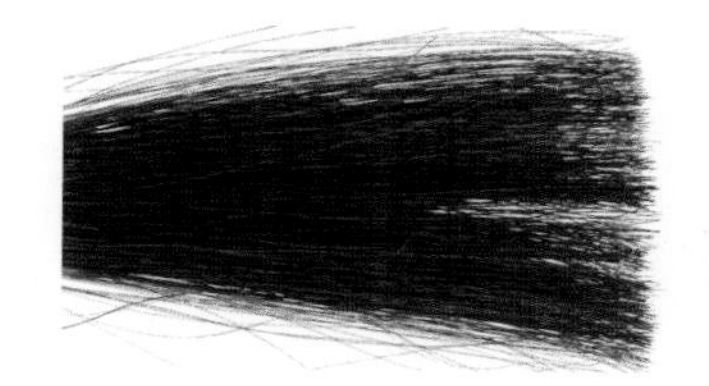

呈现深棕色效果，白发被覆盖得很好

● 时尚彩染

成色略浅，局部明显夹杂有白发

[选择染膏的要点]

1 白发盖染能很好地覆盖白发，令头发呈现出较深的棕色效果。

2 提升头发整体明度的同时还要能覆盖住白发，这需要进行“白发覆盖＋α”方案。

白发数量和明度的关系

接下来让我们比较一下白发数量和白发盖染后头发明度的差异。这是选择染膏的关键。

例：对不同发量的发束进行白发盖染

多 ← 白发数量 → 少

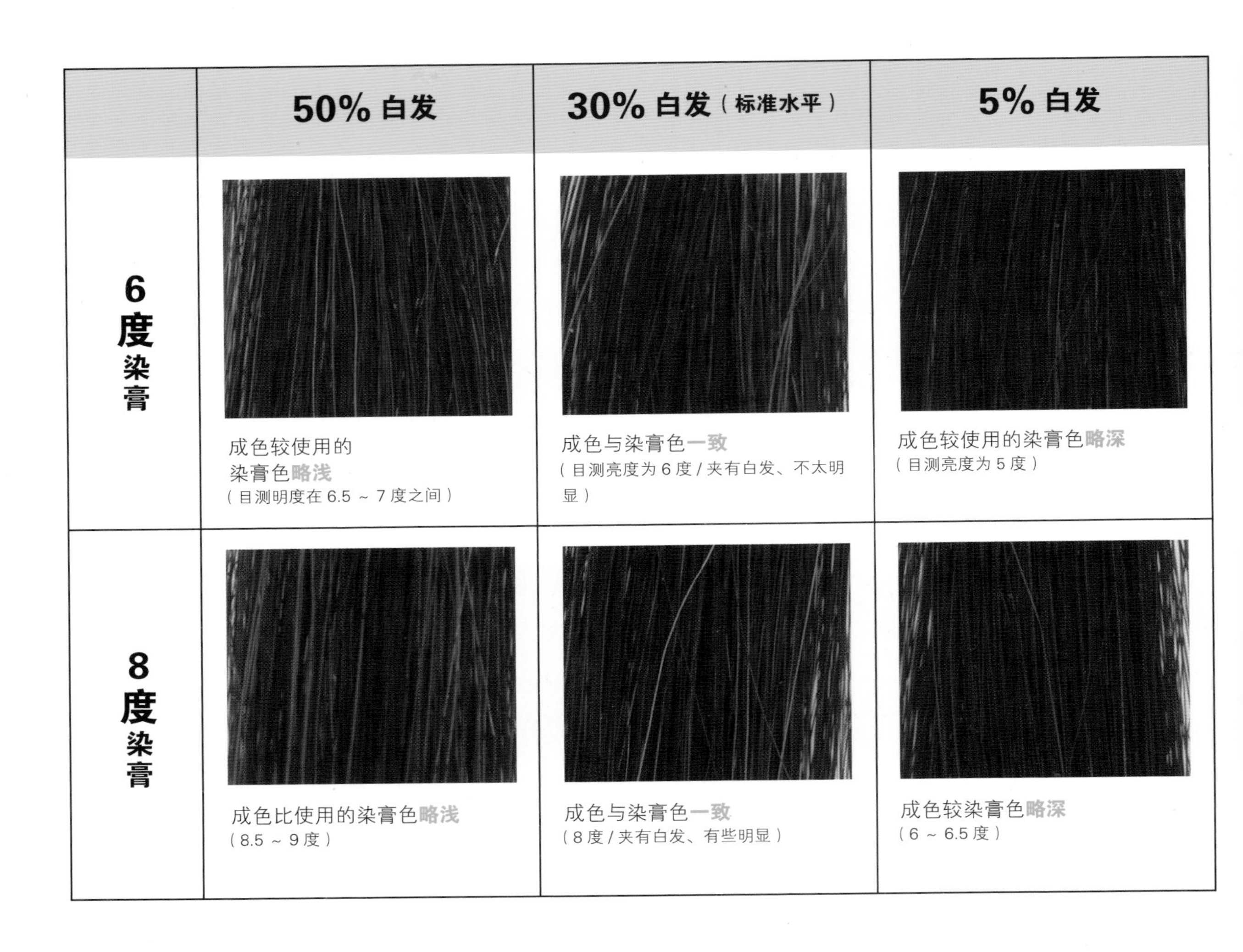

	50% 白发	30% 白发（标准水平）	5% 白发
6度染膏	成色较使用的染膏色**略浅** （目测明度在 6.5 ~ 7 度之间）	成色与染膏色**一致** （目测亮度为 6 度 / 夹有白发、不太明显）	成色较使用的染膏色**略深** （目测亮度为 5 度）
8度染膏	成色比使用的染膏色**略浅** （8.5 ~ 9 度）	成色与染膏色**一致** （8 度 / 夹有白发、有些明显）	成色较染膏色**略深** （6 ~ 6.5 度）

［选择染膏的要点］

1. 白发较少时，选择比目标明度稍亮的染膏，效果更好。
2. 白发较多时，选择比目标明度稍暗的染膏效果更好。

发质和明度之间的关系

即使同样是白发，不同发质染后的明度也有微妙的差别。首先，让我们来弄清顾客的发质。

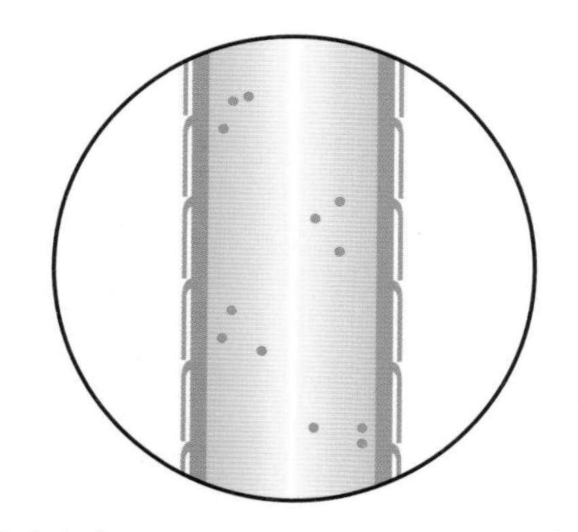

● 头发粗

- **整体发量也多**
- **角质层厚**
- **麦拉宁色素一般为红色**

※ 红色不易提亮发色。参看 p40。

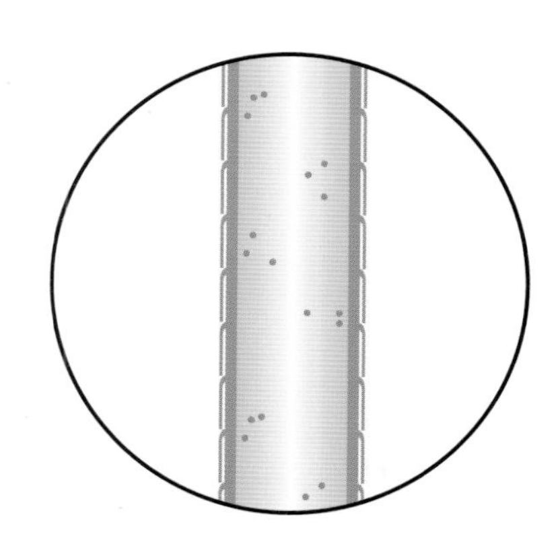

● 头发细

- **整体发量也少**
- **角质层薄**
- **麦拉宁色素一般为黄色**

※ 黄色容易提亮发色。参看 p40。

[选择染膏的要点]

1 头发粗的人发色不易提亮，因此选择比目标明度稍亮的染膏，效果会比较好。

2 头发细的人发色容易提亮，因此选择比目标明度稍暗的染膏，效果会比较好。

既能提亮发色又能覆盖白发的白发盖染

想要好好遮盖白发的话，务必选择容易使发色变深的颜色来盖染。
覆盖白发的同时可以配以几缕或亮或暗的挑染，这就是接下来要介绍的“盖染白发＋α”方案。

对底色进行时尚彩染 + 对白发进行深色盖染

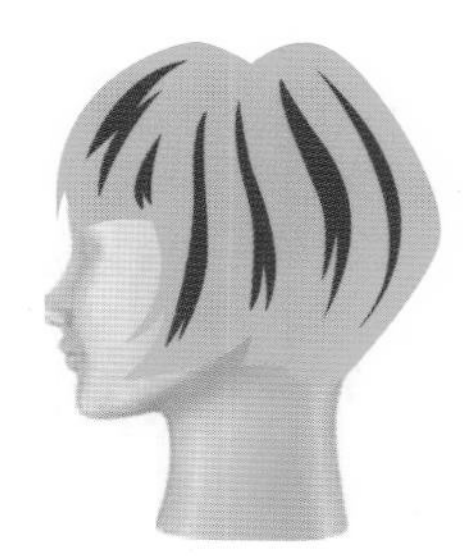

效果：时尚彩染会给人以明快、华丽的感觉。

对白发进行深色盖染 + 对局部进行亮色挑染

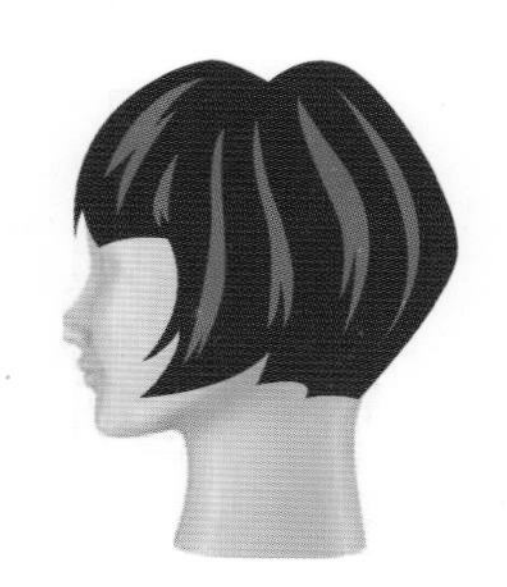

效果：使头发产生立体感，并增加头发的层次感。

对底色进行亮色盖染 + 对白发进行深色盖染

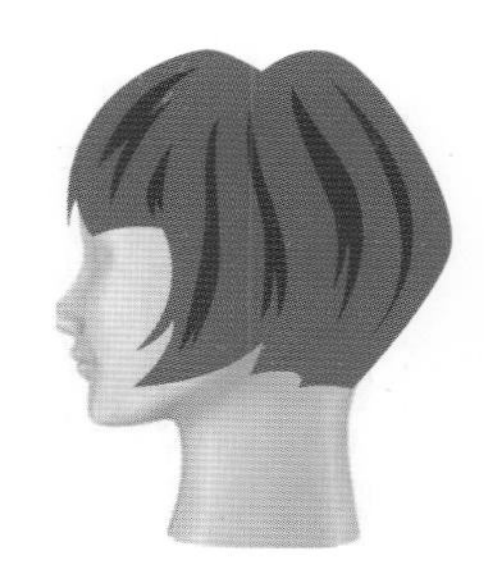

效果：令人有成熟、稳重的感觉。

注意，要将白发盖染和时尚彩染分开进行。若以白发盖染为主，建议配合顾客的喜好，在盖染白发的同时进行明快且富有时尚感的彩染。

实践练习　试为真人模特做白发盖染

虽说是为覆盖白发，但也没有客人希望整体效果过于沉闷。
首先应向顾客了解她所希望的染发效果。

染发前

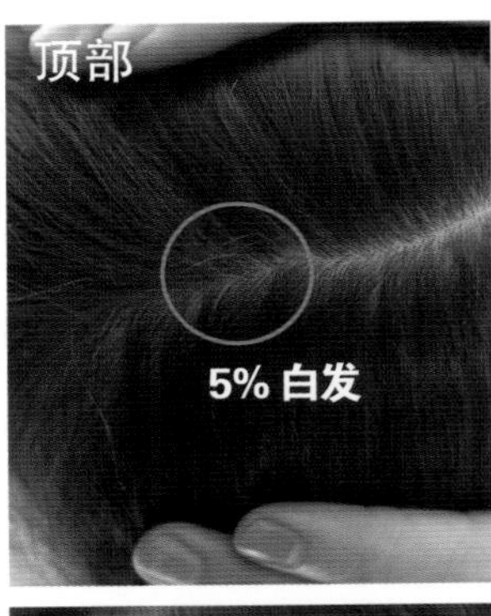

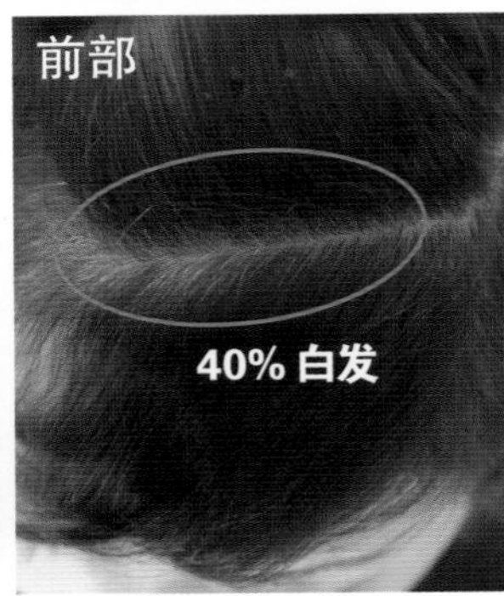

发质数据

头发粗细　**细**
头发硬度　**柔软**
自然卷儿　**普通**
麦拉宁色素类型　**黄色**
前次染发经历
1个月前染过，稍有退色，8.5度橙棕色。前面白发较多。

模特的期望

1. **想把头前部和头顶部发根处约1cm的白发好好覆盖住。**
2. **想让现在的发色重焕生机。**
3. **想让头发看起来多些。**

Q. 要实现以上期望的话应如何选择染膏呢？

1. 关于应实施的染色方案的提示

先从模特的期望中理清应采取哪种染色方案。
这也是实际发廊工作时必做的工作。

1 想好好覆盖白发。

在意的是容易被看见的前面和头顶的白发。

用较深的颜色来好好地覆盖白发。

2 想让现在的发色重焕生机。

1个月前染的颜色稍有退色。

用中性颜色染发，令头发有光泽感。

3 想让头发看起来多些。

头发细且软，头顶头发总是软塌塌地贴在头皮上。

有重点地挑染几绺亮色，令头发有立体感。

应实施的染色方案：发根部进行白发盖染，发中部到发尾做时尚彩染。选重点部位进行亮色挑染。

2. 染膏的选择

决定好染色方案后，接下来要确定怎样盖染白发和时尚彩染。

1 白发盖染

因为头发细且软，所以是易上色提亮的发质。用比期望的亮度稍深的染膏就能取得理想的效果。

创造出发根和发中到发尾处微妙的亮度差，颜色渐变有层次是关键。

2 时尚彩染

头发总是软塌塌地贴在头顶。通过亮色挑染来改造造型是关键。颜色要选择与已染部分相同的暖色系。

因为已染部分开始稍有退色，所以要选择上色温和的中性颜色。与挑染色同色系的颜色可以打造出头发的立体感。

染发后

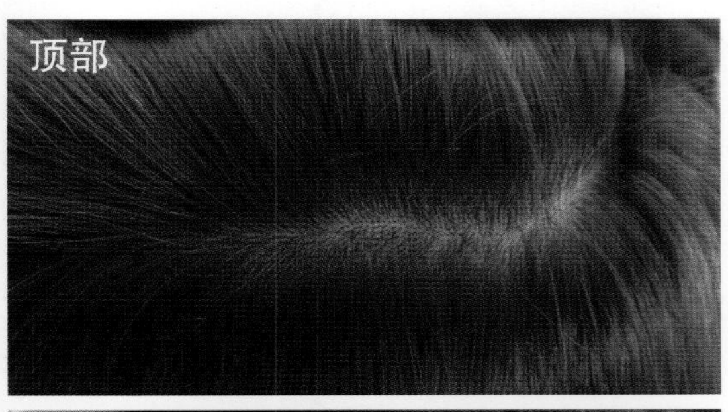

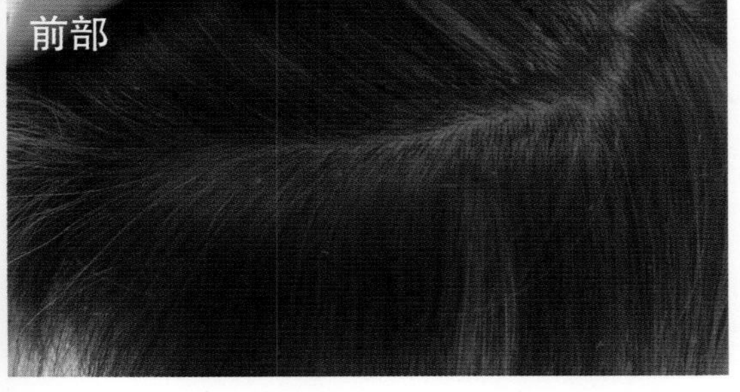

A.

发 根

6.5 度棕色系
（白发染色）

发中至发尾

9 度浅驼色系
（时尚彩染）

亮色挑染

12 度浅茶色系：漂白乳＝5 ：1（时尚彩染）

锡箔染发的基本技术

/ kakimoto arms 林仁美

用锡箔染发是染发技术中的一项。
要想做出不同凡响的染发设计，一定要会锡箔染发。
做出符合顾客气质的染发设计既能带给美发师设计的乐趣，也能增添顾客内心的喜悦。
现在，让我们一同来学习这种完美的锡箔染发技术。

锡箔染发的魅力在此！

- ●增添美发师自身染发设计的乐趣
- ●顾客可以获得属于自己的独一无二的染发设计
- ●更能衬托出剪发的良好效果
- ●可以体现出多种颜色搭配组合的染发设计
- ●能展现出有立体感、有深度的造型
- ●能突显发流，展现出设计的动感
- ●与单色染发不同，头发上锡箔后的光泽会有多重质感，锡箔烫发（多色）能带来多重光泽

锡箔蕴藏着染发设计的无限可能！

包锡箔前要准备的物品

首先介绍需要准备的工具
为了顺利地完成请好好准备！

封条
避免锡箔不好摘除或发根处有染膏漏出。

U 形夹和定位夹
头发分区后用 U 形夹来固定发束。定位夹等的用法也相同。

毛巾
用来擦发梳的梳齿上残留的染膏。

锡箔
把锡箔纸垫在头发下，然后在头发上涂抹染膏

染膏和刷子
按目标色染发所需量准备。

❶ 将头发分成 12 个区

如果将球形的头部看作连续的平面，事前记住这个形状的话，下次就能将同一位置描绘出来。
为能尽早理解掌握而练习吧！

1　前庭区
以中心线为中心横向约 6cm、纵向约 3cm 的区域。用发梳的梳齿丈量确认，以保证左右对称。

2.3.4.5　头侧区
沿侧中线将头两侧的头发各自上下 2 等分。沿头形弧度左右对称分区。

6.7　三角区
将头顶头发对半分开，分别围成两个正三角形。从上面看要左右对称。

8.9.10　四分之三区
将耳后上方头发沿着头部弧度纵向 3 等分。

11.12　颈枕区
沿中心线 2 等分。

要能够简单描绘出来！

❷ 锡箔纸的完美折法和封条的固定方法

如果不正确、漂亮地折锡箔纸的话，会造成染色不均或容易使染膏漏出。
此处将介绍不包头发，仅在手中练习的做法！
请记住要快速、漂亮、仔细！

手法漂亮对美发师而言是很重要的事情！

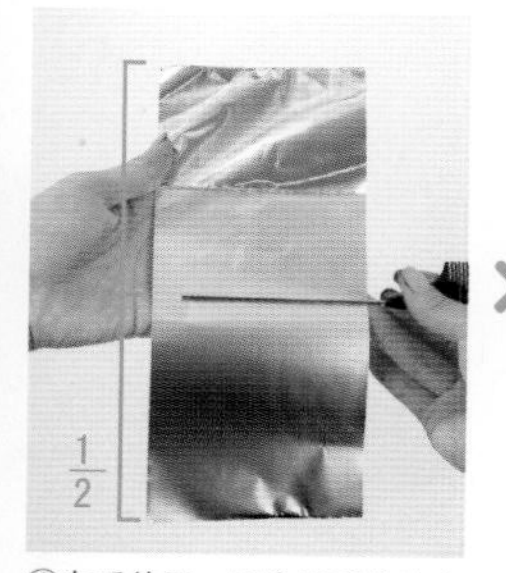

①左手伸平，用食指抵住头皮来固定锡箔纸。

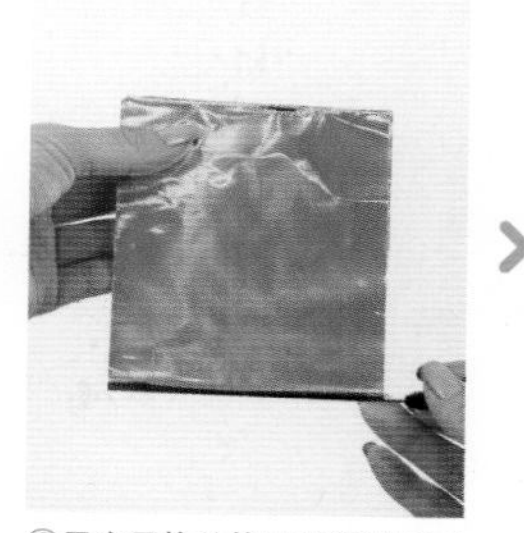
②用尖尾梳的梳尾将锡箔纸对折。

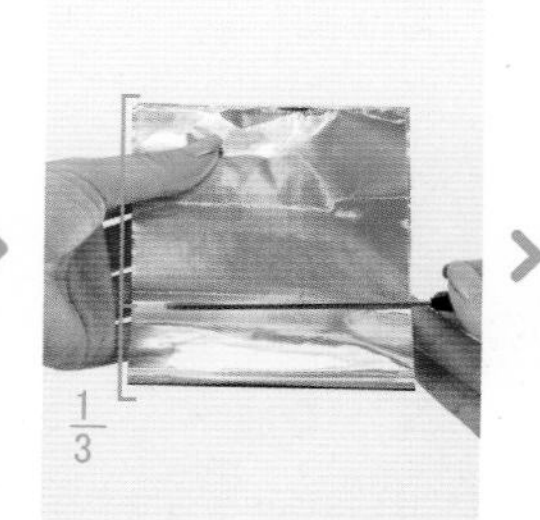

③将对折后的锡箔纸在 1/3 处再对折。

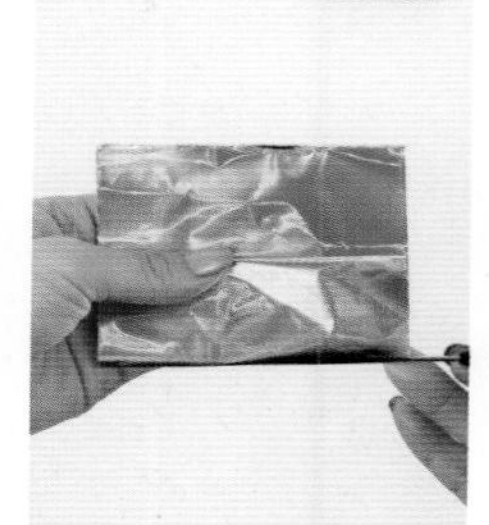

2cm

④用尖尾梳的梳齿抵住距右端 2cm 左右的地方，向里折。

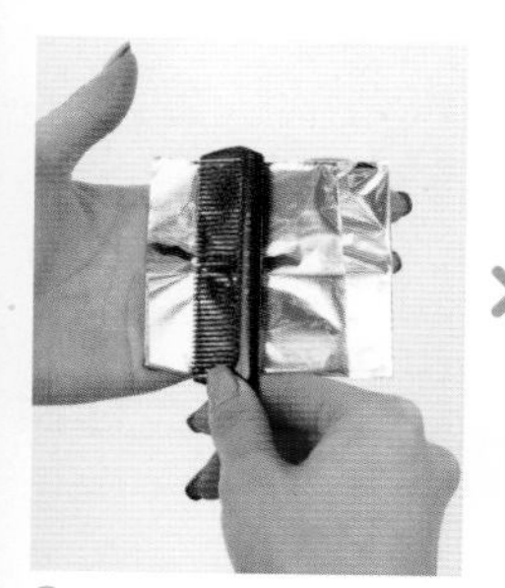
⑤另一侧折法同前。

完成！

折法 NG 集

没有对折

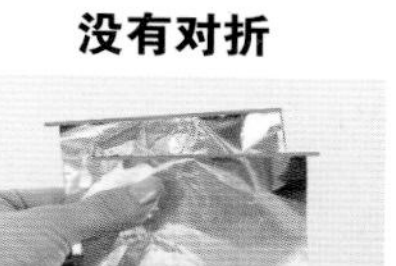
没有好好地对折。这样会造成染膏外漏，无法从发根到发尾染出漂亮的渐变层次感。

折成“八”字形

必须按基本折法（四边形）折叠，否则两端容易交叠在一起，两边的头发就染不上色了。为了和中间的发根颜色一致，请折成“八”字形。

封条倾斜了

发根处不系好封条会造成染膏外漏。同时，发根处系得太松，要么锡箔纸容易掉，要么染色效果不好。

❸ 封条的正确固定方法

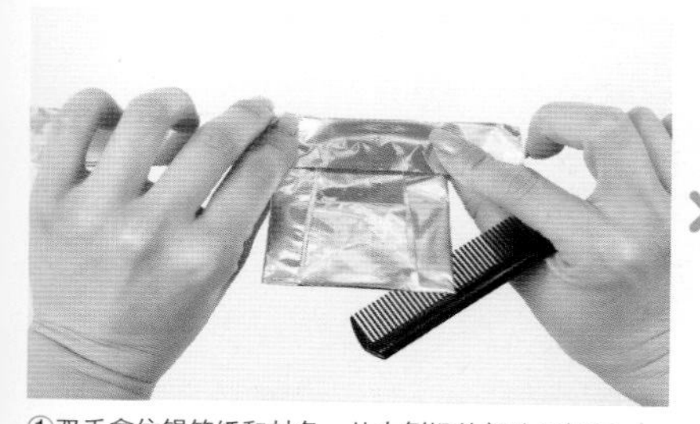
①双手拿住锡箔纸和封条，从右侧短的部分开始折。

②确认右侧牢牢挂住后，贴合头皮缠绕封条。

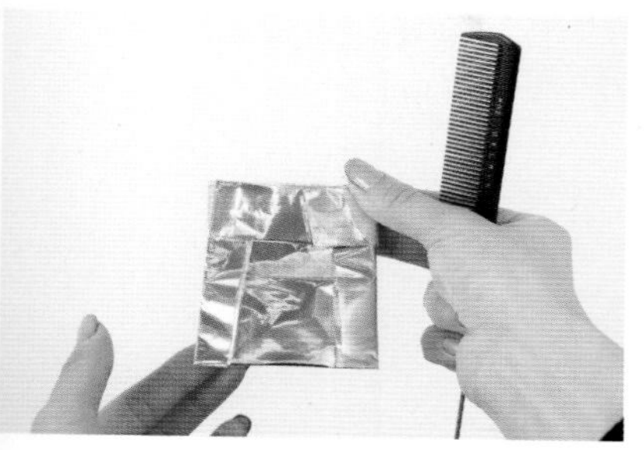

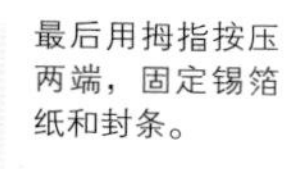
最后用拇指按压两端，固定锡箔纸和封条。

为什么要用锡箔纸呢？

- 密闭能保证头发处于真空的同一条件下。
- 不会外漏染膏。
- 保湿性好。
- 可以自由造型，适合各种设计。
- 锡箔纸能够很好地保持固定，可以这样直接洗发。

实践练习锡箔染发

锡箔染发的核心是穿挑发束※。
要想有速度、有节奏地利落完成，唯有练习！
首先，请牢记操作顺序！

来看看锡箔染发的流程

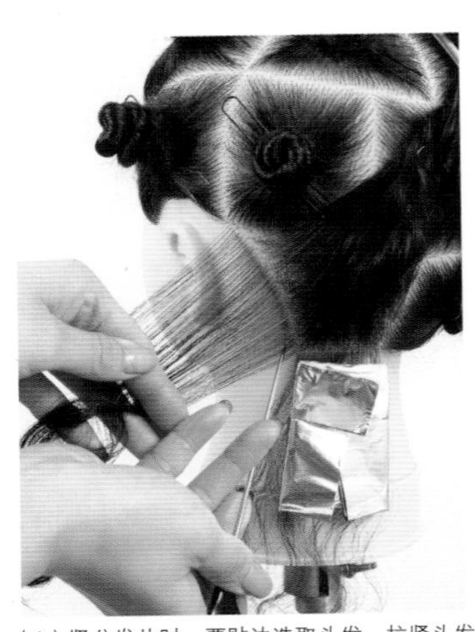

（1）竖分发片时，要贴边选取头发。拉紧头发，尖尾梳的梳尾呈45°来穿挑发丝。竖分时要注意均等穿挑。

※ 穿挑发束（weaving）：从weave（编、织）引申而来的词，编、挑发束以打造出立体感的技术。

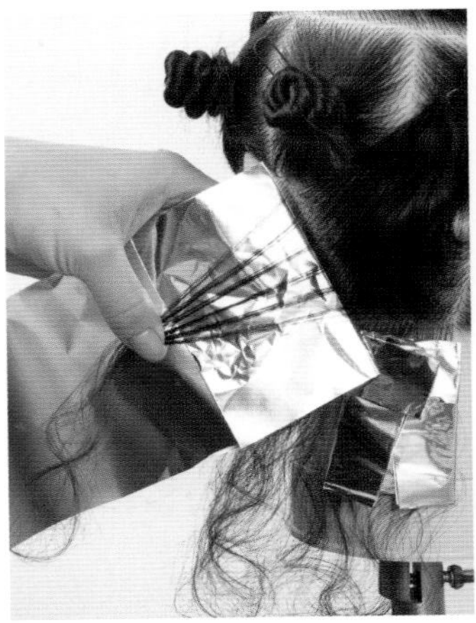

（2）竖分时较容易包锡箔纸。双肘张开，在发根处牢牢地放好锡箔纸。用拇指紧紧压住发丝也是非常重要的。

姿势

后背要挺直，与客人保持一定距离。从指尖到双肘要和发片边缘平行，与锡箔纸成同一角度，以便能从发根处开始好好地穿挑发丝。

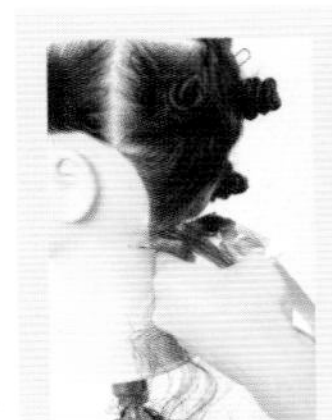

OK

垂直于头皮包锡箔纸。不紧贴头皮，要保持锡箔纸是直的。

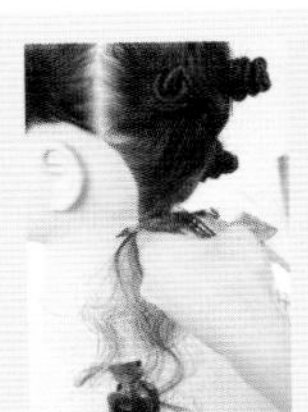

NG

锡箔纸顶住头皮后会打弯。对折后会令发根部头发接触不到染膏。

尽快掌握完美穿挑法的要领

刚开始练习时总会做不好，无法等分发丝，穿挑后发量有多有少。唯有不断反复练习才能改进。首先，让我们来记住正确的做法！

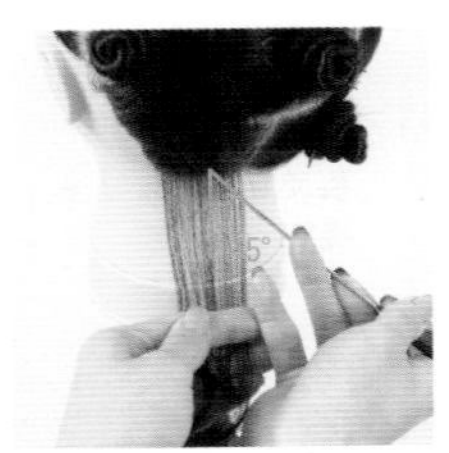

①用力拉紧发片。尖尾梳的梳尾与发片成45°角，插入发片穿挑发丝。

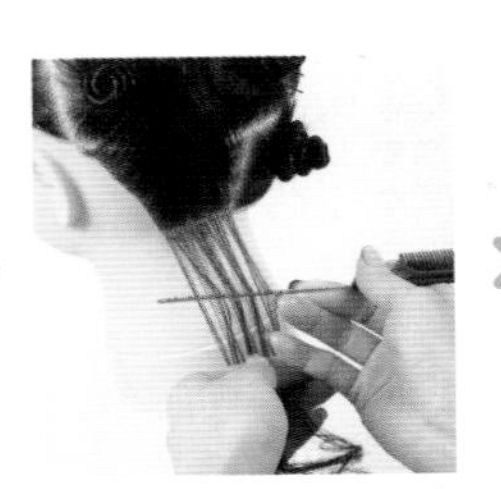

②从发根到左手食指间留出图示长度的头发。右手小指压在左手上，开始有节奏地穿挑发丝。

③牢牢地拿住等分好的发丝，然后包上锡箔纸。

练习法

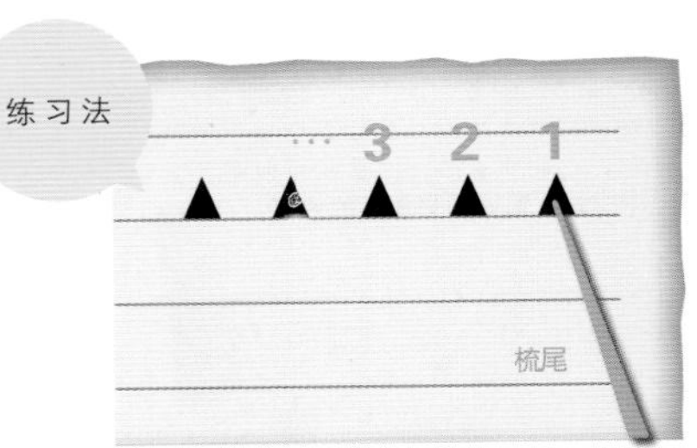

用头发操作前先在纸上画好等分的间隔点，练习戳点。一边在心中数着1、2、3……一边练习的话就会产生节奏感。

染发

锡箔染发的基本技术

要快速、漂亮、仔细！请对着镜子潇洒利落地工作！

③受引力影响，头发会下垂，所以按箭头方向，从发束中间开始涂抹染膏。用染膏将头发和锡箔纸粘在一起，发尾、发根处的涂染就方便了。从中间开始打圈涂抹发尾，最后涂抹发根，然后把锡箔纸对折包好。

④折好锡箔纸的状态。保持这个形状层层叠加下去。

晾干后的状态

自然穿挑完成。自然穿挑是要加入69片锡箔纸的基本类型。

完成

完成锡箔染发后的状态。脸周发际线处的锡箔纸要折叠齐整，以免带来麻烦。

想要事先掌握的锡箔染发知识

叠砖法

为防止发片中的发丝被重复穿挑而要交错穿挑。这叫作叠砖法。这样可以避免发丝上下交错，可获得更自然的效果。

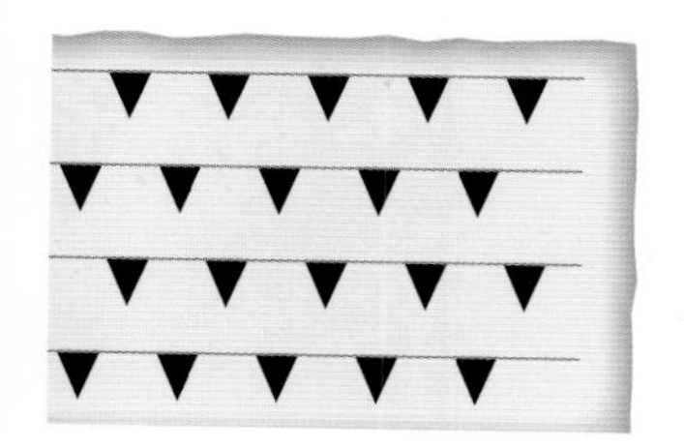

覆盖发

12区中的脸周发际线、底边线、各部分边界、前庭区表面、三角区表面都要穿挑出发片留在锡箔纸外面。为了底色和目标色能融合，表面要预留2mm的发束，这叫作覆盖发。

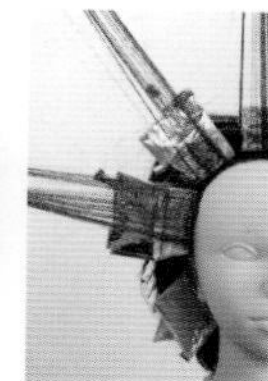

2mm的发束大概这么多

基本功是为顾客打造美丽的前提。记住正确的做法后，接下来就是练习！要反复练习以提高速度。

锡箔染发中容易出现漏染情况的NG 集

接下来介绍锡箔染发中容易造成失败的涂抹方法。
林老师在众多失败案例中为我们严选出 kakimoto arms 的染发师第一年的错误案例。当然也包括林老师自己第一年做染发师的教训！
尽快了解这些失败案例来取得进步吧！

只有发根变亮

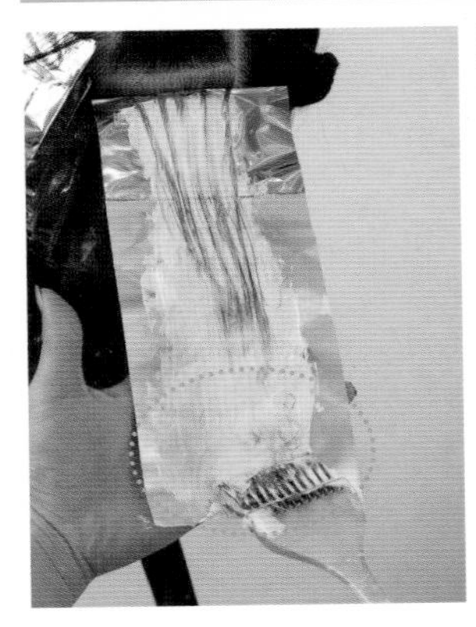

NG

涂至下半部分后，**再次涂抹折返至发根处**，以致发根处颜色更亮。

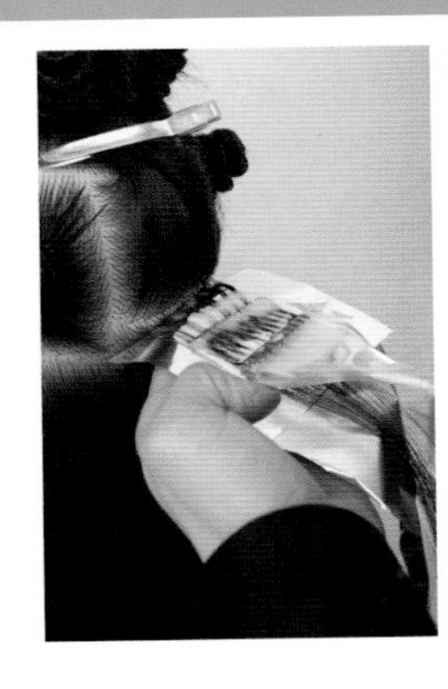

NG

从发根开始涂抹。但是，如果用刷子横着涂的话，染膏就会使用过多，造成发根处颜色更亮。

能注意到这点会更好！
~ 染发师的心声 ~

- 刷子涂抹角度不同，染膏的用量也不同。自己变换各种角度试试看！
- 务必按照发中→发尾→发根的顺序涂抹！
- 对折锡箔纸前要确认涂量均匀！

染膏从锡箔纸里渗出

NG

没按涂抹顺序涂，**直接从发根涂起**。刷子平涂，就会导致涂量过多，积留在头皮上。对折锡箔纸前如果注意到的话，还可以去除多余染膏。

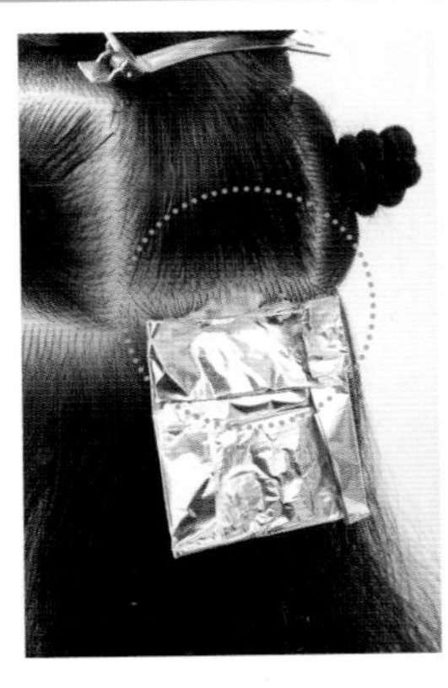

NG

对折时染膏渗出到头皮上。此种情况多为赶时间或不注意造成的。在涂下一发片前务必确认当前发片的情况。

能注意到这点会更好！
~ 染发师的心声 ~

- 严格遵守涂抹顺序，不可多涂发根！
- 折叠锡箔纸前确认染膏没有涂到头皮上！
- 涂染膏时先确认发片是向下拉伸的！

没有均匀涂抹染膏

NG

只有发根处颜色变亮，发中至发尾都没有提色。

※ 漂白剂容易造成染色不均，这次使用的是漂粉。

NG

使用过亮的染膏、发量多时未能均匀涂抹，或是**只用刷子上下刷**，这些都会**造成染色不均**。也请横向刷涂，避免形成色斑。

造成染色不均的涂法就是这样！

能注意到这点会更好！
~ 染发师的心声 ~

- 遵守基本涂抹顺序，纵横双向涂抹！
- 拿发片的手要端平伸直！手指弯屈的话，手掌中心会下陷，从而改变涂量！
- 打圈涂抹发尾时，因为和中间的头发重叠在一起，染膏不易浸透，为避免染色不均，也请横向刷涂！

请记住“颜色”

一听到“头发的质感”，就会在脑海中浮现柔软、厚重、暗淡等各种各样的感觉。从发型的形状、发色能够联想出许多词汇。在这其中仅描述女性不可缺少的光泽感方面，就有水润、柔软、通透等各种不同的表达。kakimoto arms 美发沙龙提出了 3 种高级的质感（珍珠感、水润感、光润感）。要想区分这 3 种由各种颜色组合而成的质感，不具备分析颜色的能力是不行的。首先，让我们来学会看颜色。

在质感之前先记住“颜色”！

生活中有着数不胜数的颜色，因此衡量颜色的标准就显得尤为重要，它不仅可以分析颜色，也可以让人们用来准确描述出颜色。颜色是由色相、明度、饱和度构成的。以这 3 个标准就很容易辨明染发的颜色了。

色相（色彩）

所谓色相就是我们所说的红、绿、蓝等色彩。在 kakimoto arms 店里将这 20 种色相作为染发的基本色。这些颜色围成的圈称为色相环。颜色中含有三原色的紫红色、蓝绿色、黄色被间隔排列其中，表示三原色间的颜色变化。请记住这个颜色环中的任一颜色。

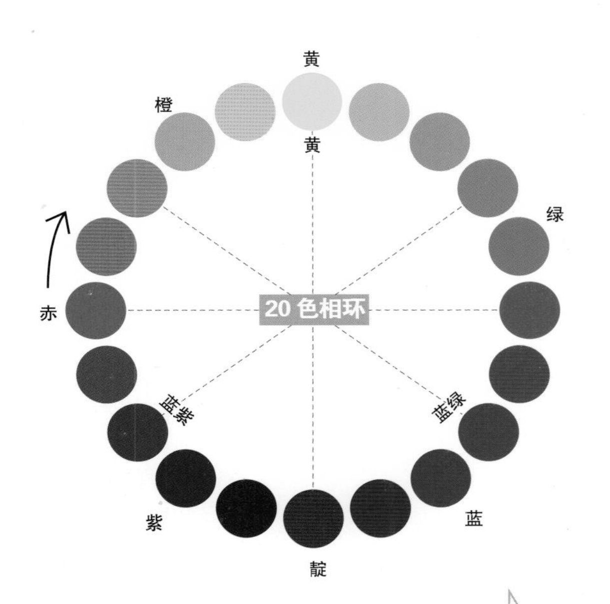

由红色开始顺时针旋转可以看见 7 色彩虹！红（red）、橙（orange）、黄（yellow）、绿（green）、蓝（blue）、靛（bluepurple）、紫（purple），像念经一样地念会易于记住这个色相环的！

明度（明亮度）

明度就是指明亮、阴暗等颜色的明亮度。它既不包含色彩也不包含鲜艳度，以由白到黑的颜色为基准。在染发时也叫作分级标准，用以表现漂色时的差别。亮色会让人感到轻快、柔和，暗色会让人感觉沉重、生硬。

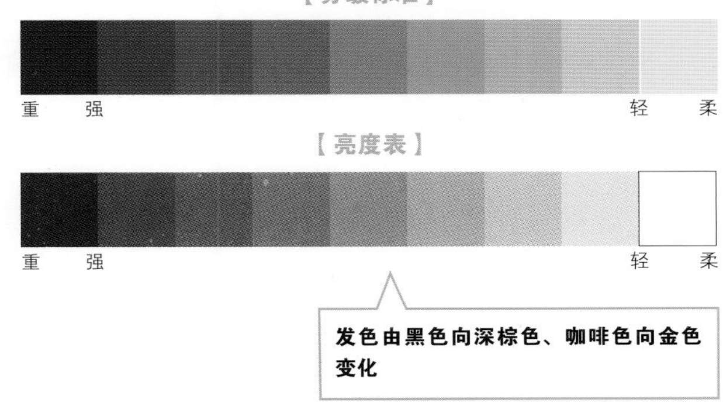

发色由黑色向深棕色、咖啡色向金色变化

饱和度（鲜艳度）

饱和度是指鲜艳或暗淡等颜色的鲜艳度。像画画的染料一样的纯蓝色、大红色称作纯色，这种颜色尤其鲜艳。在这种颜色中掺入白色或黑色，就形成了或暗陈或清透的鲜艳度。

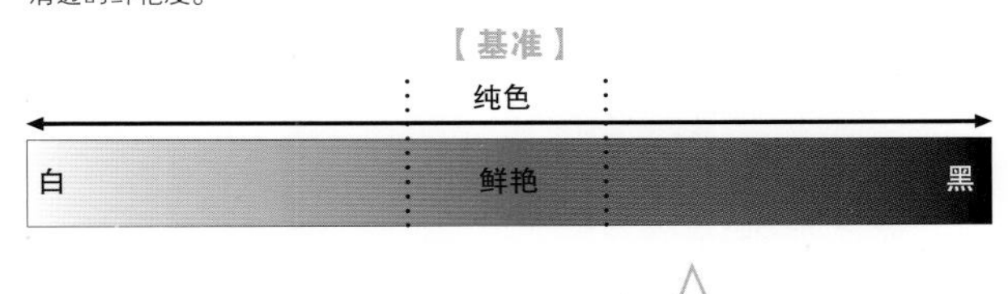

鲜艳或朴素的感觉也受饱和度很大影响！

tone（色调）

色调是把明度和饱和度综合起来的说法，即我们常说的“重色”“浅色”“深色”等颜色的基调。能够用“浅”“暗淡”“深”等形容词来表示明度和饱和度这 2 个属性，是日常生活中经常使用的语言，同时也是在染发中的重要用语。

如图，色调以强烈为中心，越往左上越白，越往左下越黑。越往右越鲜艳，越往左越暗淡。

【色调表】

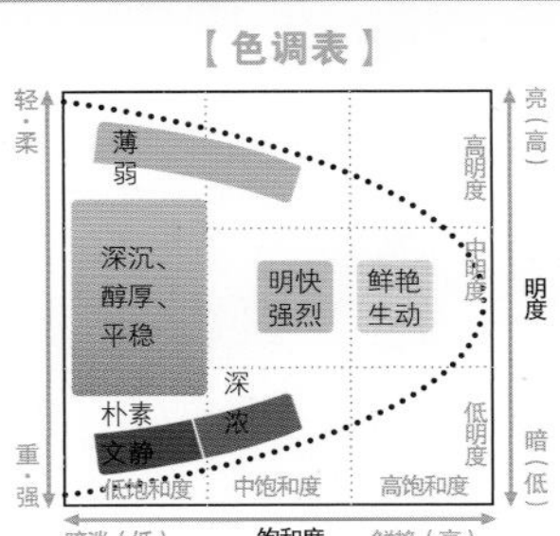

【发色中 6 种色调的分布】

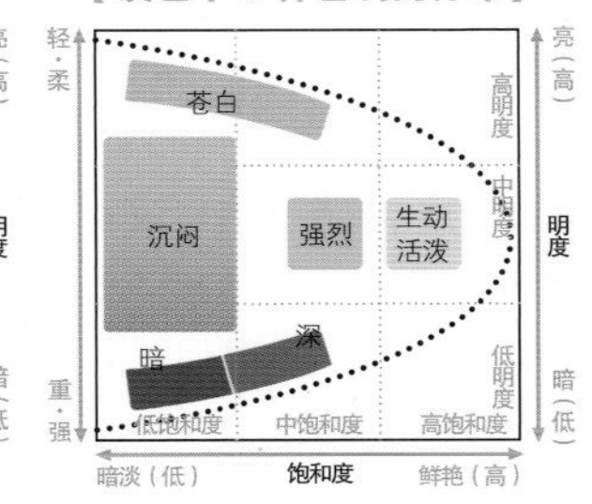

颜色的看法你会了吗？在下一页请将这些颜色组合起来，考虑下颜色的搭配！

调和色还是强调色?

组合各种颜色，享受染发配色的乐趣也是锡箔染发的魅力之一。
根据前页所学不同颜色的搭配，来改变色彩带来的感觉。
下面，分别从色相、明度、色调进行**调和**配色和**突出**配色两个角度作以讲解。

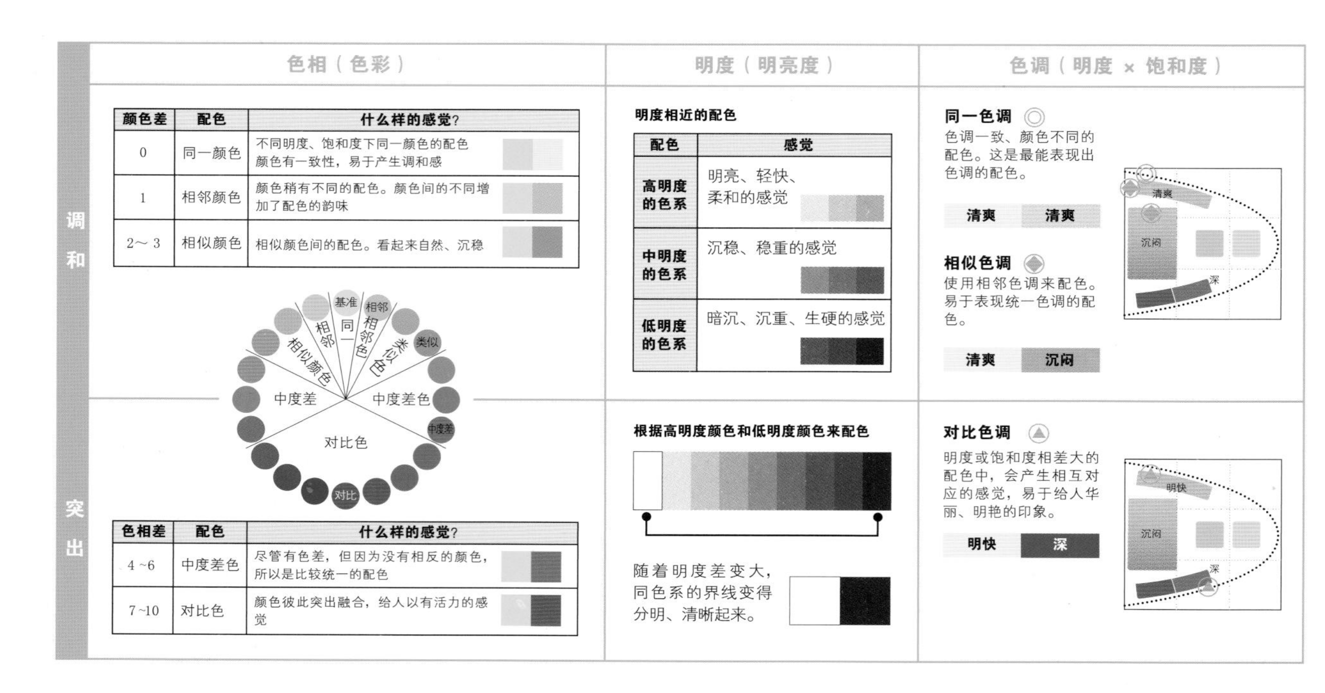

颜色差	配色	什么样的感觉?
0	同一颜色	不同明度、饱和度下同一颜色的配色颜色有一致性，易于产生调和感
1	相邻颜色	颜色稍有不同的配色。颜色间的不同增加了配色的韵味
2～3	相似颜色	相似颜色间的配色。看起来自然、沉稳

色相差	配色	什么样的感觉?
4～6	中度差色	尽管有色差，但因为没有相反的颜色，所以是比较统一的配色
7～10	对比色	颜色彼此突出融合，给人以活力的感觉

明度相近的配色

配色	感觉
高明度的色系	明亮、轻快、柔和的感觉
中明度的色系	沉稳、稳重的感觉
低明度的色系	暗沉、沉重、生硬的感觉

用染发设计来表现配色

在 kakimoto arms 店里将染发设计分为“**渐变**”和“**对比**”来考虑。根据对色相、明度、色调的分类思考，可使染发设计变得更加丰富且易于整理。一边看下面的插图，一边记忆染色的多种变化。

渐　变　颜色搭配按层次渐变的有规律的配色技术。给人以柔和的感觉。

对　比　用颜色对比强烈的颜色形成视觉冲击的配色技术。给人以张弛有度的感觉。

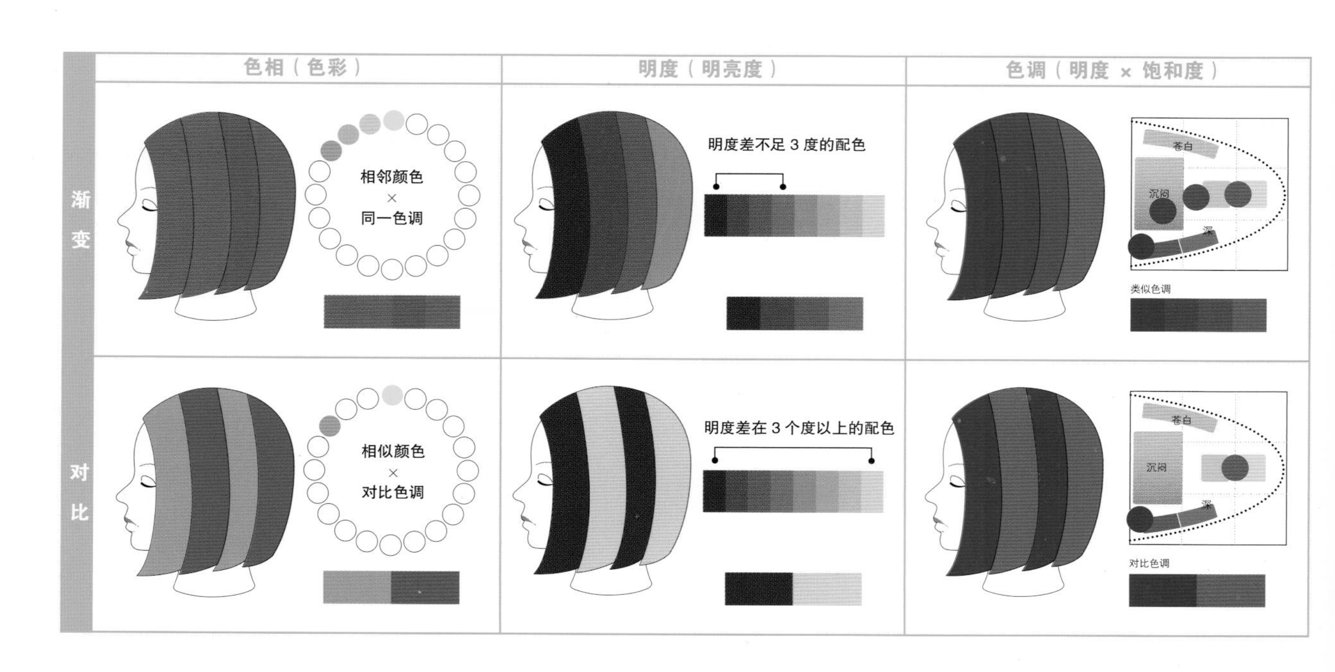

Dry&Blow

烘干 & 吹风定型

结束工作中的一项就是吹风定型。先记住如何烘干及吹风定型，接下来学习用造型梳在吹风中造型，然后依序学习使用滚梳吹风定型和使用电烫棒。

AFLOAT

伊轮宣幸 [p56 ~ p60、p71 ~ p83]

1982 年 1 月 27 日出生于日本埼玉县。毕业于东京文化美容专门学校，2006 年加入 AFLOAT。2010 年独立登场当月，营业额就达到 213 万日元，之后成为 AFLOAT 史上最快升级为顶级设计师的人。现在月均营业额高达 500 万日元以上。

Tierra

三笠龙哉 [p84 ~ p86]

1977 年 8 月 27 日出生于日本北海道。在北海道美发美容专门学校毕业后，曾在东京都内经营一家发廊。2007 年 4 月和中村康弘共同开设 Tierra。现在是美发沙龙的骨干，活跃在讲座和摄影活动中。

KENJE

村山荣治 [p61 ~ p70]

1977 年 9 月 16 日出生于东京，毕业于真野美容专门学校。曾独立经营一家发廊，1998 年加入 KENJE。现在是 STYLE 茅崎的经理。担任团队技术组讲师。也活跃于发型秀和对外讲座等活动中。

烘干 & 吹风定型 /AFLOAT 伊轮宣幸

给假发烘干!

［假发烘干的要点］

- 从不易干的头发内侧和发根开始烘干
- 头顶刘海儿要吹出质感
- 头顶周围、颈后发际处要紧致

烘干 1 头后内侧

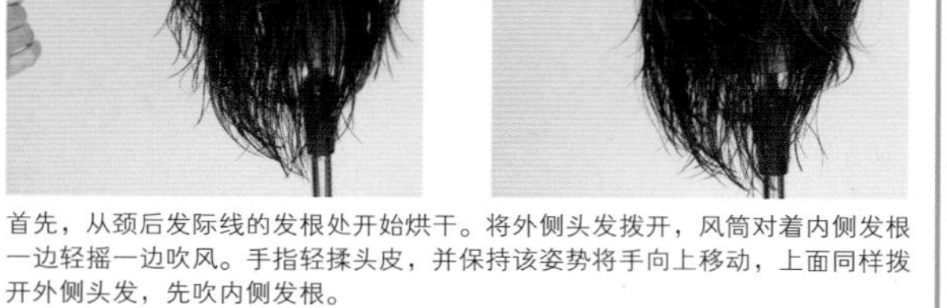

首先，从颈后发际线的发根处开始烘干。将外侧头发拨开，风筒对着内侧发根一边轻摇一边吹风。手指轻揉头皮，并保持该姿势将手向上移动，上面同样拨开外侧头发，先吹内侧发根。

烘干 2 头两侧・头后表面

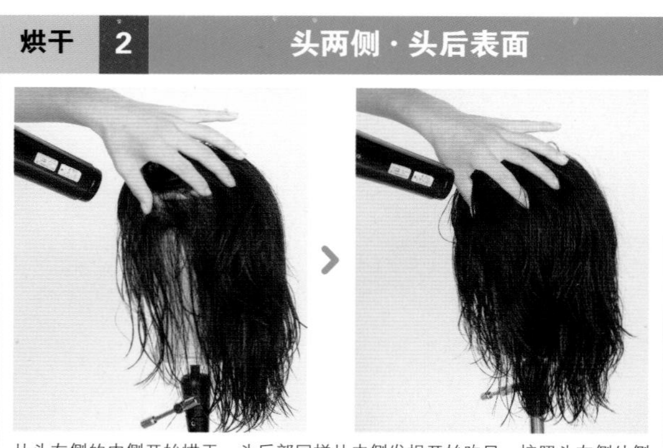

从头左侧的内侧开始烘干。头后部同样从内侧发根开始吹风，按照头左侧外侧→头后部外侧→头右侧外侧→头右侧内侧的顺序，一边移动手一边吹风。

烘干 3 刘海・头顶

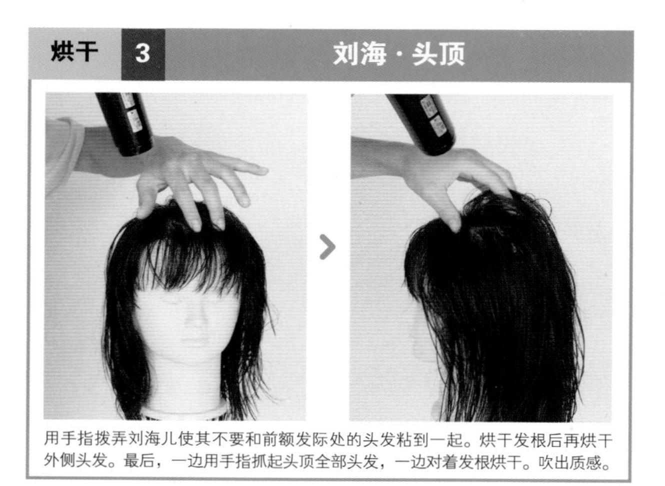

用手指拨弄刘海儿使其不要和前额发际处的头发粘到一起。烘干发根后再烘干外侧头发。最后，一边用手指抓起头顶全部头发，一边对着发根烘干。吹出质感。

烘干 4 烘干完毕

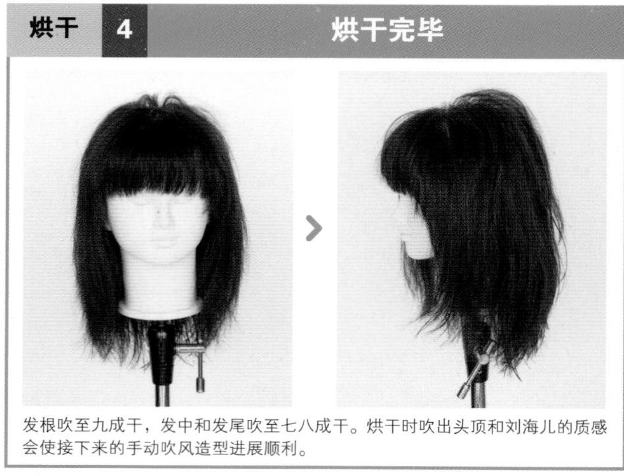

发根吹至九成干，发中和发尾吹至七八成干。烘干时吹出头顶和刘海儿的质感会使接下来的手动吹风造型进展顺利。

NG 风筒的吹风角度逆着头发角质层的方向

风筒从下往上吹的话，会使角质层打开，使头发看起来很毛糙。

NG 风筒的风没有吹向应对准的地方

风如果没吹对地方的话会延长吹风时间，造成过度烘干。垂直对着发束吹才能最快而有效地烘干头发。

STEP 2

给假发吹风定型

[手动造型的要点]

- 顺着角质层的方向，从发根开始吹风
- 顺着头形牵拉发片，吹出自然的圆形

定型吹风 1 后面

将头发横向分成 3 片发片，从颈枕处开始吹。为了吹出自然的圆弧形，要将发片顺着头形牵拉，手指从发根处插入，拉紧头发对着风向。手边向下滑动一边吹风。将第一片发片分成左右两片来吹，第二、三片发片因为面积较大，所以分成左、中、右 3 片来定型吹风。

NG

发尾扭曲

发尾扭曲形成不自然的卷儿，无法打造出漂亮的内扣卷。

NG

向后拉两侧发片

向后拉的话无法打造自然的圆弧形，会让头部看起来过宽。

定型吹风 2 侧面

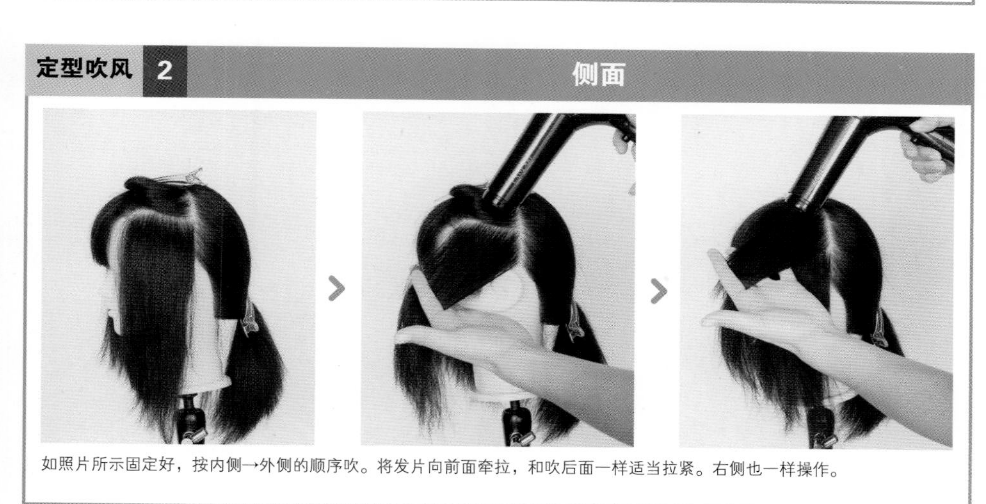

如照片所示固定好，按内侧→外侧的顺序吹。将发片向前面牵拉，和吹后面一样适当拉紧。右侧也一样操作。

定型吹风 3 刘海・发尾

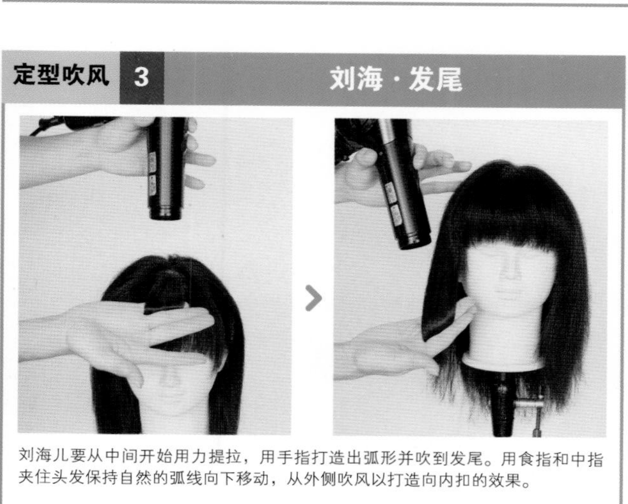

刘海儿要从中间开始用力提拉，用手指打造出弧形并吹到发尾。用食指和中指夹住头发保持自然的弧线向下移动，从外侧吹风以打造向内扣的效果。

定型吹风 4 完成

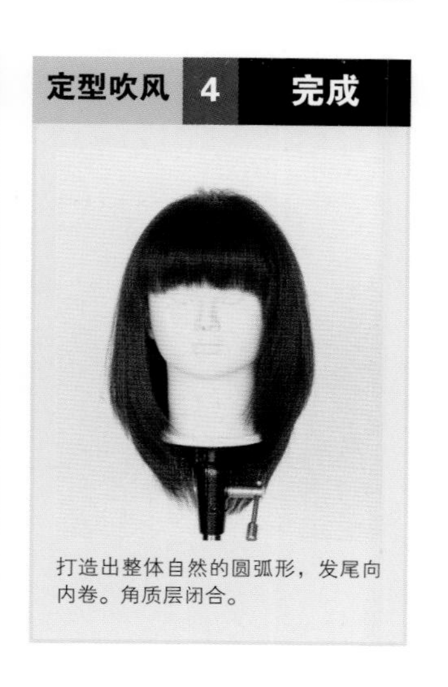

打造出整体自然的圆弧形，发尾向内卷。角质层闭合。

STEP 3 用模特来实践烘干 & 吹风定型

［手动造型的要点］

- 辨别真人头发与假发不同的自然卷儿
- 辨别真人头发与假发不同的发量
- 辨别真人头发与假发不同的发质

Before

辨别真人头发与假发不同的自然卷儿·发量·发质

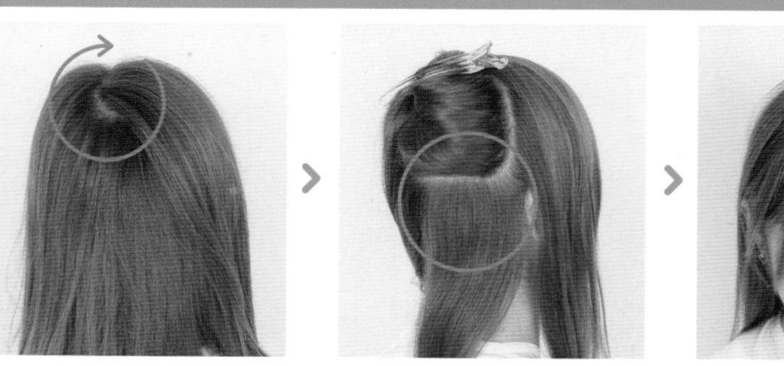

发量·发质：发量一般，但直发、软发很难打造出层次感，要有意识地让发根立起来。同时，染发会造成对头发的损伤，所以一定要一边平整角质层一边吹风定型。

自然卷儿：发旋向左。右侧有翘起的卷儿，刘海儿也有波浪。要一边矫正这些自然卷儿一边烘干和吹风定型。

烘干 1 后面·两侧

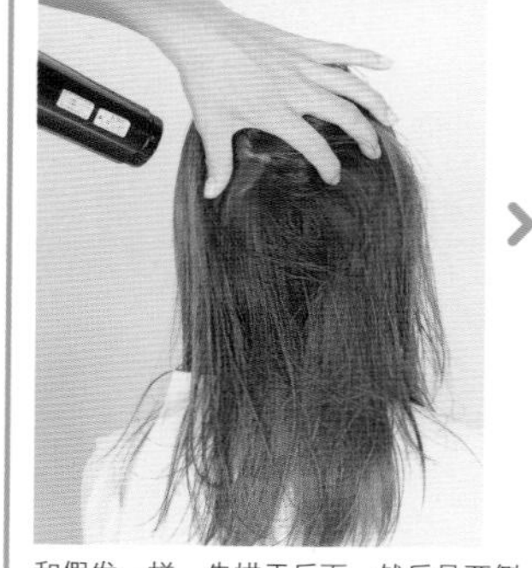

和假发一样，先烘干后面，然后是两侧。因为真人头发比假发柔软，所以烘干表面的时间要短，避免过度烘干。

烘干 2 刘海·头顶

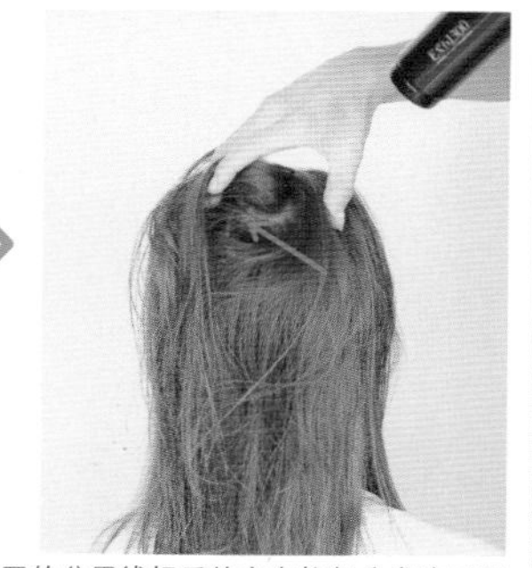

刘海儿盖住发旋的分界线，沿与头发分开的分界线相反的方向拉起头发吹风以矫正头发的自然卷儿。头顶处也一样，盖住分界线，向上提拉头发，吹发根处，矫正头发的自然卷儿。

烘干 3 烘干完成

发根处同样和假发一样，烘至九成干。但模特是直发，难以形成向内扣的弧形，所以，发中吹至七成干，发尾稍湿时就开始吹风造型。

吹风定型 1 矫正颈枕处的自然卷儿

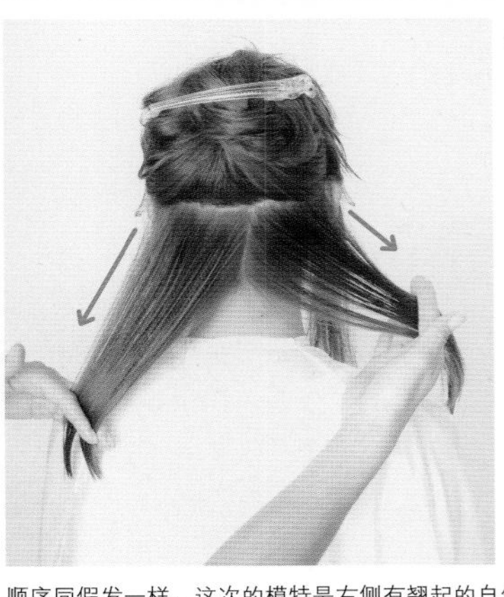

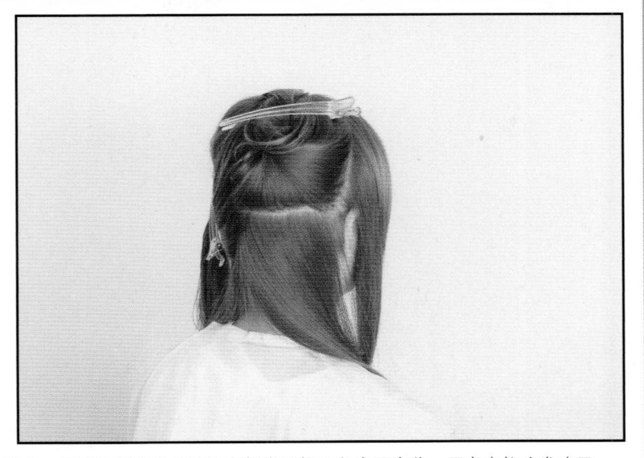

顺序同假发一样。这次的模特是右侧有翘起的自然卷儿，所以右侧的发片略比左侧发片拉开角度更大些，用力牵拉头发吹风。

吹风定型 2 侧面

左侧受头发自然卷儿影响较小，像假发一样吹风即可。注意不要对很干燥的发根过度烘干，要对着发中和发尾吹。右侧和头后部一样，拉开一定角度再吹。

吹风定型 3 矫正刘海儿分界处波浪

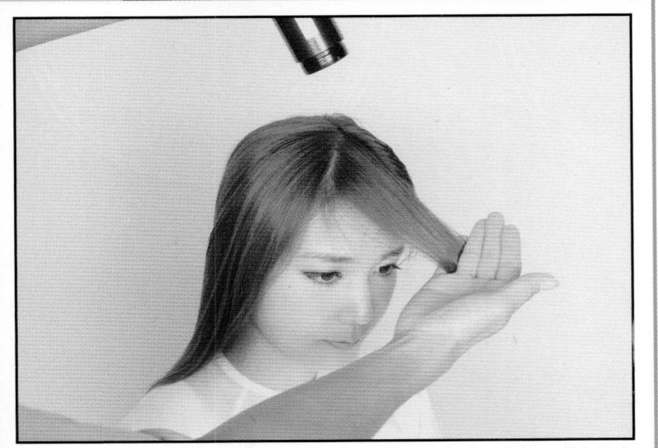

手指从发根穿过头发，向左侧拉直头发并从发根开始吹。发根干后头发会垂直落下，所以继续以同样的方式向左吹发中和发尾。

吹风定型 4 发尾

同假发一样，向内卷头发，从外侧吹风。因为是不容易出弧形的发质，所以要比假发的弧形做得明显些。

OK

OK

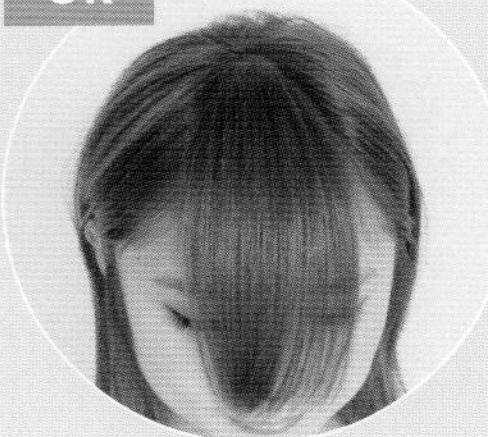

OK

AFTER
（有自然卷儿的地方）

发质：发旋外的发根立起，头顶头发有厚重质感。

自然卷儿：向左侧牵拉吹风，使分开的刘海儿垂直向下。发旋方向的发根向后，矫正颈枕处的自然卷儿，发尾就变得易于向内扣了。

完成　模特的完成效果图

左侧

右侧

后面

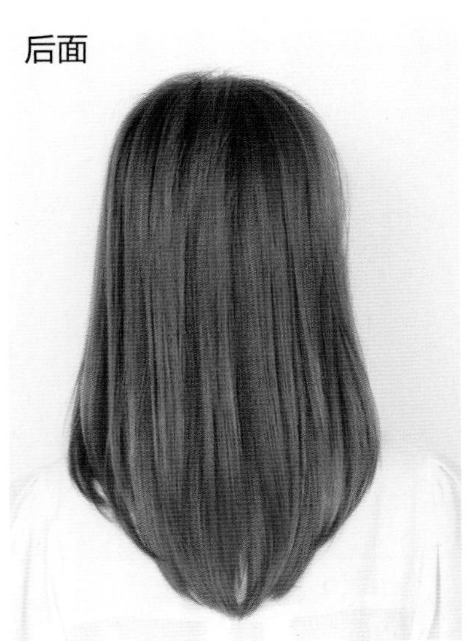

造型梳的拿法

/KENJE　村山荣治

从假发后面看，站右侧是用右手拿造型梳，站左侧是用左手拿造型梳，所以请用双手练习持梳。本书是右手持梳版本。左手的使用方法请按相反方向来思考。

用手指旋转造型梳

旋转的时候用拇指抵住梳柄会易于转动。请练习到可以按一定节奏流畅地画圈旋转为止。

能够这样使用……

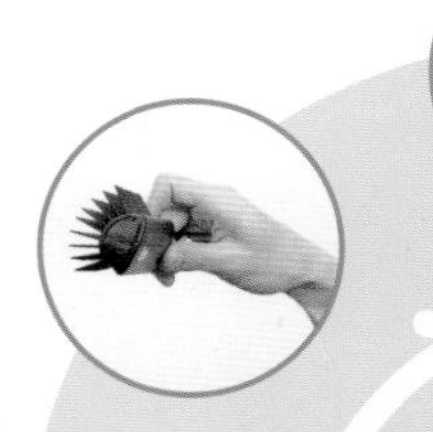

让头发形成与梳形一样的圆弧形！

请用手指旋转造型梳画圆。这个圆形形成头发的弧度！请为此好好练习！

一直线鲍勃头的吹风定型 基本 吹风的同时请注意以下问题！

★姿势

侧后位 & 后位

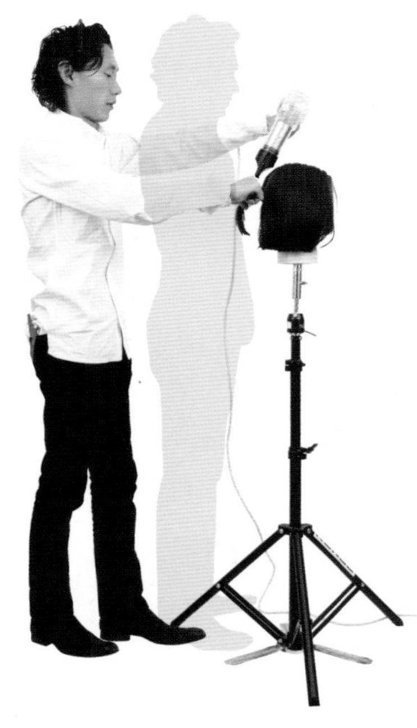

站在与被吹风发片的平行位置，间隔 1 人距离进行吹风。

侧位

站在假发的斜后方，吹右侧的话就用右手持梳，吹左侧的话就用左手持梳。发片同造型梳旋转弧度一致，同时同向倾斜上半身。

★分区

侧面

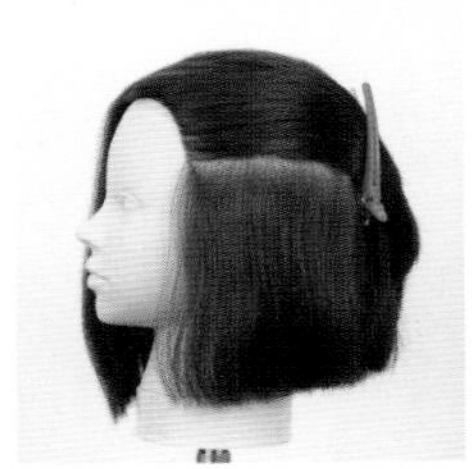

横向分出第一发区。

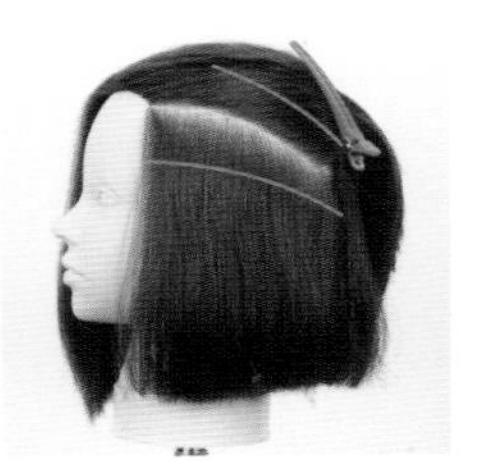

沿着头部弧度，稍微倾斜地划分出第二发区。

侧后面

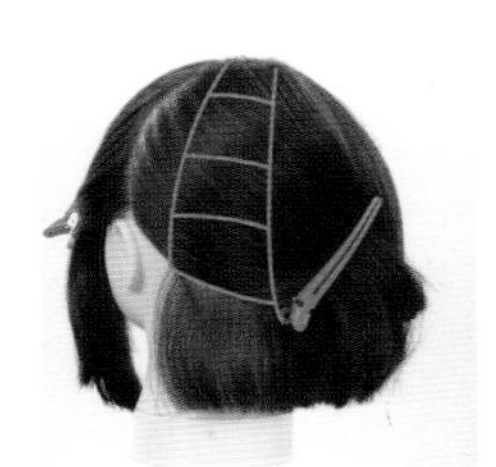

这部分也要沿着头部弧度稍微倾斜地划分。

头后正中

从颈枕处到头顶后部笔直分出一区。

只在头顶后部的发区沿头部弧度斜向划分。

[吹风定型前要提前注意的事项]

- 头部不同部位的发区划分方法不同。
- 吹直发和内扣卷时牵拉头发的角度不同。
- 发片弧度的打造方法。

这三条是要点，在下一页的实践中请有意识地学习！

→ 开始吹风吧

一直线鲍勃头的吹风定型 拉直

首先通过一直线鲍勃头来学习普通的拉直吹风定型！

侧面

第一发片

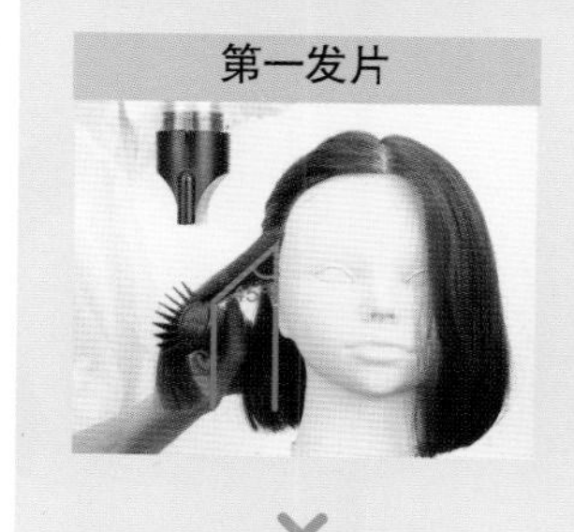

保持发根与头皮成 45° 角。吹侧面时，注意不要把发片向后拉！那样的话，发根会变弯，发尾会翘起！发片要与分区线平行，稍向前牵拉。

侧面顶部

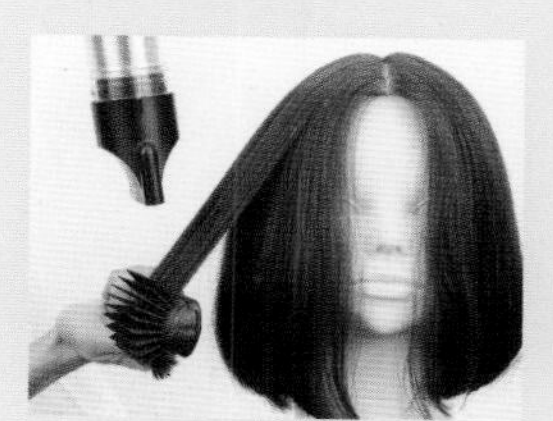

这里也要让发尾与头皮成 45° 角，且要保持发片与分区线平行地吹风。

［ 拉直吹风定型的要点 ］

- **风要对着造型梳的第一排梳齿吹。**
- **保持发片与头发成 45° 角吹至发尾。发根不要吹得过蓬松直立！**
- **发根平贴在头皮上头发才能笔直。**

完 成

前面

侧面

［ 受风的位置 ］

拉直吹时风要对着这里吹！

※
拉直吹风定型时，发根、发中和发尾全部要对准造型梳的第一排梳齿吹。即造型梳正中，最接近发根的第一排。拉直就是要让头发没有弧度，所以造型梳几乎不用转动。

头后正中

颈枕处

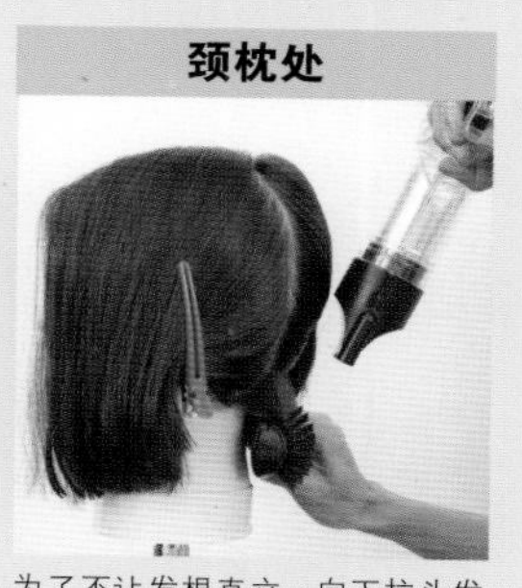

为了不让发根直立，向下拉头发不留角度地吹风

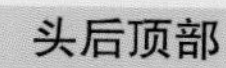

头后顶部

将头发拉起与头皮成 45° 角，造型梳的第一排梳齿对着风筒。

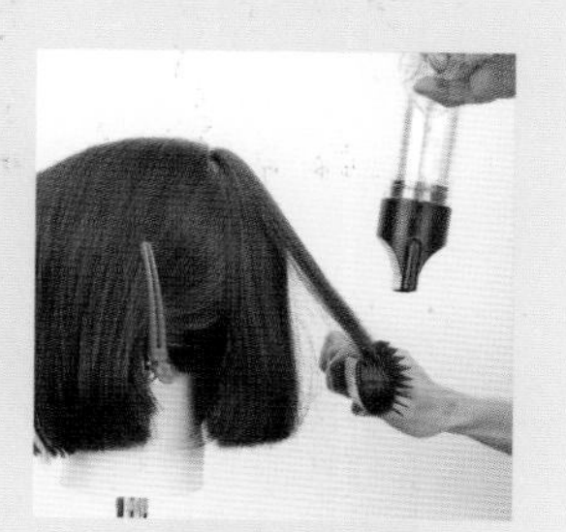

保持 45° 往下吹发中和发尾。发尾处拉直吹，不打弯。

一直线鲍勃头的吹风定型 内扣

接下来是向内扣的定型吹风。以前要卷得更夸张些，而现在则流行自然内扣。如果可能的话，要用造型梳打造出 C 形卷！

发片垂直于头皮吹风。

将头后顶部发片拉成 90° 吹风。发根与头皮成 90° ，向外牵拉头发。

改变吹风方式以避免前面的头发挡住额头。如图所示，从中分线向右 2cm 处分出一个三角形的发区。

将发根从头部向上拉起，使中间部分的头发呈自然蓬松状。造型梳与地面平行，风筒成 120° 角吹发根。

与发根成 90° 角卷出大弧度吹风。发根、发中、发尾吹风的位置有所变化(参见下一页)。注意，牵拉头发的力度不要过大。

保持姿势卷出大弧度并吹风。发尾向内侧扣出弧度。

利用造型梳的弧度来制造头发弧度，所以内扣时不同发片的受风位置也不同。受风顺序是：发根→1～3排梳齿、发中→4～6排梳齿、发尾→7～9排梳齿。如右图所示按受风部位来制造头发的弧度。

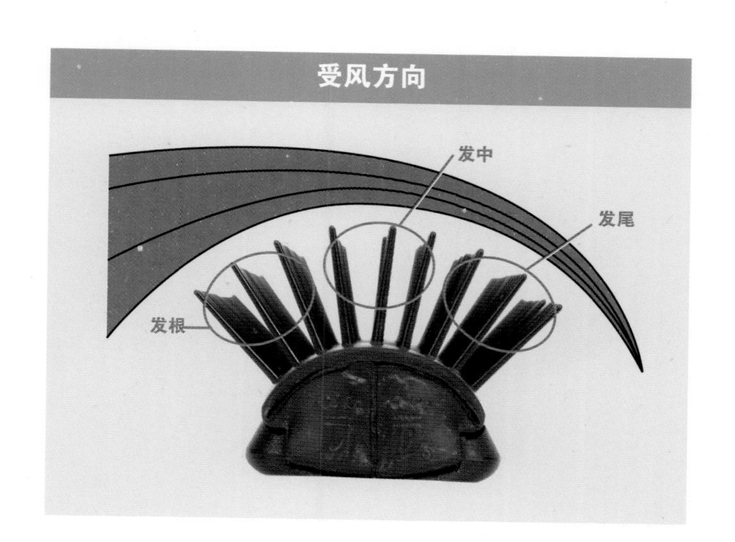

[内扣的要点]

- 发片的发根要成90°，然后沿造型梳的弧度吹风！
- 发根立起的话头发整体就有圆弧形了，所以要有意识地让发根自然地立起！
- 吹向造型梳的风序是发根→1～3排梳齿、发中→4～6排梳齿、发尾→7～9排梳齿，要沿造型梳的弧度来制造头发的弧度！

因为注意到本次内扣的自然性，所以将发片垂直于头皮拉起。我们学习了让发根与头皮成90°角来制造弧度。但如果想弧度更大的话，请将发根的拉伸角度大于90°。发片的发根角度越大，头发的弧度也越大。请探索自己中意的弧度练习看看。

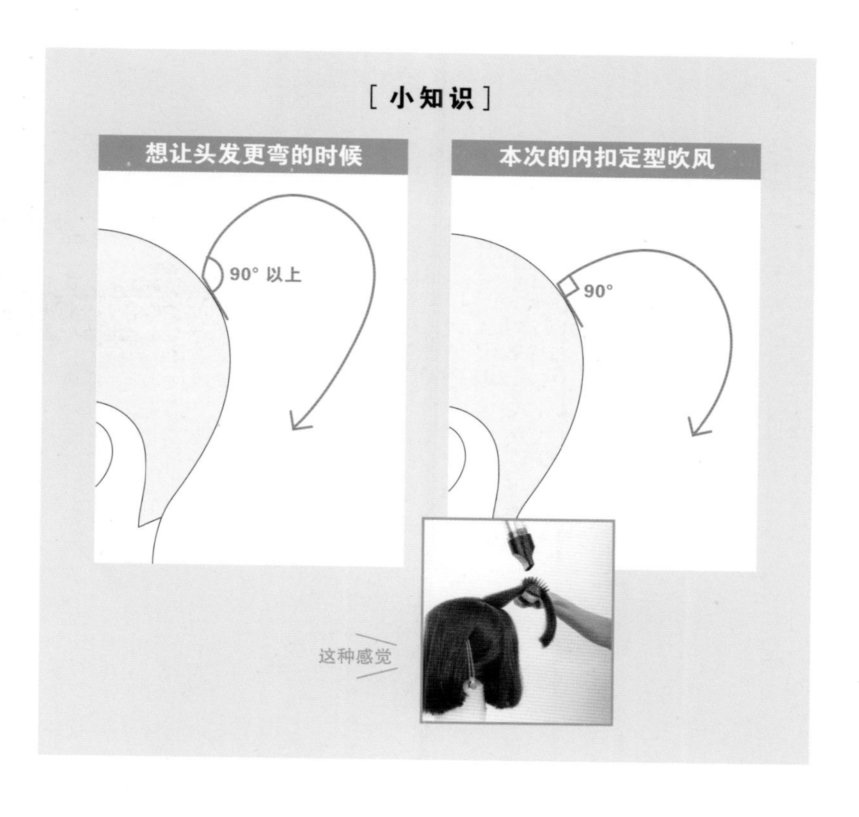

低层次鲍勃头的吹风定型

也有将低层次鲍勃头全部内扣的练习。本次我们来练习反向吹头顶的头发。此发型现在虽不是主流，但这是上年纪的人喜欢的经典发型。所以请掌握这种短发的吹风定型！

中后部

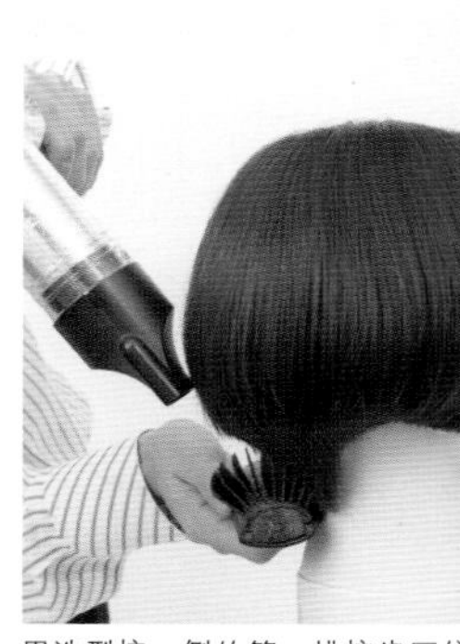

用造型梳一侧的第一排梳齿压住颈部头发吹风，注意不要让发际处头发翘起来。

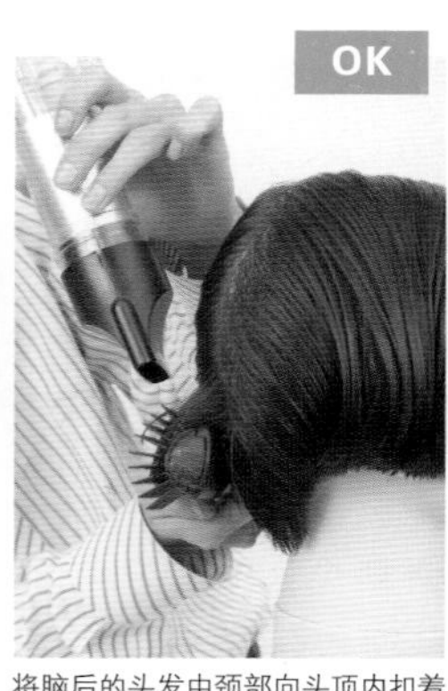

将脑后的头发由颈部向头顶内扣着吹。接近脖颈发际处的头发（头发较短处）要向下拉伸着吹。接近头顶部的头发与头皮成90°吹。

向上牵拉头发时，注意发量不要过多!

［ 鲍勃头的定型吹风要点 ］

- 一边压着颈部耳上的头发一边吹风。
- 向内扣吹风至头顶处。
- 头顶部分取射线状发片，逆转吹风。

侧面（逆转吹风）

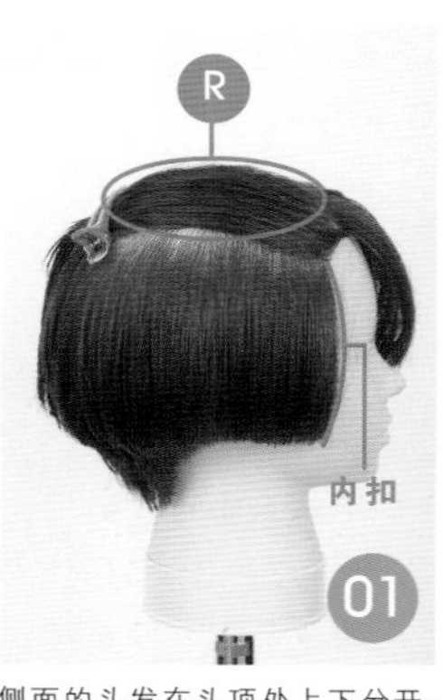

侧面的头发在头顶处上下分开。上面的部分逆转吹风，下面的部分内扣着吹。

耳朵上方的区域拉低吹直，避免造成头发的厚重感。不要横向分区，而要沿着头部弧度稍微倾斜分区。其他部分头发垂直于头皮，内扣吹风。

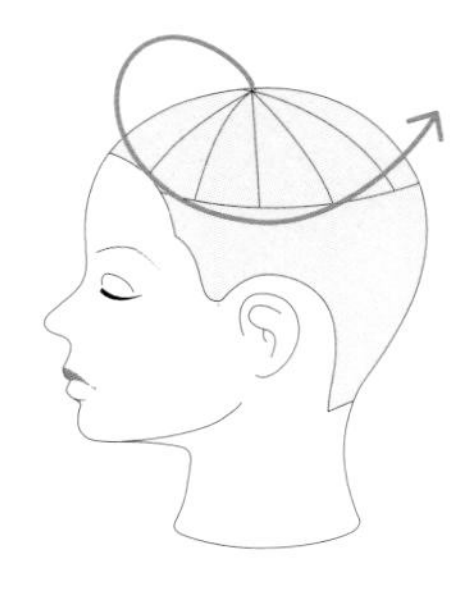

逆向转动造型梳的方法

从造型梳的一侧吹风

从头顶部分取放射线状的发片。将造型梳插入发根，平行向上抬高造型梳。因为低层次鲍勃头是上面头发较长，所以要把造型梳向上抬高着吹。

受风位置

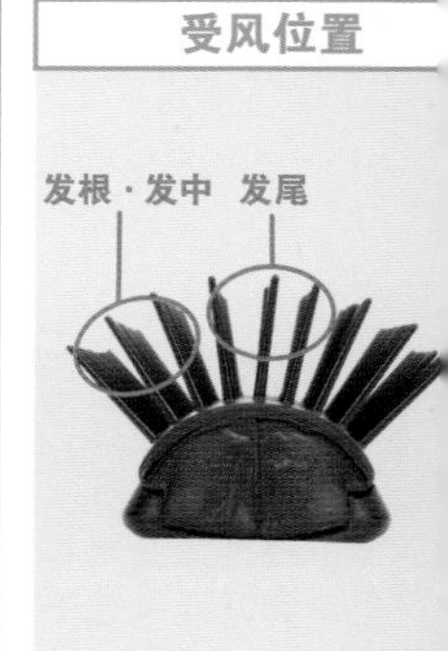

最后是后面的头发。这时要从短头发（下面的头发）开始一边吹。

前面

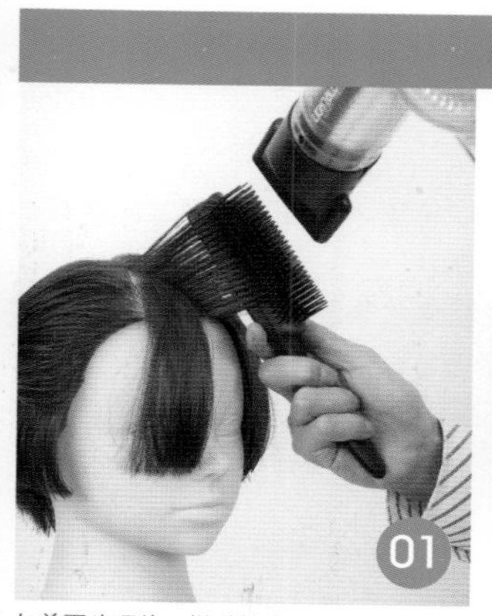

如前页头顶处一样逆转吹至后面。

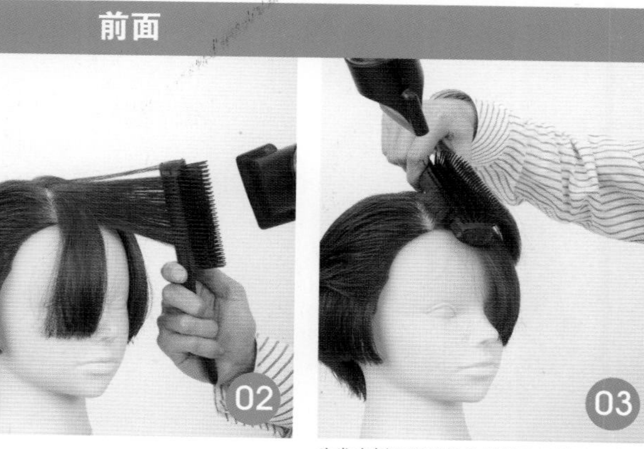

头发内侧要逆于持造型梳和风筒的手来吹。为了不让刘海遮住脸，额头旁边的发根要稍微吹蓬松些。

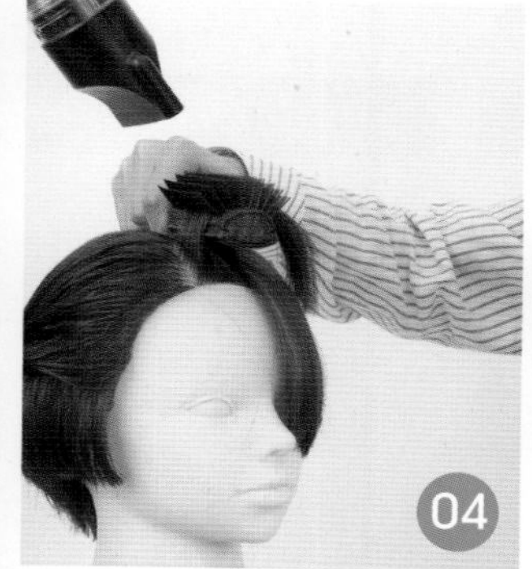

造型梳的梳头稍微抬起，拉起发片，吹风时，一边平行向上抬拉造型梳，一边梳向后面。

逆转
吹风时的
姿势
上半身要与头发一同转动。下半身的位置不变却能感觉到身体重心在变化！

完成

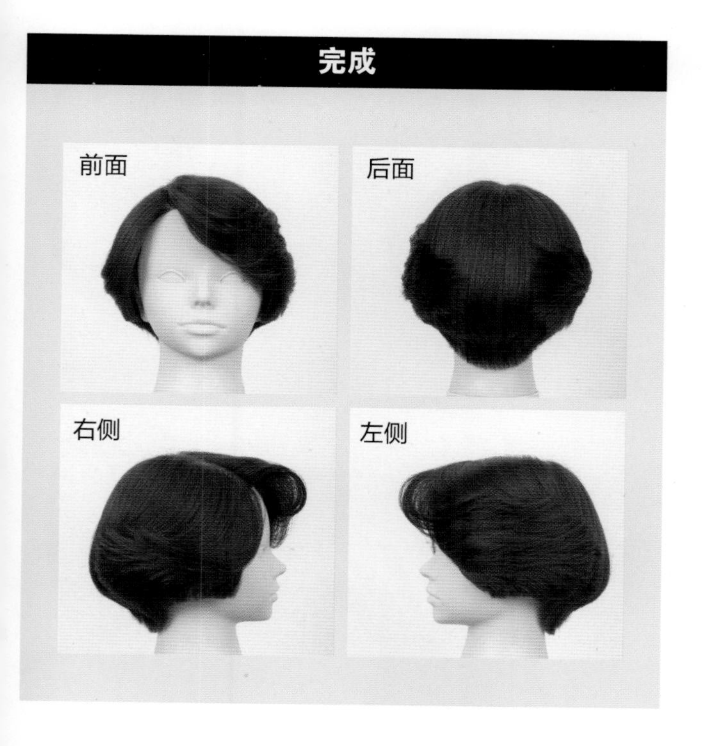

高层次发型的吹风定型

★高层次发型（全部头发向前吹）

[向前吹风定型的要点]

- 向前吹可以将高层次剪发的剪发线条充分展现出来！
- 沿脸周发际线给头发分区，并按此分区一直吹至脑后。
- 刘海儿不要遮挡脸部，吹得蓬松些。

分区

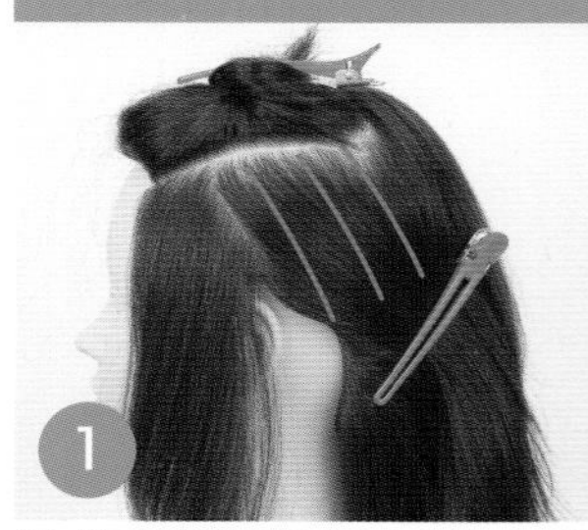

沿与脸周发际线平行的方向从侧面至后面给头发分区。从头发较多的左侧开始吹，然后是右侧，最后吹后面。

颈部发际中间的部分头发要预留出来吹直。

向前吹发（两侧～刘海）

造型梳插入头发，平行于发片边线吹风。风要吹在造型梳的内侧。

从发中开始翻转手腕，使梳齿朝上。

将发尾梳至造型梳的中间来吹风。

完成

前面

左侧

后面

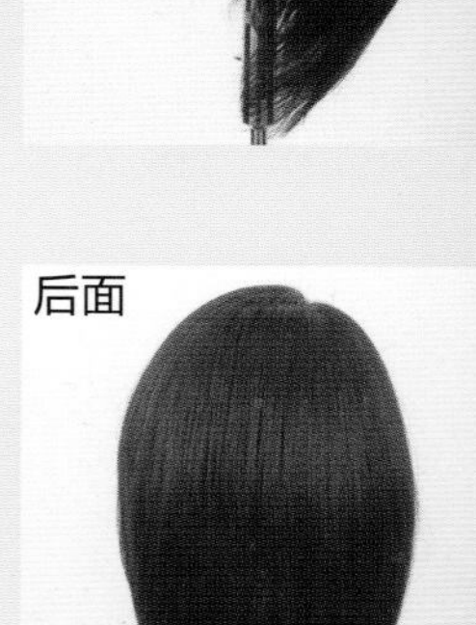

正面

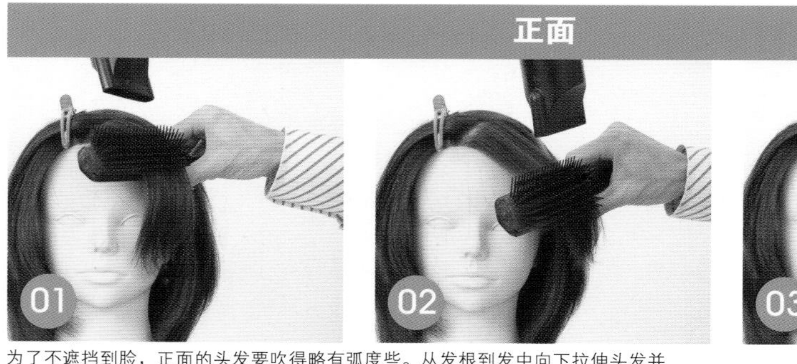

为了不遮挡到脸，正面的头发要吹得略有弧度些。从发根到发中向下拉伸头发并吹直，从发中到发尾自然吹风。

二次吹风

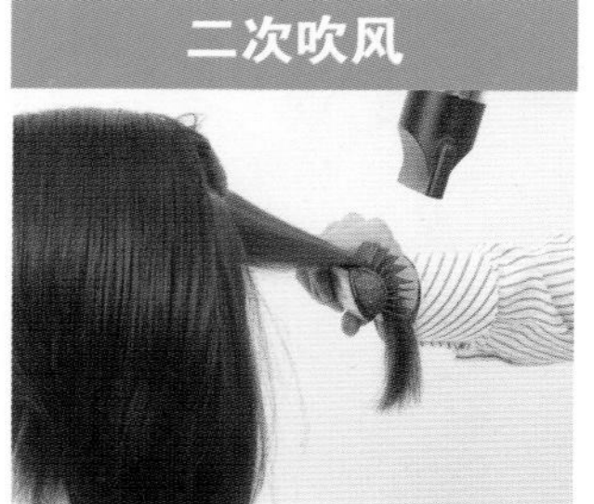

按分区图②的分区方法来吹风的话，中后部的部分头发的发流方向会不一致。这部分需要再次吹直。

受风位置

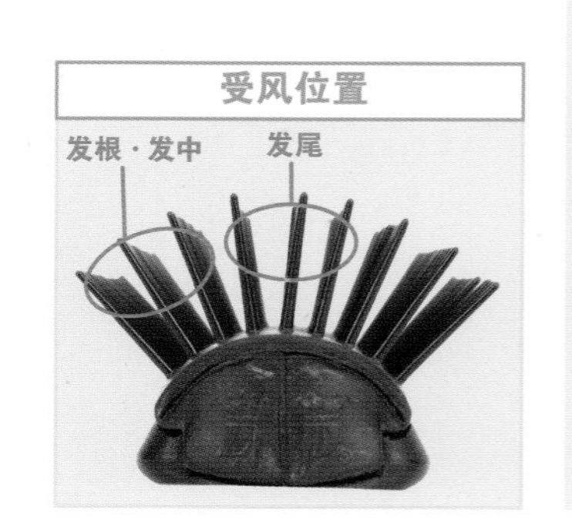

高层次发型的吹风定型（F&R 结合）

后面

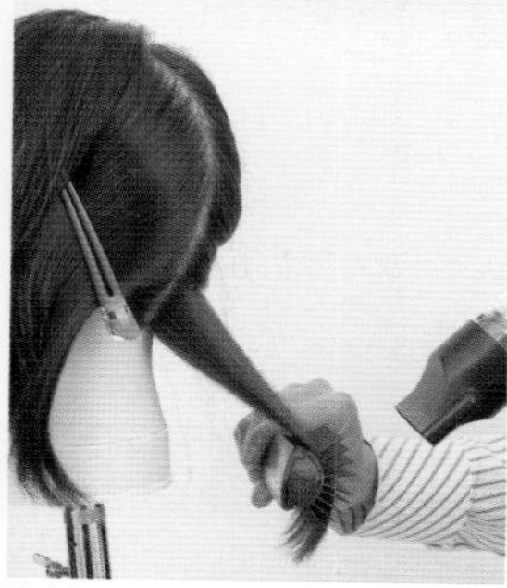

首先将中后部的头发按由颈部到头顶的顺序向内卷。

［高层次发型（F&R 的要点）］

- 将中后部的头发向内侧卷着吹。
- 将前头顶下半部（两侧和后面）的头发向前吹。
- 将前头顶上半部（头顶处）的头发逆转着吹。
- 逆向吹时，造型梳的移动要与插入发片时的切入线平行。

姿势

一边沿发片相同方向（向前）倾，一边吹风定型。

侧面

将侧面的头发在前头顶处上下分开。上部逆向吹，下部向前吹。向前吹的部分要平行于脸周发际线来分取发片。

平行插入造型梳，一边向前转动造型梳，一边吹风。

后侧面

平行于发际线，沿头部的弧度来分发片，吹发片至头顶处。

与向前吹侧面的头发一样吹风，并一直吹到头顶。

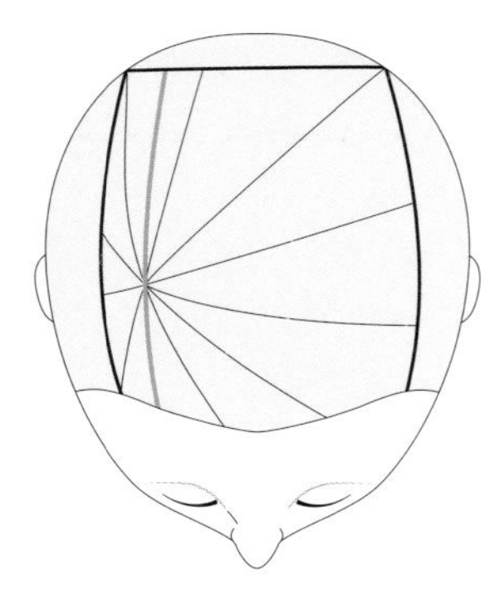

将头发按 6 : 4 的比例分开，分成放射线状的发区。

侧面（逆转吹风）

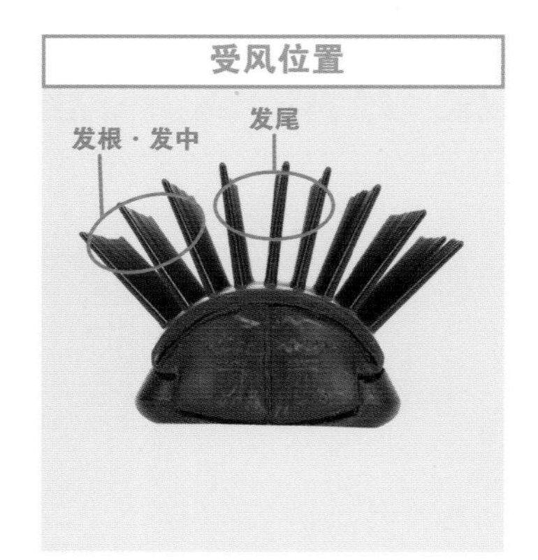

这是头发较多的一侧。

侧面（逆转吹风）

造型梳从发根插入，向上牵拉发片平行移动吹风。从头顶较短的头发开始逆向移动造型梳，让头发垂落在正下方。

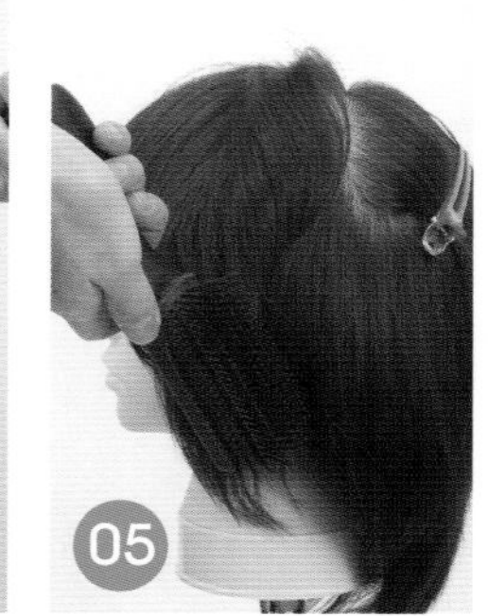

即将抽出造型梳时是这样的。

完成

前面

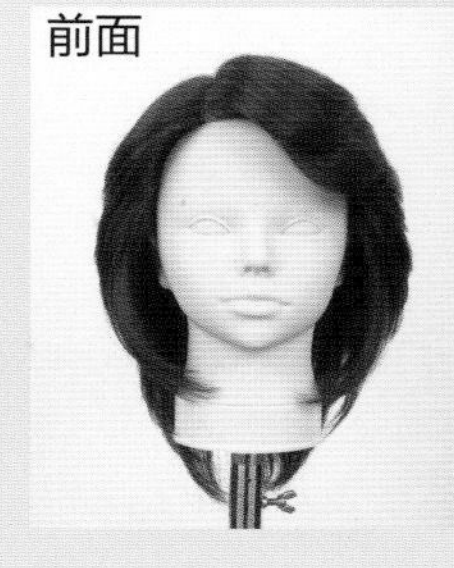

左侧

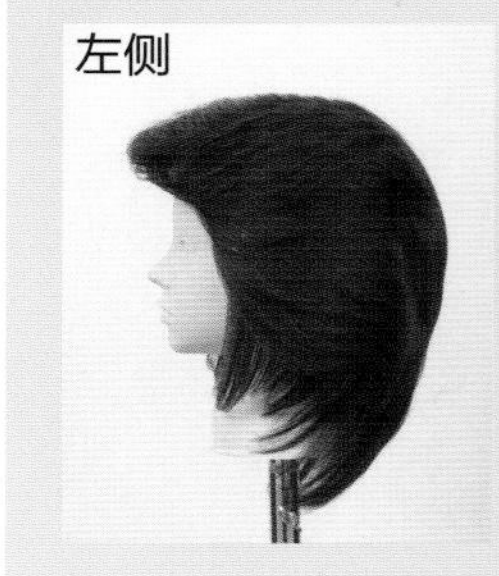

后面

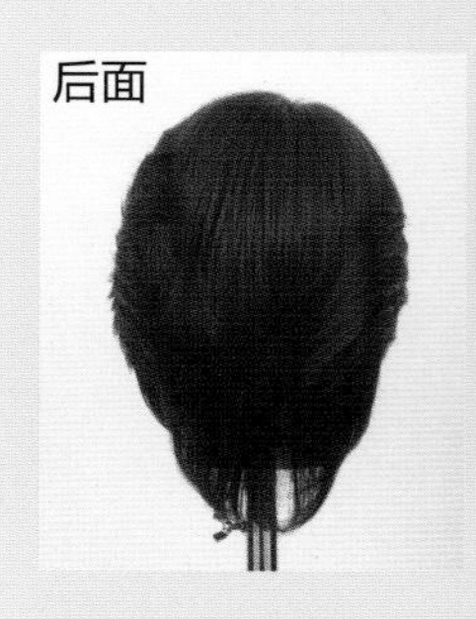

右侧

二次吹风

如果纵向选取发片的话，表面会不平整。为了平均齐整，要横向选取发片，并与头皮成 90° 向上牵拉吹风。拉到脸旁时，向后梳。

头后顶部的头发要吹出自然的膨胀感，向上提拉头发并向内卷着吹。

到此为止，经典定型吹风就结束了。大家都掌握了吗？使用造型梳来定型是有难度的，请大家努力呀！

滚梳的使用方法 /AFLOAT 伊轮宣幸

STEP 1 滚梳吹风定型的基础

[滚梳定型的要点]

- 轻握滚梳，用指尖来转动。
- 发束能牢牢地插入滚梳的齿毛里。
- 吹风时两脚微开，后背和头颈伸直。

滚梳的握法

用拇指和食指握住梳柄根部的凹处，小指指根支撑梳柄下端，轻轻握住。

NG

拇指和食指远离梳柄根部。
拿在远处不方便旋转滚梳。

滚梳的转法

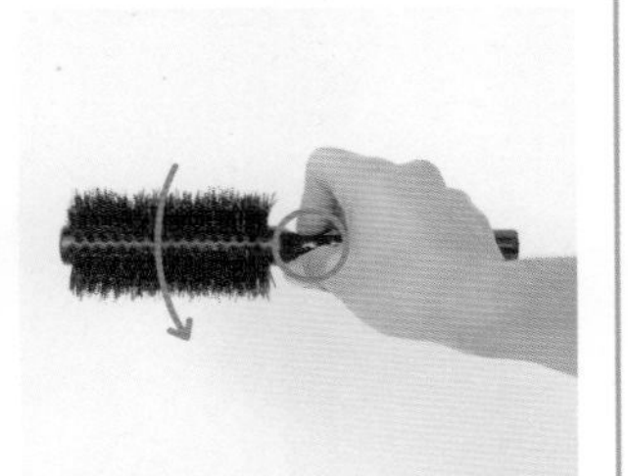

小指指根不要离开梳柄下端，拇指也要固定放在梳柄根部的凹处，用指尖拿起梳柄在眼前转动。

发束的卷法

发束置于滚梳中间的话易于吹风。适当用力，让发束插入梳的齿毛里。

NG

发束没有插入梳的齿毛里，发束只是轻搭在滚梳上，没用力拉紧，无法好好地吹风定型。

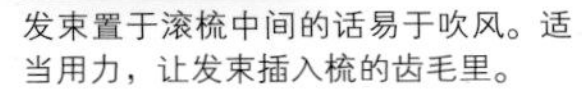

吹风时的姿势

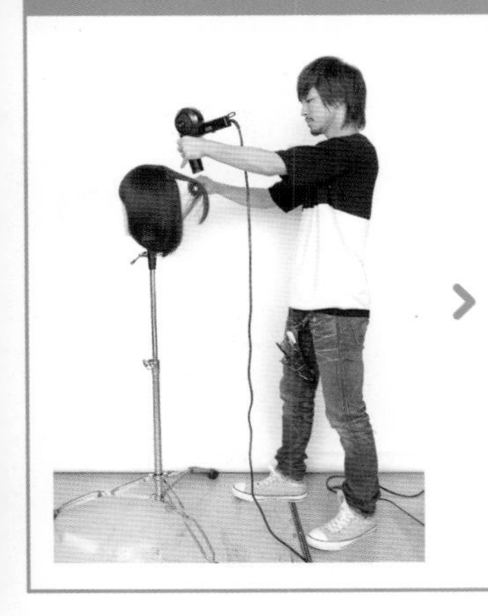

吹风时两脚微微打开，后背、头颈伸直。吹至发中、发尾处时，屈膝低腰，重心下移。

NG

猫腰弓背、双脚朝前。
猫腰弓背的话很容易累。同时，双脚朝前的话，步幅过窄、重心不稳。

STEP 2 内扣的"J"形卷儿

[内扣的"J"形卷儿的要点]

- 结合头发的弧度，改变发片角度。
- 发中至发尾用滚梳反复梳，打造明显的"J"形卷。
- 头顶头发要结合脑形来造型。

吹风前（烘干・手动吹风之后）

发根～发中已有九成头发变干。但发尾处约 15cm 有损伤。头发太湿的话，无法成卷，所以事先让头发呈微湿状态。

辨别头发的自然卷儿・发量・发质

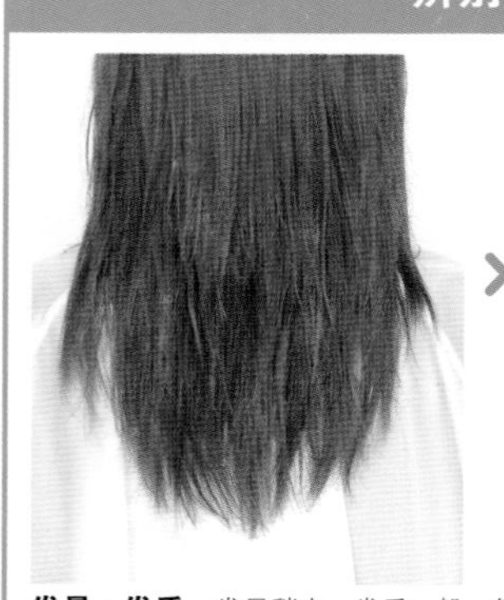

发量・发质：发量稍少。发质一般，但有漂色和拉直造成的损伤，在发尾处较明显。
自然卷儿：几乎是直发，但后面有少许弯曲，刘海儿处头发也有自然分开。

1 后面

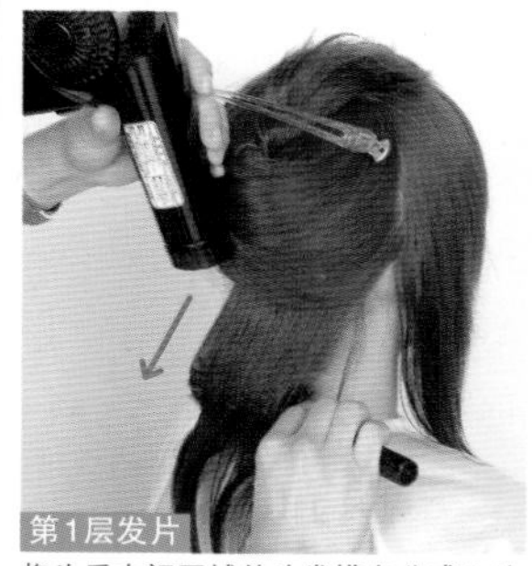

第1层发片

第2层发片

第3层发片

将头后中间区域的头发横向分成 3 片。稍微向上牵拉发片，转动滚梳让头发插入滚梳的齿毛中，从发中至发尾用力向下移动滚梳。吹风口与头发成 45° 角，和滚梳一同向下移动。

第 2 层发片的吹法同前，但要注意比第 1 层发片的拉起角度更大。这样的话，发根就能牢牢立住，施力容易些。第 3 层发片要比第 2 层发片抬得再高一些。

2 侧后面

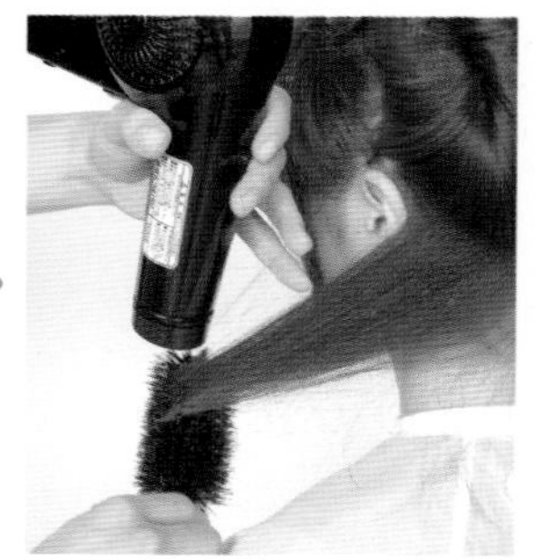

预留出头顶的头发，将侧后面的头发斜分为 3 片。先将发中至发尾拉直后，一边吹风一边将滚梳卷回发中处。为了能好好地成卷儿，要反复用滚梳来回卷动，并持续吹风数秒。按此方法向下移动滚梳，最后轻轻地纵向抽出滚梳。另 2 片发片的吹法也一样。右侧后面的头发也按同样顺序操作，但要稍微向左侧牵拉发片以矫正头发的自然弯曲弧度。

3 左侧

侧面头发从里到外分成 2 层发片来吹。与侧后面一样，发中部充分加热后，由发尾至发中反复转动滚梳来制造向内卷的“J”形卷儿。

因为发旋是向左旋转的，右侧头发容易翘起来，所以略用力地向右侧成一度角度牵拉发片。脸周要打造自然的发卷儿，将滚梳斜插入头发，从发中吹至发尾，沿脸周放下发束。

4 刘海儿

要矫正分开的刘海儿，首先要用滚梳按刘海儿分开的相反方向梳理头发。然后将发束垂直于头皮拉伸，用滚梳反复转动制造内扣的发卷儿。

5 头顶

第2层发片

头发集中的部分

厚重质感的部分

配合头部轮廓的弧度要改变吹风的方法。头发集中的前头顶处要向斜前方牵拉头发，从发中到发尾逆向旋转吹风。有厚重感的后头顶处要向上牵拉外层头发，同样逆转吹风。

6 头顶完成效果

将滚梳插入头顶发根处，让发根直立，打造出厚重感。用风筒将外层头发由发根吹至发尾。发尾处要反复旋转滚梳。

完成　内扣的"J"形卷儿　模特的完成效果图

左侧

右侧

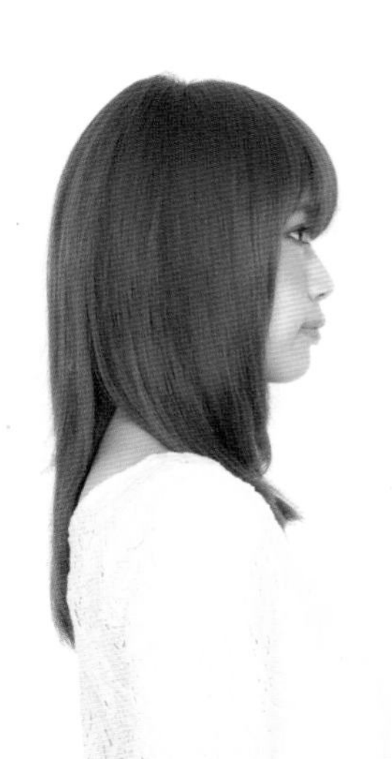

后面

STEP 3

自然卷儿的吹风定型

［自然卷儿吹风定型的要点］

- **结合头发长度，使用不同的滚梳。**
- **从较湿的时候开始吹容易修整整体的卷曲效果。**
- **吹风时要用力拉伸发卷儿。**

吹风前（烘干・手动吹风之后）

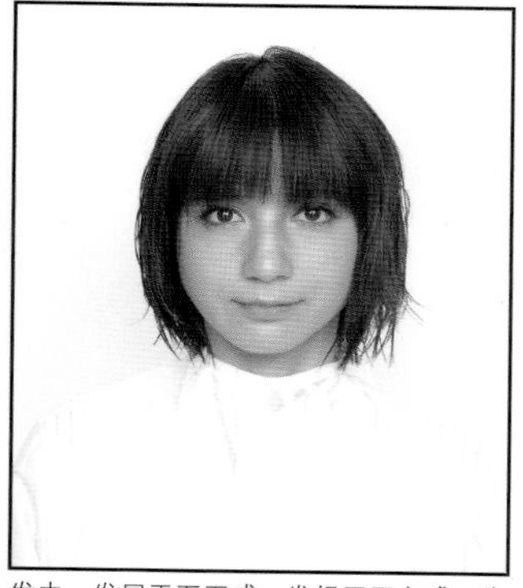

发中、发尾干至五成，发根干至六成。为了便于修整整体的卷曲效果，要在头发较湿时开始吹风定型。

辨别头发的自然弧度・发量・发质

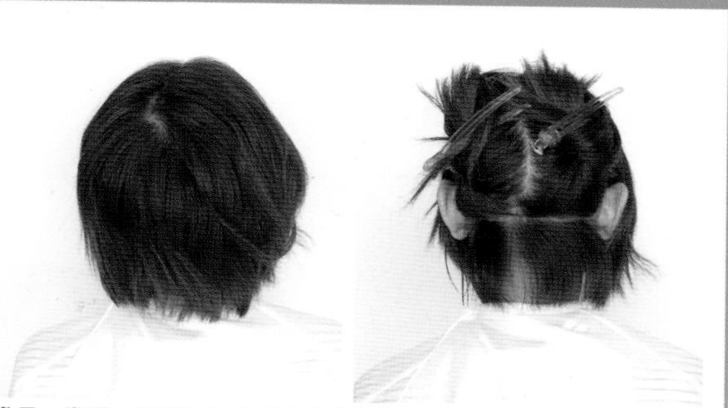

发量・发质：发量稍多。因为有自然卷儿所以是不易打理的发质。

自然卷儿：全头都有较强的卷儿，尤其是表层的卷发。而且右侧有翘起来的卷儿。

使用不同的滚梳

短发如果用过大的滚梳无法使发卷展开，所以前额和刘海儿使用中号滚梳。

1 后面

第1层发片

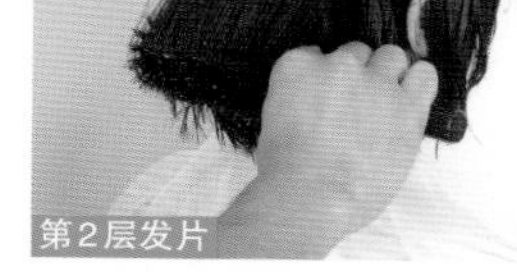

与“J”形卷的吹法一样，先将头发横向分成 3 层。第 1 层发片使用中号滚梳。从发根吹至发尾后，再用滚梳稍微卷一下发尾，一边用力牵拉一边斜向吹风，修整发卷儿。

为了避免头发过蓬过厚，第 2、第 3 层发片要先用力压住头发，由发根吹至发尾。为了拉开表层的卷发，要比第 1 层发片拉得高些吹。

2 侧后面

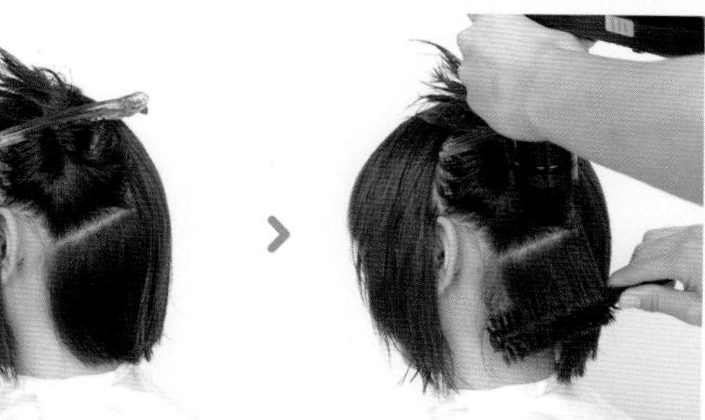

右侧

预留出头顶的头发，沿修剪线将侧后面的头发按上长下短划分区域，分成 3 层发片吹风。第 1 层发片使用中号滚梳。反复旋转滚梳让发束插入，用力从发根吹至发尾。

修整翘起的发卷儿，但头发长度较短，不用向左移动发片。左侧后方也同样来吹。

3 侧面

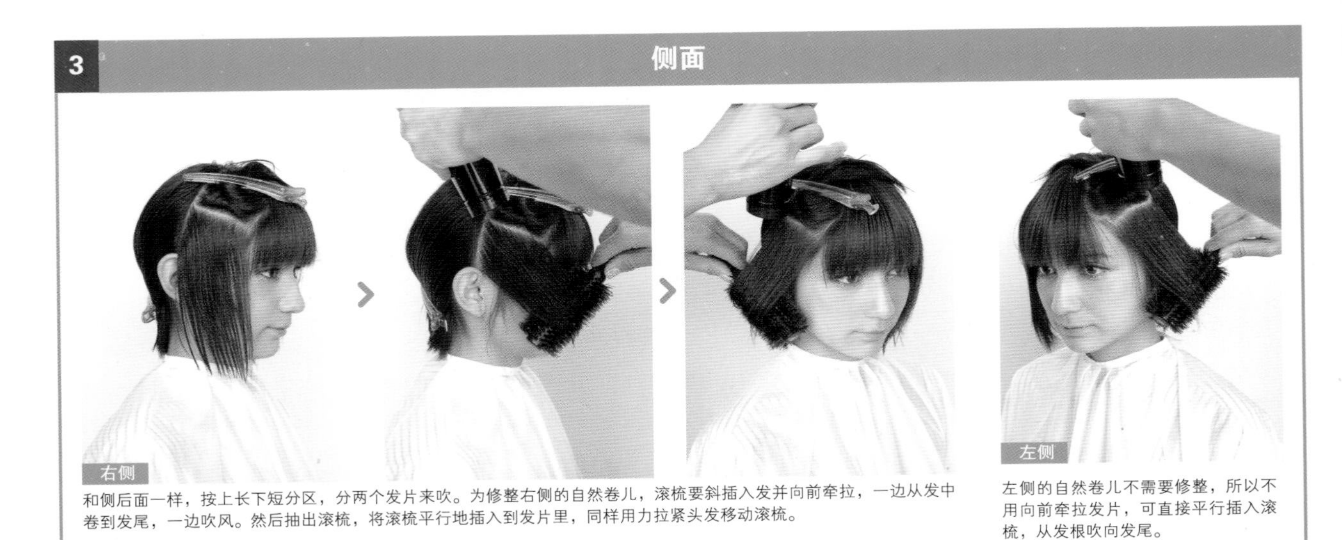

和侧后面一样，按上长下短分区，分两个发片来吹。为修整右侧的自然卷儿，滚梳要斜插入发并向前牵拉，一边从发中卷到发尾，一边吹风。然后抽出滚梳，将滚梳平行地插入到发片里，同样用力拉紧头发移动滚梳。

左侧的自然卷儿不需要修整，所以不用向前牵拉发片，可直接平行插入滚梳，从发根吹向发尾。

4 头顶

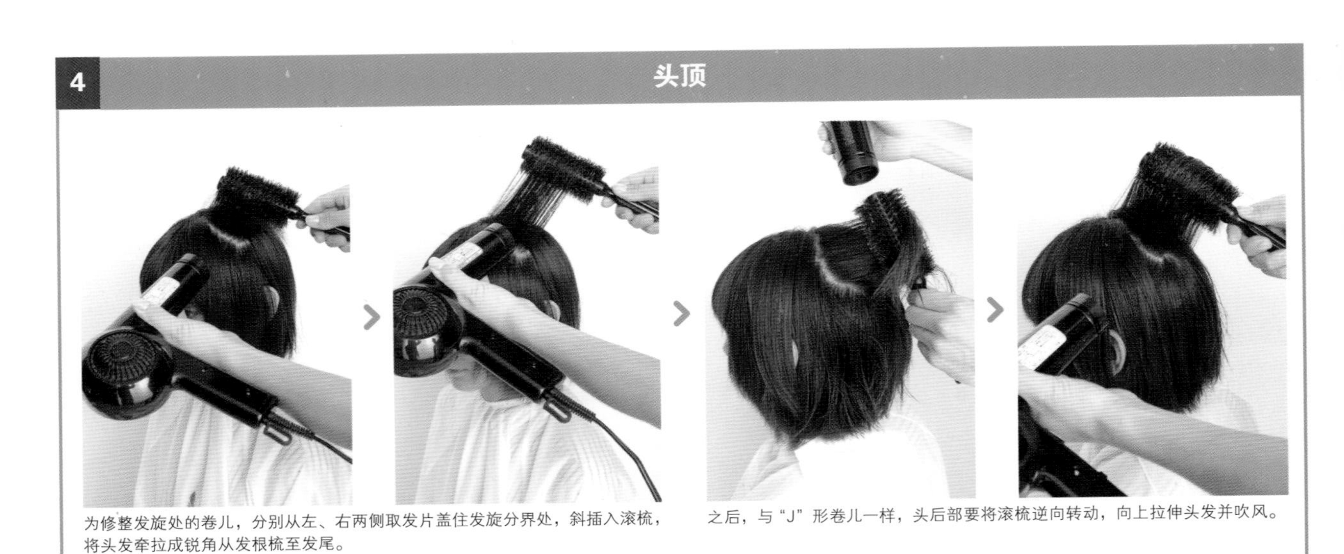

为修整发旋处的卷儿，分别从左、右两侧取发片盖住发旋分界处，斜插入滚梳，将头发牵拉成锐角从发根梳至发尾。

之后，与“J”形卷儿一样，头后部要将滚梳逆向转动，向上拉伸头发并吹风。

5 头顶完成效果

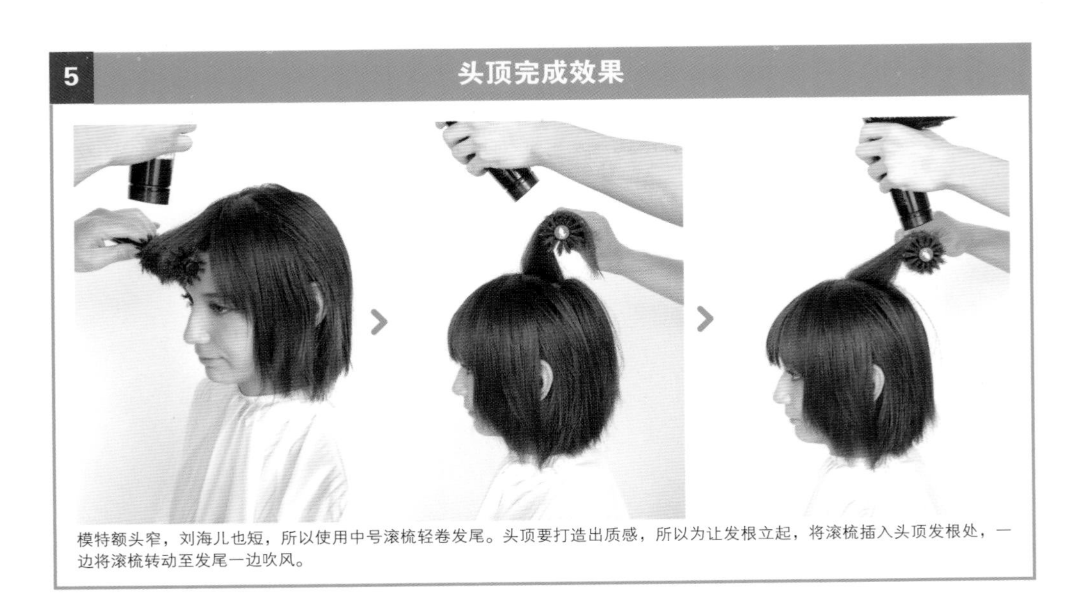

模特额头窄，刘海儿也短，所以使用中号滚梳轻卷发尾。头顶要打造出质感，所以为让发根立起，将滚梳插入头顶发根处，一边将滚梳转动至发尾一边吹风。

完成　自然卷儿的吹风定型　模特的完成效果图

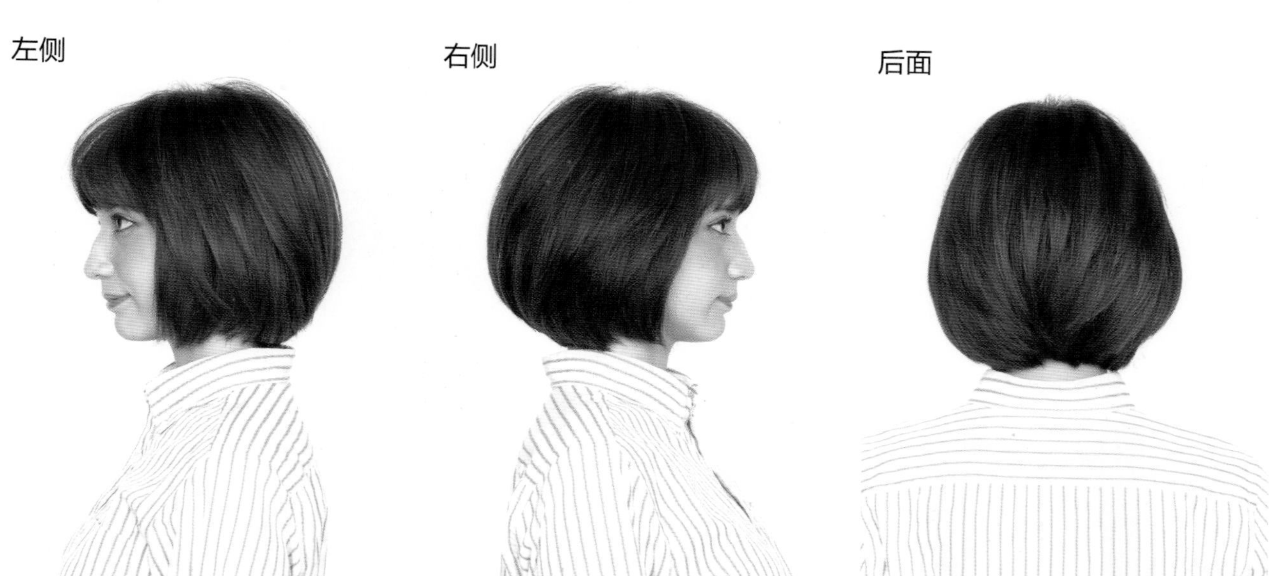

配合脸形的吹风定型 /AFLOAT　伊轮宣幸

配合脸形的吹风定型基础

［ 配合脸形的吹风定型的基本要点 ］

- 吹出适合任何脸形的、接近理想形状的鹅蛋形。
- 考虑符合脸形的话，头顶、太阳穴周围、刘海儿、脸周应该怎么做。

何谓配合脸形的吹风定型？

通过矫正发型来得到接近鹅蛋形脸的效果的吹风定型。

解决方法　宽脸

（造型前）烦恼：太阳穴两侧过宽，头发容易横向加宽，使脸看起来显大。

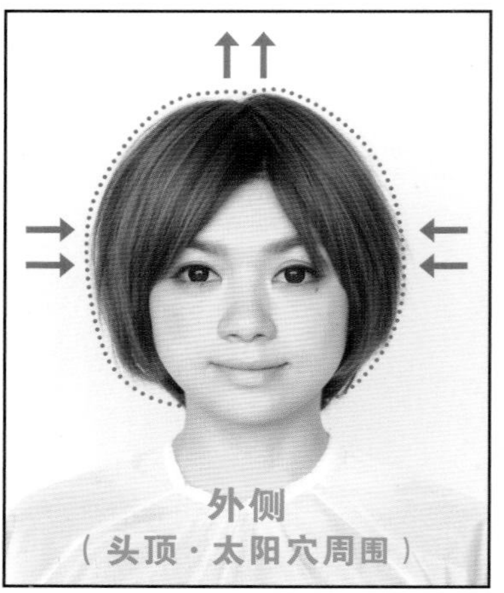

头顶：
提升头发的分量和高度。

太阳穴周围：
收紧。

刘海儿：
额头留出空隙，打造出细长的线条。

脸周：
制造遮挡脸颊的效果。

解决方法　长脸

（造型前）烦恼：长脸梳长发时，尽管脸很瘦，却看不出小脸的效果。

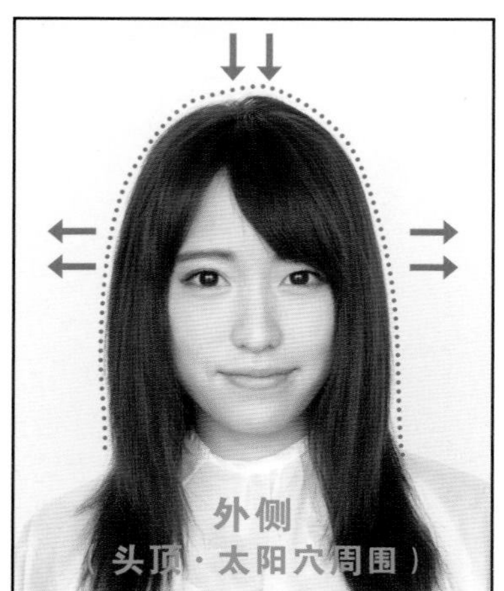

头顶：
收紧。

太阳穴周围：
两侧发量提升。

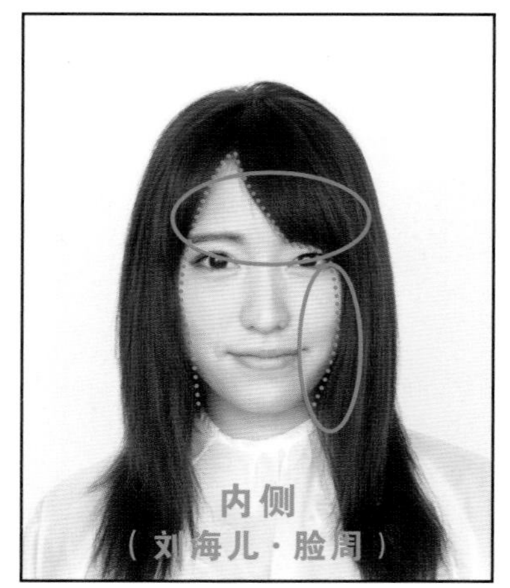

刘海儿：
打造全刘海儿遮住额头，修饰长脸。

脸周：
在脸周的头发和面部轮廓中间留出空间，打造出横向的质感。

STEP 2

适合宽脸的短发的吹风定型

[吹风定型的要点]

- 侧面和侧后面要打造紧致感。
- 将脸周的发束沿脸部轮廓放下，有小脸效果。
- 头顶头发向前梳，会有纵向质感。

1 侧后面（外侧）

预留头顶头发，沿修剪线按上长下短将后面的头发分成 3 片。为遮挡住太阳穴两侧，由上至下用滚梳梳理第 1、第 2 层发片，从上面吹风收紧头发。

第 3 层发片要低于正面，所以滚梳斜向插入头发，一边由发根梳至发尾，一边吹风。发片在发尾处做出一个卷儿。滚梳斜向插入头发可收紧正面头发，在后面打造出顺应脑形的圆弧形。

2 侧面（外侧）

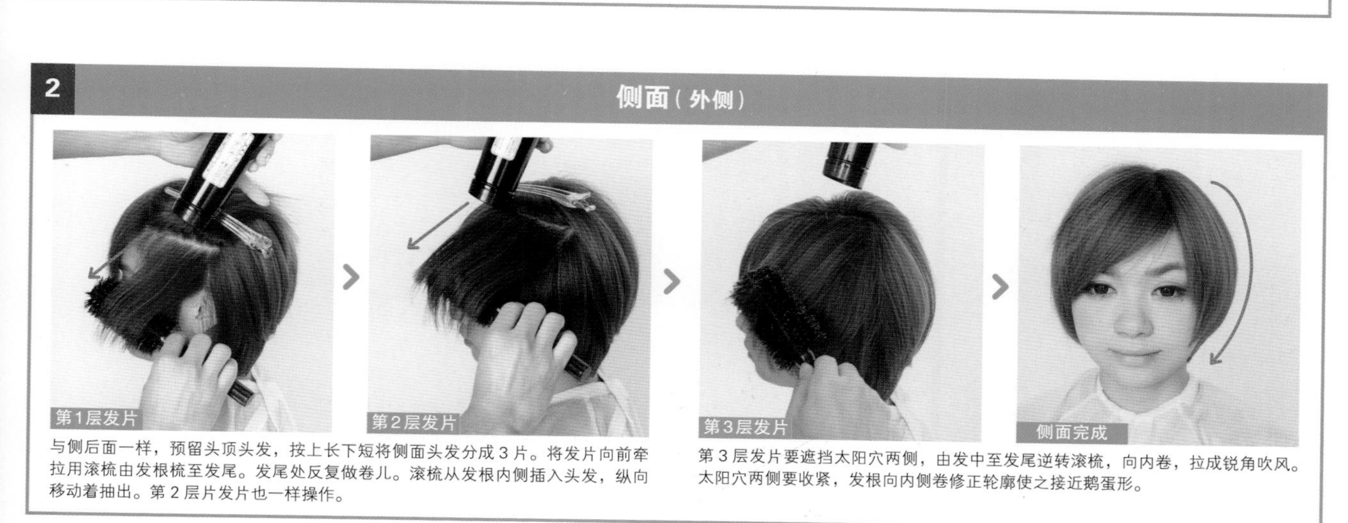

与侧后面一样，预留头顶头发，按上长下短将侧面头发分成 3 片。将发片向前牵拉用滚梳由发根梳至发尾。发尾处反复做卷儿。滚梳从发根内侧插入头发，纵向移动着抽出。第 2 层片发片也一样操作。

第 3 层发片要遮挡太阳穴两侧，由发中至发尾逆转滚梳，向内卷，拉成锐角吹风。太阳穴两侧要收紧，发根向内侧卷修正轮廓使之接近鹅蛋形。

3 刘海儿 · 脸周（内侧）

中心处平行插入滚梳，垂直于头皮牵拉头发，从发根向发尾转动滚梳，并在发尾处反复转动。斜向插入滚梳至侧面头发中，将发束向前梳。

4 头顶（外侧）

头顶的头发如果落在太阳穴两侧，会加强脸的宽度，因此，用滚梳向前梳理头顶的薄发片，由发根梳至发尾，并在发尾处反复转动。这样可使头顶的头发向前，加强纵向线条。

完成　宽脸短发　模特的完成效果图

左侧

右侧

后面

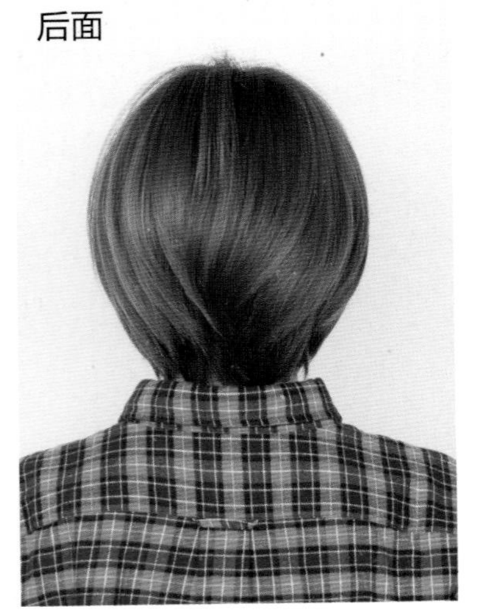

STEP 3

适合长脸的发型的吹风定型

[吹风定型的要点]

- **侧面头发拉高吹，制造和脸部轮廓的空间。**
- **打造全刘海儿覆盖额头，遮盖长脸。**
- **头顶头发向两侧放下，增加横向质感。**

1 后面（外侧）

从头后中间区域横向分成 3 层发片。反复转动滚梳卷住头发，从发根往发尾方向用力转动。第 2 层发片按同样方法吹风，但发片拉起角度大些。

第 3 层发片也同前，拉起角度再大些，用力拉住头发转动滚梳。然后为遮挡长脸，将第 3 层发片越过发旋分界处向上牵拉，插入滚梳逆向转动，营造收紧的效果。

2 侧面・脸周（内侧）

从头发内侧将侧面头发分成 3 层发片。为增加脸的宽幅，从第 1 层发片开始向上牵拉，从发中至发尾吹直后，一边吹一边反复卷回至发中。第 2、第 3 层发片也一样。

左侧完成后

左侧的照片是第 1 层发片吹完后，右侧的照片是第 3 层发片吹完后的状态。增加了脸部轮廓和脸周头发之间的空间就可以遮挡脸长。右侧做法也一样。

3 刘海儿（内侧）

分开刘海的话会给人以竖长的印象，因此用滚梳从上往下梳，制造出较宽的全刘海。接下来分成 2 片发片，每个发片沿脸部按左、中、右的顺序用滚梳从上梳到下，发尾轻轻做卷儿。

4 头顶（内侧）

将头顶头发分成薄发片成钝角拉起，从发根吹至发尾后让发束落在头两侧。

完成　长脸发型　模特的完成效果图

左侧

右侧

后面

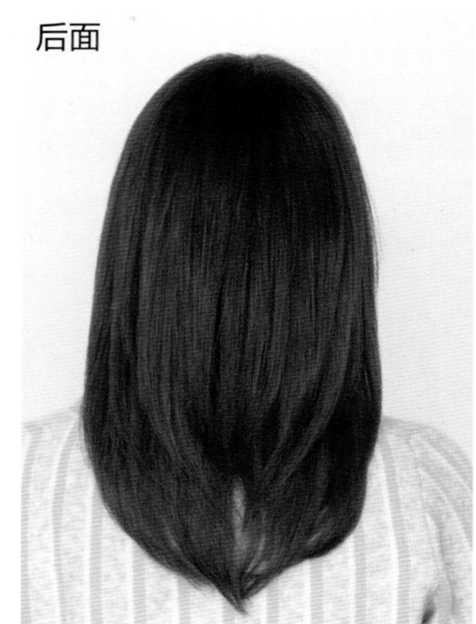

烫发的吹风定型 & 电烫棒

/Tierra 三笠龙哉

STEP 1 给模特做烫发的吹风定型

烫发模特实践课上的要点是

①对着发卷儿自然下落的位置吹风

②要温柔地吹脸周的发卷儿

不要过分用力，请对准发卷儿自然下垂的位置吹风。同时，在模特实践课上总是很重视脸周，请温柔对待呀！

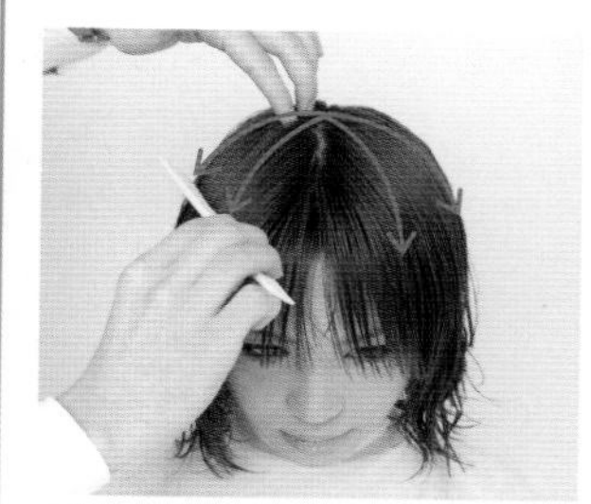

确认模特发旋的位置，从发旋开始呈发射状向下梳理头发。

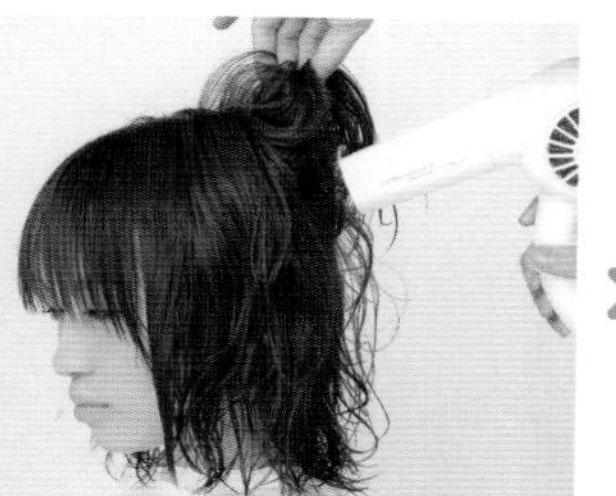

与假发一样，对着发根吹，将头枕部、后面、侧面的头发吹干。

时不时用手指轻抚头发，一边确定头发自然下垂的位置。

脸周的发束一边用手指绕成卷儿，一边吹干，要不厌其烦地好好绕卷儿。

将所有发根和脸周吹干后，用手掌搭住发尖向上抬，向掌心吹风给头发表面定型。

吹发结束

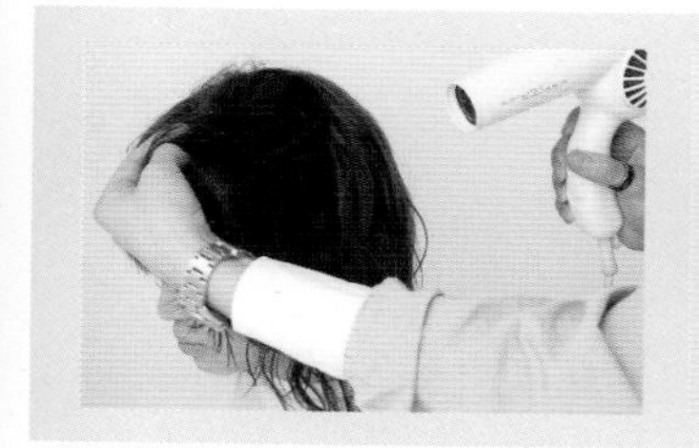

NG

不要用力或过度拉抻头发

要让头发的发卷落在自然垂落的位置就不要用力拉着头发吹风。

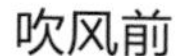

STEP 2

电烫棒的使用基础

掌握吹风定型后，让我们来学习基本的电烫棒操作，提高造型技术吧！

平卷（卷发尾）

左手轻握发尾，从距发尾1/3处水平夹上电烫棒。

让电烫棒平夹至发尾。

从发尾处开始旋转电烫棒。

稍微向前移动，抽出电烫棒。

完成。平面的卷儿烫好了。

竖卷·向前（卷发尾）

左手轻握发尾，从距发尾1/3处斜夹电烫棒。

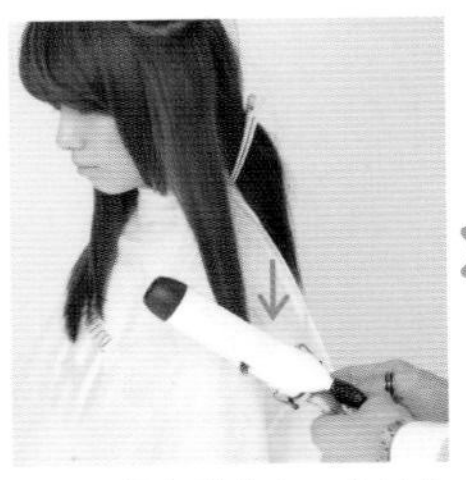
让电烫棒倾斜着向下夹至发尾。

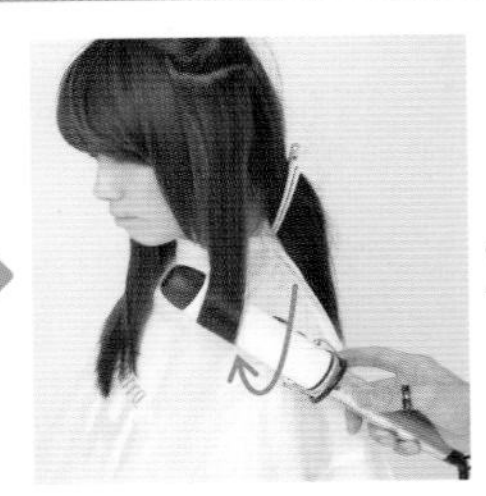
不改变电烫棒的角度，旋转电烫棒卷曲发束。

稍微向前移动，抽出电烫棒。

完成。立体的卷儿烫好了。

竖卷·向后（卷发尾）

左手轻握发尾，从距发尾1/3处斜夹电烫棒。

让电烫棒倾斜着向下夹至发尾。

不改变电烫棒的角度旋转电烫棒卷曲发束。

完全朝下移动，然后抽出电烫棒。

完成。向后弯的立体的卷儿烫好了。

发中卷（竖卷·向前）

左手轻握发尾，从发束中间开始夹电烫棒。

一边在发中稍转电烫棒，一边用电烫棒卷曲发束。

保持这个动作旋转电烫棒，将头发卷至发根附近。

向正下方移动，然后抽出电烫棒。

完成。发中部分有了明显的发卷儿。

STEP 3

用电烫棒来试做造型吧！

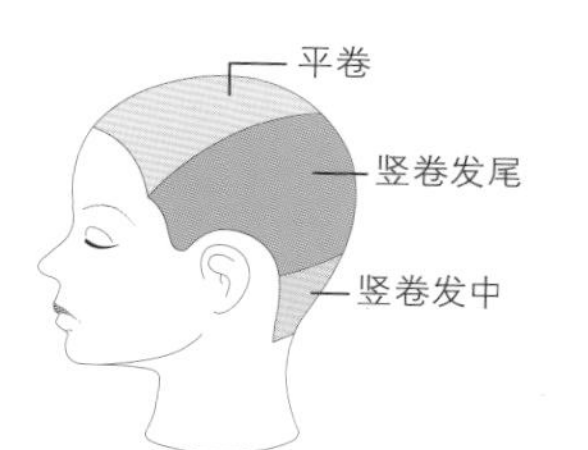

做完感觉如何呢?

★向后卷和向前卷混合。

★不使劲儿向后卷太多，会给人以舒适的感觉。

★打造不做作的自然的卷发造型。

下面的部分

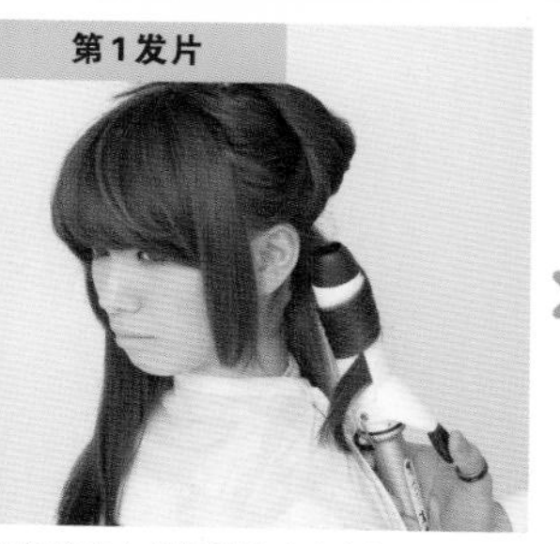

拉起发束向前竖着卷头发中部。

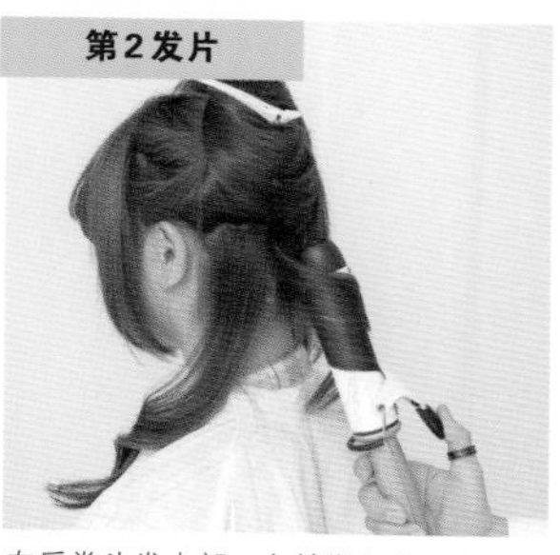

向后卷头发中部。向前卷和向后卷交替进行。

中间的部分

把发束稍微拉起向前竖着卷发尾。

向后竖着卷发尾。向前卷和向后卷交替进行。

上面的部分

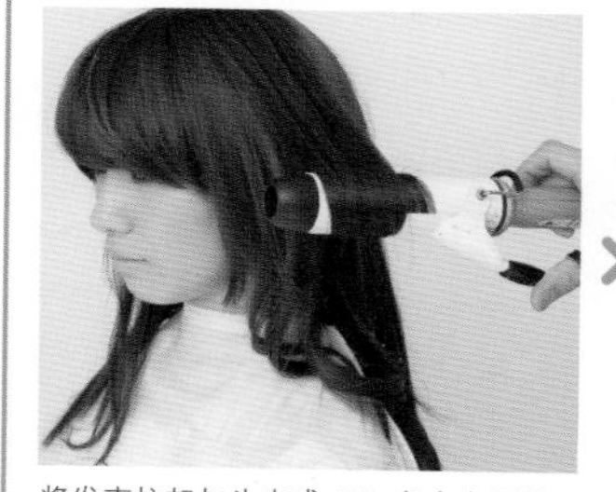

将发束拉起与头皮成 45° 角向上平卷。

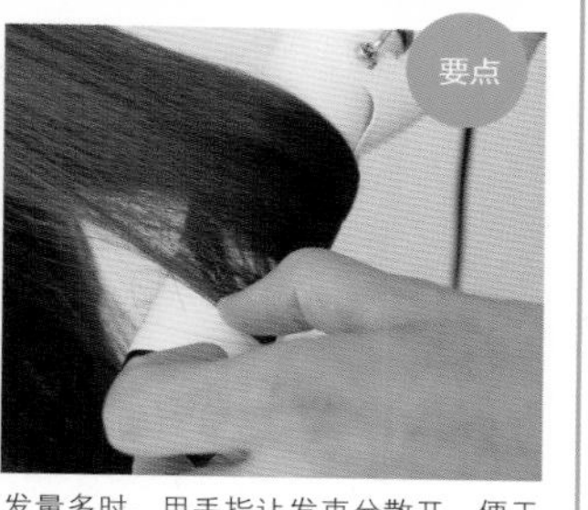

发量多时，用手指让发束分散开，便于烫发棒导热。

使用电烫棒的建议

根据想从头发何处开始出波浪，分别卷发尾和卷发中，向前卷和向后卷交替进行，易于打造出不做作的质感来！

整理电烫卷的技术 & 定型

卷发造型中，电烫后整理发卷儿对造型是很有必要的！
接下来将介绍从捋开发卷到造型的技巧。

全部卷完。发卷儿自然放下成束状。

用手指从发根到发尾捋开发卷。注意不要用力。

全部用手指捋顺后，将头发 2 等分放到肩前。

用指尖只拉伸内侧的发束，整理发卷儿。

把膏状发蜡涂抹在手指上，快速地涂抹全部发束。

以发尾的发卷儿为中心揉捏，把发蜡涂至发卷儿上。

分开发卷儿整理发束。

右侧都是电烫后经过整理打造出来的不做作的发型。请确认哪部分中使用了哪种发卷儿。

完成

前面

左侧

后面

比比看！

你知道脸周卷发的不同之处吗？思考一下两种卷发分别给人以什么感觉。

脸周头发明显向后卷

脸周有较明显的反向卷儿，会给人以华丽之感。

脸周头发自然地向前卷

向前的卷发可以包裹住脸周，给人以优雅大方之感。

烫发&离子烫

Perm

要抛开只要卷上去就完成烫发的想法，时常要带着疑问去思考。并不是仅仅把头发卷到发杠上就可以。先了解卷儿的形状之后，再考虑如何制作是很重要的。在离子烫中，会委托助手进行涂抹。我们也要牢固掌握离子烫的技术要点。

MAGNOLiA
YUJI　[p90 ~ p115]

1979 年 7 月 17 日出生，神奈川人，毕业于镰仓早见美发艺术专科学校。在 ANTI 工作 8 年后作为首席美发师参加了 MAGNOLiA。现在作为创意总监，除了在发廊工作之外，作为课程班的讲师及模特的美发师广泛地开展各种活动。

DaB
明石真和　[p116 ~ p124]

◎ 1975 年 5 月 10 日出生，香川县人，毕业于日本美发专科学校信息课程专业。1999 年进入 DaB 公司。现为代官山店的店长。以发廊的工作为中心，积极开展烫发讲座和一般杂志的摄影。在发廊作为烫发实验师进行着药剂等对头发不同作用的验证。

REAL 化学股份有限公司
开发部 开发科 科长
冈田直树
[p88 ~ p89]

ARIMINO 股份有限公司
研究开发部 狭山研究所
美发护发组 股长
下田康平　[p116]

烫发剂的基础知识

/REAL 化学股份有限公司　冈田直树

确认药水作用的方法和成分吧

大家已经了解发卷形成的结构了吗？一起来确认基本的冷烫结构和药水吧！

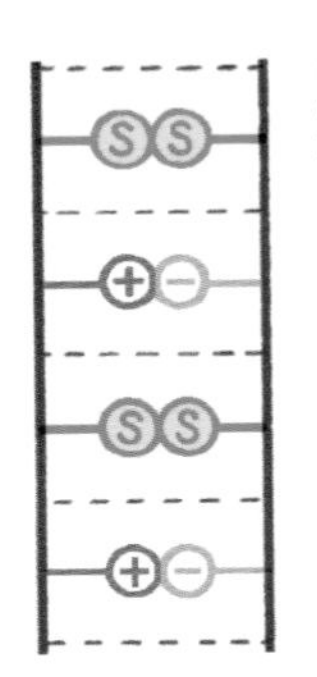

头发是由内部的二硫键、盐键（离子键）、氢键这三个链键来保持富有弹力的构造。

→ **涂抹1剂** 涂抹1剂切断二硫键 →

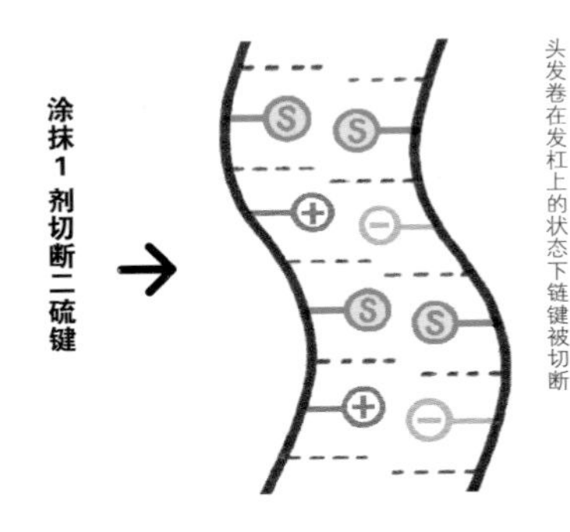

头发卷在发杠上的状态下链键被切断

→ **涂抹2剂** 把用1剂切断的二硫键以波浪的状态重组。 →

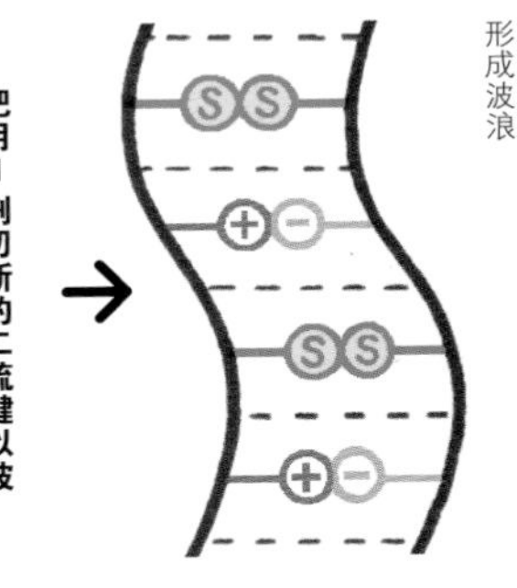

形成波浪

1剂　看看1剂的成分吧！

还原剂

为1剂的主要成分。它切断头发内部的二硫键。巯基乙酸类或半胱氨酸类等药水即指这种还原剂！

碱剂

通过提高pH使头发蓬松而润滑，使还原剂容易渗透，并且切断头发内部的离子键（盐键）。

安定剂、水等

防止还原剂氧化的成分或调整成分等。

还原剂有什么种类？

外用药品类

巯基乙酸类
具有强烈的还原力，容易形成明显的波浪。

半胱氨酸类
具有温和的还原力，容易形成质感柔和的波浪。

化妆品类

半胱氨
因分子小渗透性高，容易形成牢固的发卷儿。从酸性到碱性均可以使用。

巯基丁内酯
从酸性到中性均可以使用，容易形成质感柔和的发卷儿。因为反应缓慢，烫发需要较长时间。

巯基甘油
从酸性到中性均可以使用，容易形成适度的发卷儿。

亚硫酸盐
和其他还原剂还原的结构有所不同，被切断的二硫键无法重组。因为对头发负担小，所以需要用细的发杠或加温来做出发卷儿。

药水中最重要的是使用哪一类1剂。
在下一页介绍还原剂的种类。

2剂　看看2剂的成分吧！

氧化剂有什么种类？

外用药品类

双氧乳
因氧化作用强，短时间放置就可以。起反应后，因头发内部只剩下水分，所以容易做出蓬松而柔和的波浪。

化妆品类

溴酸钠（铬酸盐）
因氧化作用弱，需要充分的放置时间。起反应后，因头发内部留有盐分，头发会紧绷，容易做出恰好的波浪。

氧化剂

2剂的主要成分。氧化用1剂切断的二硫键使之重组。

安定剂、水等

保持和稳定pH的pH调整剂和调整成分等。

因为双氧乳是不能调配到化妆品里的成分，所以在使用化妆品类的1剂时，2剂就不能使用双氧乳。

还原剂的种类有何区别？

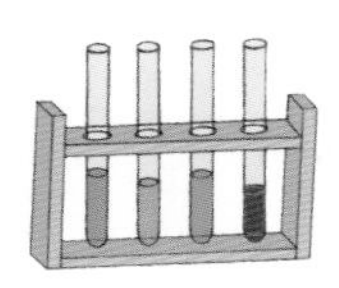

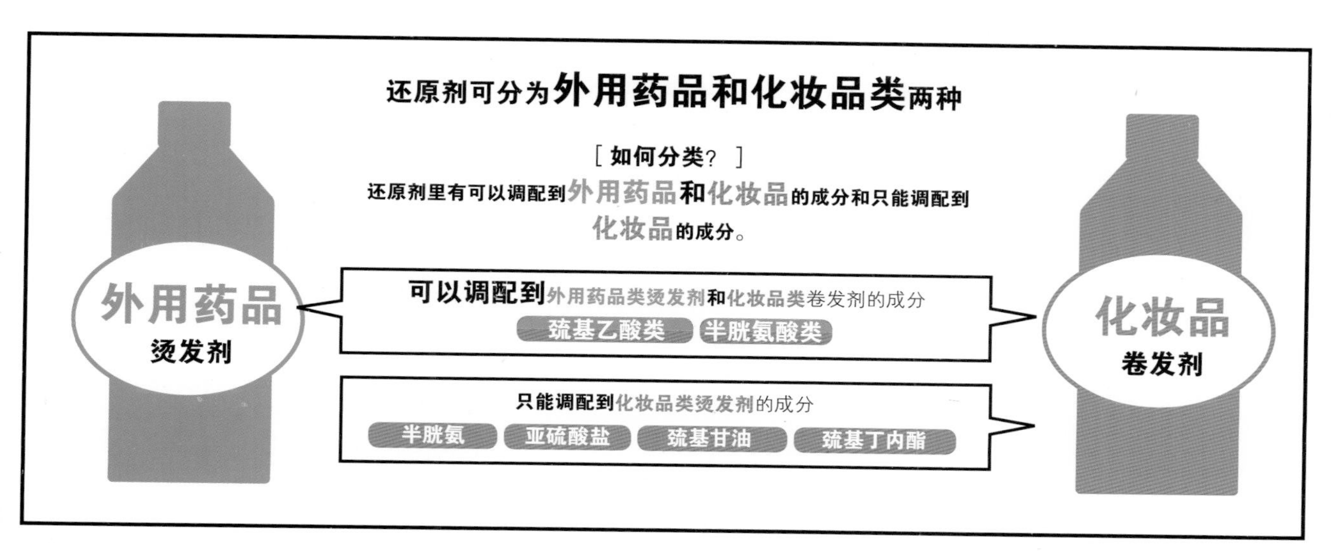

还原剂可分为外用药品和化妆品类两种
[如何分类？]
还原剂里有可以调配到外用药品和化妆品的成分和只能调配到化妆品的成分。
外用药品
烫发剂
化妆品
卷发剂
可以调配到外用药品类烫发剂和化妆品类卷发剂的成分
巯基乙酸类
半胱氨酸类
只能调配到化妆品类烫发剂的成分
半胱氨
亚硫酸盐
巯基甘油
巯基丁内酯

过去烫发时一般使用的药水是巯基乙酸类和半胱氨酸类的外用药品类烫发剂。大约从2000年开始，化妆品类卷发剂积极走向商品化，但是被指出“**卷发剂虽然对头发的损伤小，但烫发效果差**”。效果差是因为存在**可以调配到化妆品类卷发剂里的成分的最高限度**的标准（日本烫发液工业组织的自主标准）。可以说在标准内的调配下，用化妆品类卷发剂所形成的卷要比巯基乙酸类、半胱氨酸类的烫发剂效果差。

2009年10月，左边所示的自主标准发生了变化，允许制造比以往形成发卷能力更强的化妆品类卷发剂了。

化妆品类卷发剂的标准变成什么样？

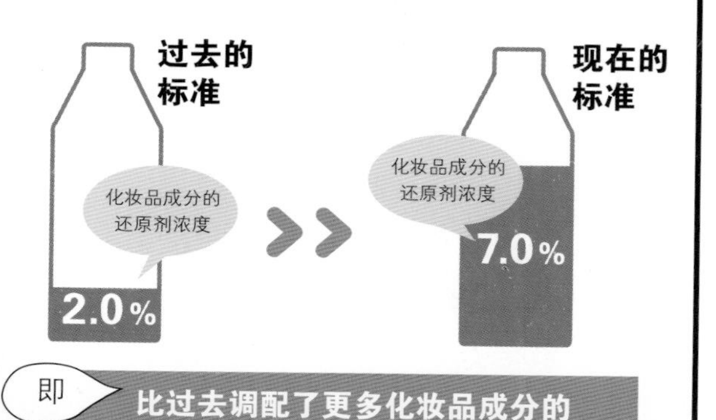

即 **比过去调配了更多化妆品成分的还原剂！**

※ 浓度的计算换算成巯基乙酸类分子量来计算。

※ 调配到化妆品类卷发剂里的还原剂总量中，对属于外用药品类还原剂的巯基乙酸、半胱氨酸的使用，最多不能超过2.0%。该比例在重新制定标准后也没有改变。

究竟为什么有外用药品类或化妆品类等复杂的说法呢？

是因为外用药品类是不能同日进行！

外用药品类烫发剂 ✕ 同日进行 外用药品类染发剂

化妆品类卷发剂 ○ 同日进行 外用药品类染发剂

药剂法中规定不能同时使用烫发剂（外用药品类）和染发剂（外用药品类）。在染发的同一天想烫发时，如果不使用外用药品类烫发剂，而使用卷发剂（化妆品类）就能进行。为了辨别这些，有必要了解所使用的东西是外用药品类烫发剂还是化妆品类卷发剂。

卷得整洁漂亮的技巧

/ MAGNOLiA YUJI

卷发并不是把头发卷在发杠上就可以。卷发的细心程度及卷发后的漂亮程度关系到完成后的造型。
我们要时常意识到“要卷得漂亮！”。下面来学习正确的卷法吧！

要点1

划分发线

线条要直，头后部要对称！

将中心部分从正中线处划分为笔直的竖线和水平方向的横线。

如果线条不稳或倾斜会影响完成后的造型。

要点2 发片的取法

将手指放在要取发片的线条处！

[横向分取发片]

将梳子的尾部放在要分取发片的起点处，手指放在终点处。

朝着手指方向移动梳子的尾部。

[纵向分取发片]

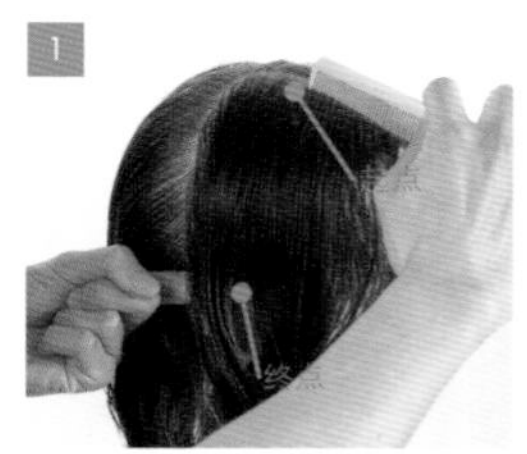

将梳子的头部放在要分取发片的起点处，手指放在终点处。

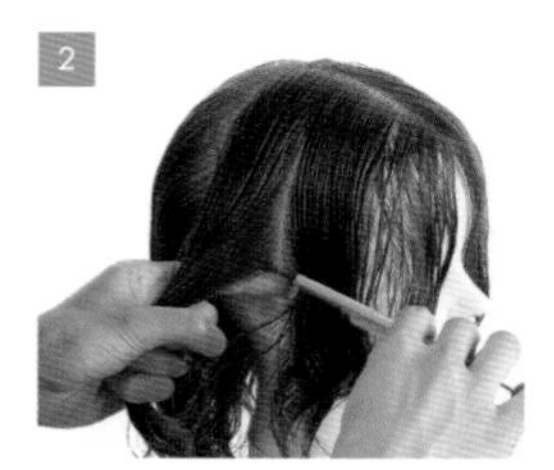

朝着手指方向直线移动梳子。

要点3 梳发

梳子要放平插入！

梳子要贴着头皮插入头发。

立起梳子对头发施加拉力。

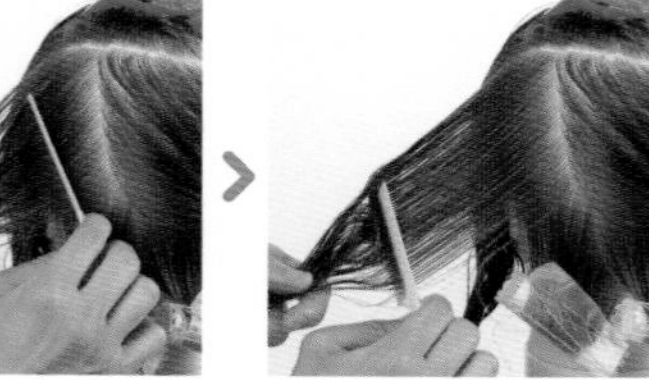

梳到发梢处。

先将梳子平放在发根处，再立起梳子梳发。
从平放的状态立起梳子时要适当拉紧，这样头发会梳得整齐。
梳理完头发的外侧，里侧也要进行梳理使头发整齐。

要点4

卷法

将发片整洁地卷到发杠上！

用梳子的尾部整理，再将发片卷到发杠上，会使头发卷得整洁漂亮。

在发片松动的状态下卷到发杠上，卷完后的样子和做完造型后的效果都不漂亮。

要点5

绑橡皮筋

松紧度要均匀！

[交叉绑法]

想固定得牢固时用此方法，对发梢薄、头发乱飞的情况也有效。

[单圈绑法]

大卷杠等无须施加拉力时用此方法，且不容易出橡皮筋印。

[拉力不均匀]

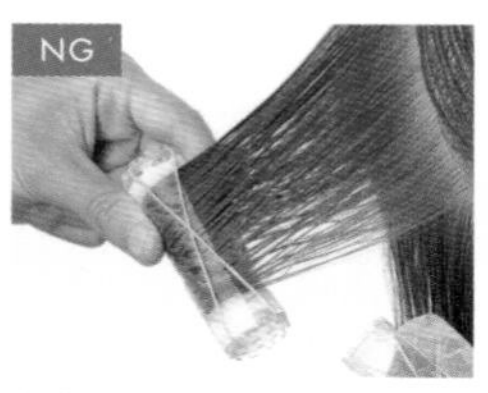

挂成 X 形
只向两端施加拉力。因为不稳定发片容易变歪。

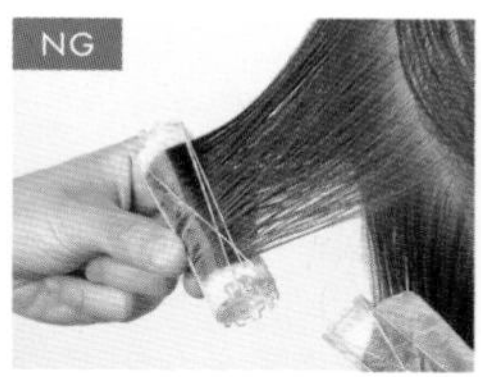

挂皮筋的位置左右不对称
橡皮筋会偏向交叉处对头发施加拉力。

基本卷法与发卷儿的体现

不同发片 3 种基本卷法

首先介绍不同发片的3种基本卷法，要确认不同卷法所形成的发卷儿的特征。

横向分取发片

平卷

横向分取发片后，从发尾卷至发根。

特征

- ◆ 横向展开的蓬松感
- ◆ 发束感
- ◆ 柔和弯曲的动感

竖向分取发片

竖卷

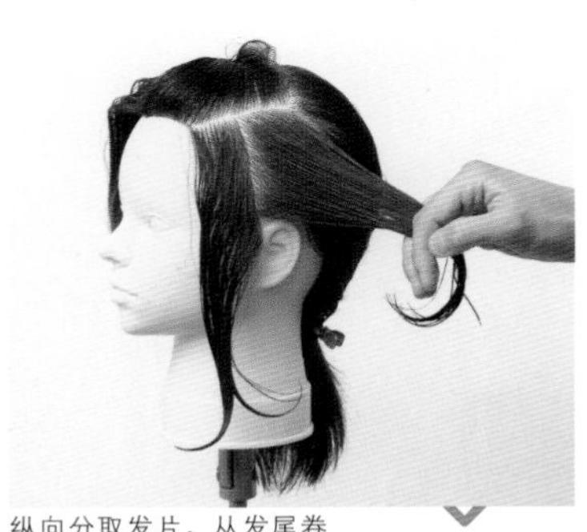

纵向分取发片，从发尾卷至发根。

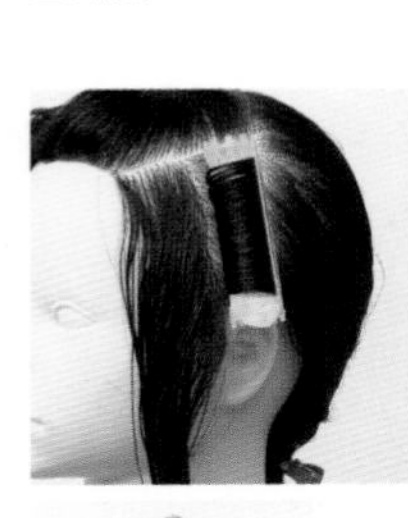

特征

- ◆ 明显地隆起
- ◆ 具有立体的动感

斜向分取发片

斜卷

斜向分取发片，从发尾卷至发根。

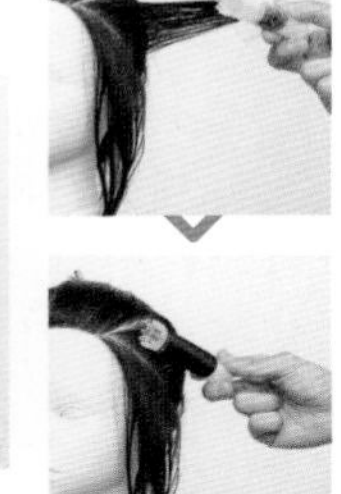

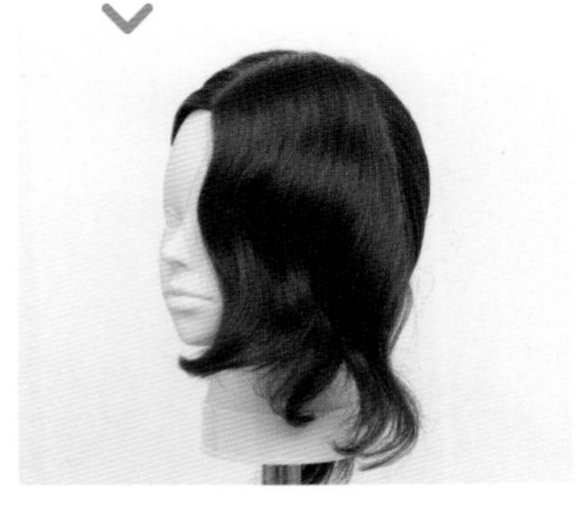

特征

- ◆ 蓬松感、动感、发束感介于横向平卷与纵向平卷之间
- ◆ 因为沿着头部的弧度，所以容易融合

发尾卷和中间卷

发杠的卷法根据想要隆起的位置的不同，分为从发梢开始卷发的发梢卷和从中间开始卷发的中间卷。用一个发片和整体轮廓来确认各个特征吧！

发尾卷

对齐划分线、发杠的直径、卷数，斜向卷起

中间卷

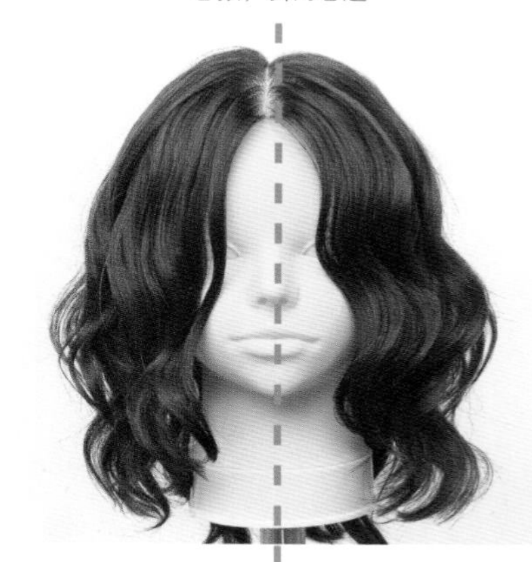

刚开始卷起的发尾出现最明显的隆起的卷法。发中部分比发尾处变得柔和，以发尾为中心出现动感。

刚开始卷起的发中部分出现最明显的隆起的卷法。发中部分比发尾处的隆起要明显，重心略微上移。

什么时候使用？

- **发尾也想打造明显的隆起感时**
- **想略微控制蓬松感时**

什么时候使用？

- **想在发尾打造柔和的质感时**
- **想减少发尾的损伤时**

基本上是从最想做出隆起的部分开始卷起。
做造型时要先考虑好想在哪个位置出现隆起感及蓬松感，然后再区别使用中间卷和发尾卷吧！

[中间卷的卷法]

将发杠放在最想做出隆起的发中部分。

将发杠放在发中部分，将发尾卷到发杠上。

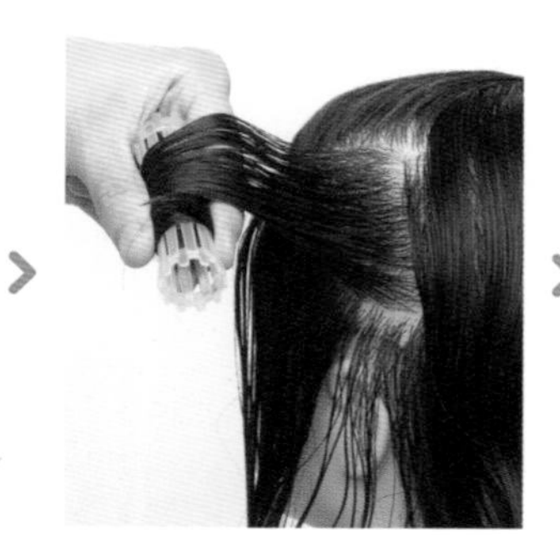

将发尾全部卷到发杠上，卷发时需注意不要拧歪发束。

卷至想开始出现波浪的位置。

固定发杠的位置

与开始卷发的位置一样，固定发杠的位置也是影响轮廓的重要因素。确认打造蓬松感与动感的方法吧。

卷至发根

以中间卷法卷 2 圈，再卷至发根。

从发根开始出现蓬松感使轮廓变大。因为卷至发根，从上边开始出现波浪，所以看起来具有大的动感。

什么时候使用?

- **想要打造大的动感时**
- **想从发根开始打造蓬松感时**

对齐划分线、发杠的直径、发杆，斜向卷起。

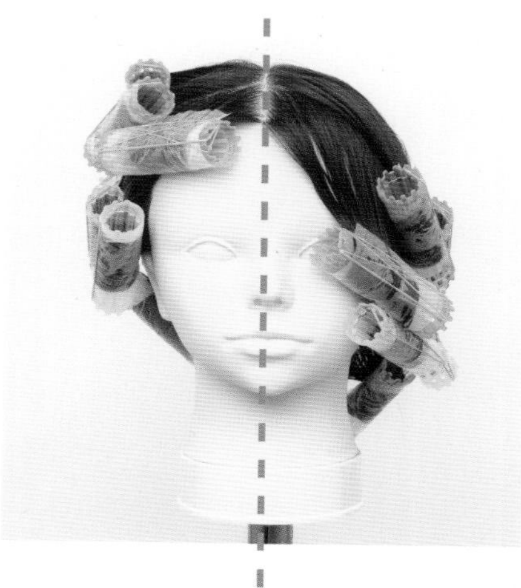

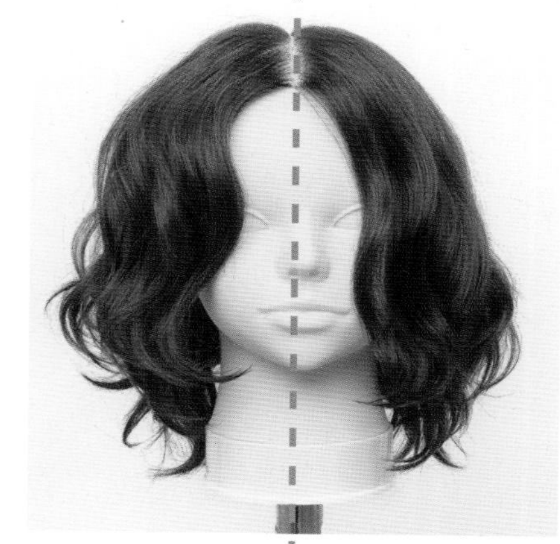

不卷至发根

以中间卷法卷 2 圈。

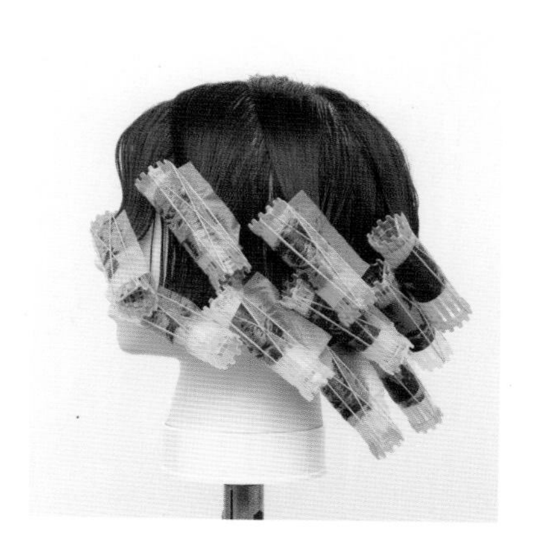

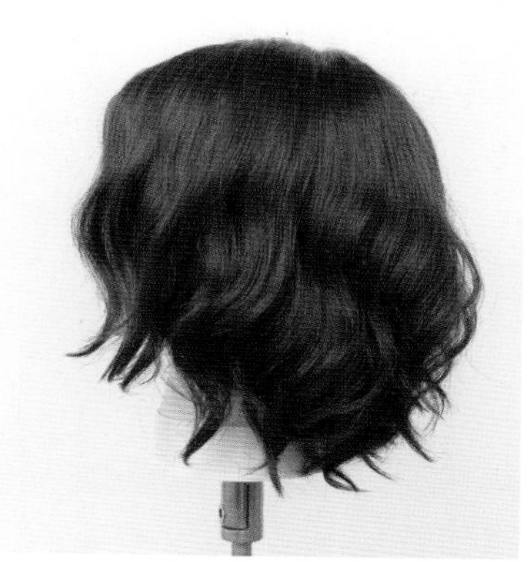

发根不怎么出现蓬松感，最上边的轮廓变紧。虽然能看见刚开始卷发的发中部分的隆起，但与卷到发根时相比较，动感较小。

什么时候使用?

- **想强调发尾的质感时**
- **不想让发根蓬松时**

即使从相同位置开始卷，但根据固定发杠的位置的不同，所出现的蓬松感和动感也有差异。做造型时，要根据开始出现动感的位置及想打造的轮廓来区分固定发杠的位置。

发束的取法

根据以哪个角度提拉发束卷发，发根的蓬松感和发梢的发卷儿都有差异。

向下提拉发束

以相对于头皮低于90° 提拉发束，将发杠固定在划分线的下方。

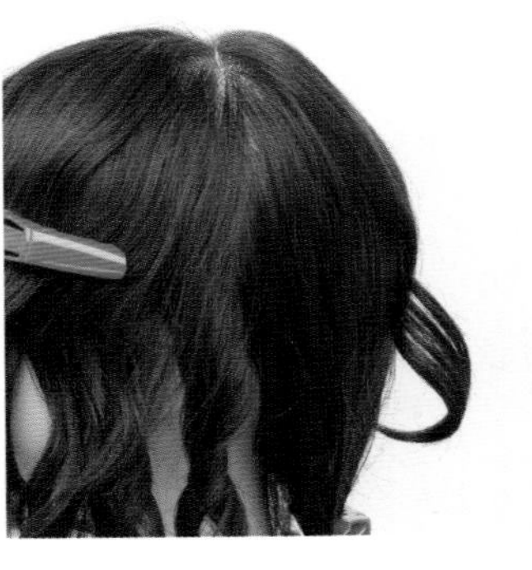

特征

发根 / 不上翘

发尾 / 发束垂落时形成具有发束感的发卷儿

垂直于头皮

与头皮成 100° 提拉发束，将发杠固定在从划分线稍微向下错开的位置。

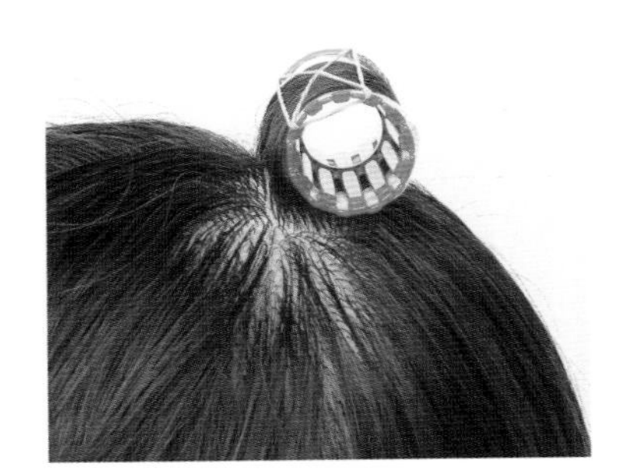

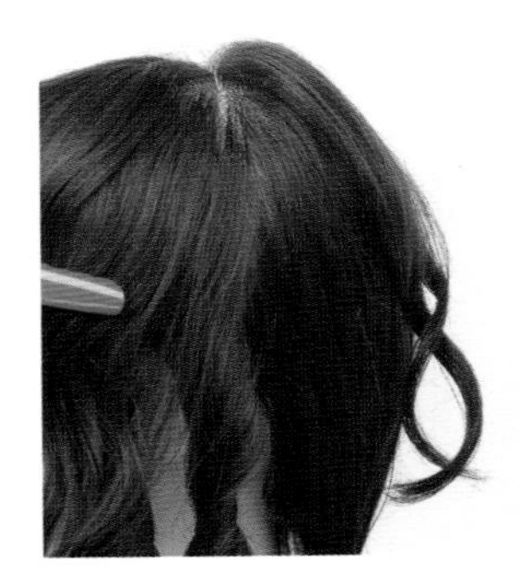

特征

发根 / 略微上翘

发尾 / 头发垂落时，发片的表面与内侧形成不同动感的发卷儿

向上提拉发束

以与头皮成 120° 提拉发束，把发杠卷至从发片处稍微向上错开的位置上。

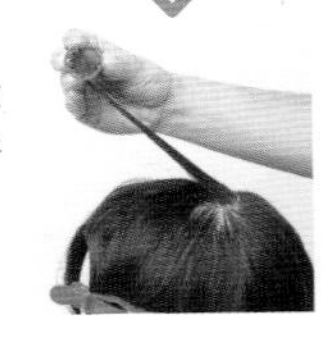

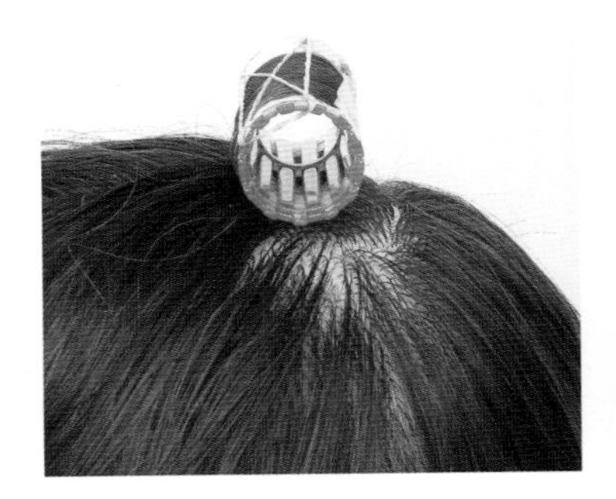

特征

发根 / 带有蓬松感的上翘

发尾 / 头发垂落时，发片的表面与内侧的发卷儿出现偏差

卷到发杠的发束间隔

不论是发梢卷还是中间卷，根据卷到发杠的发束间隔，所形成的发卷儿出现差异。确认发片的卷法和发梢的处理方法吧。

间隔窄

对齐划分线、发杠的直径、开始卷的位置，斜向卷起

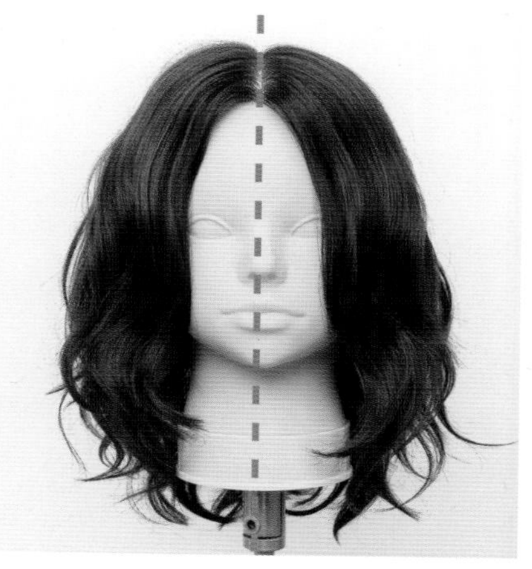

间隔宽

如果间隔窄，从发中到发尾明显地出现隆起，增强发尾的发卷感。

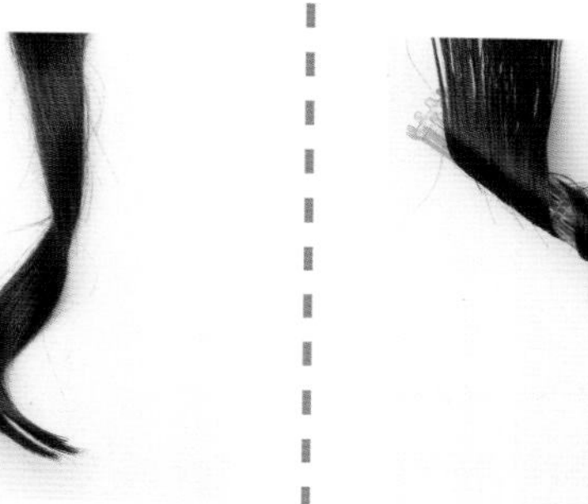

如果间隔宽，从发中到发尾会舒缓地出现隆起，减弱发梢的发卷感。

[中间卷的发梢卷发]

● 留出发梢

留出发梢卷发片的方法。发梢的发卷儿变得舒缓。

● 将发梢放在发杠上

重叠着发束卷至发梢的卷法。发梢也会出现明显的发卷儿。

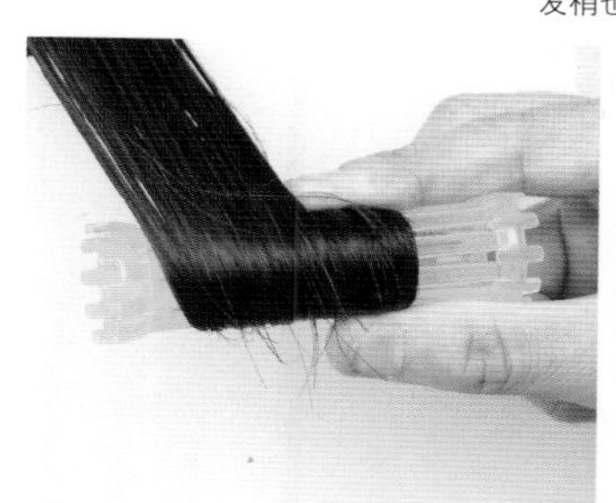

从中间卷时，通过卷到发杠的发束间隔和发梢的卷法来控制发中和发尾的发卷儿，确认从整体看到的差异后，再应用到造型中。

根据发片的厚度所形成的发卷儿的差异

即使卷数相同，但根据卷在发杠的发片厚度，形成不同的发卷儿。
发片厚度与基础修剪也有关，所以要记住卷每一圈时的变化。

统一发片宽度，用21mm的发杠以发梢卷起	发尾厚重的发片	发尾轻薄的发片
发片	基本没有打薄，发尾较厚。 虽然发尾出现微妙差异，但发根到发中的动感小，很难反映在造型上。	从发中到发尾打薄，发尾变薄。 发根、发中、发尾的发卷儿很明显，所以不论哪个部分都容易反映在造型上。
1.5圈	特点为发片重叠时下端形成蓬松感。	发片重叠时发梢明显上翘。
2圈	从发中开始形成弯曲的波浪。	具有容易融合造型的隆起感的波浪。
3圈	比起发尾薄的发片更具有蓬松感的波浪。	明显出现隆起的波浪。

根据不同卷数所形成的发卷儿的差异

以改变卷数来变化发卷儿。确认一个发片在湿、干、重叠时的状态吧。

统一发片宽度，用21mm的发杠以发梢卷法卷起	湿	干	整体
1.5圈			   从造型上看，形成比较舒缓的发卷，但能在发尾做出微妙的差异。容易保持发根到发中部分的光泽。
2圈			   比起卷1.5圈形成的发卷更具有蓬松感，在烫发造型中容易表现的卷数。宜用在追求动感和质感的造型上。
3圈			   中间的动感更清晰可见。宜用在打造蓬松感的造型中。随着卷数的增加，湿与干的形状差异减少。

向后和向前的区别

卷发杠的方向对脸部周围尤为重要。确认向后卷和向前卷的特征与使用方法吧。

向后卷

对齐划分线、发杠的直径，以斜卷卷起

向前卷

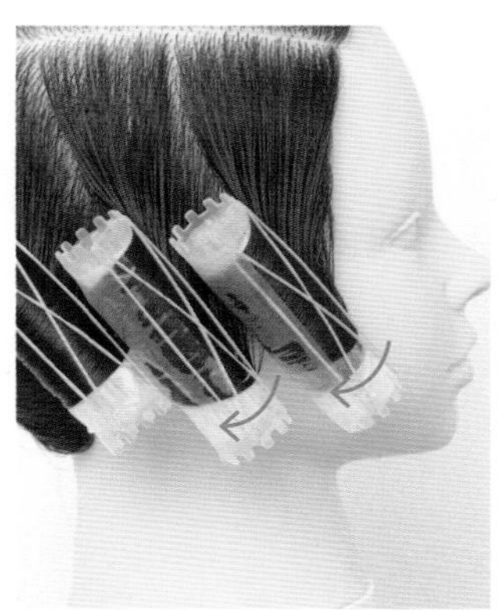

向后卷是朝着后方卷发杠的方法。比起向前卷，脸的轮廓更为清晰。发卷儿整体向外展开，从侧面看，后方产生蓬松感。

向前卷是朝着前方卷的方法。发卷儿集中在内侧，出现在脸部的轮廓里。从正面看，脸部周围的蓬松感明显。从侧面看，比起蓬松感，舒缓的发丝流向更为明显。

特征

- ◆ **发卷儿向外侧展开，在比太阳穴点略微靠后的位置出现蓬松感。**
- ◆ **脸部周围容易出现隆起感或动感。**
- ◆ **容易打造成熟而华丽的印象。**

特征

- ◆ **因为发卷儿进入到脸部的轮廓里，所以看起来表情柔和。**
- ◆ **脸部周围出现厚重的蓬松感。**
- ◆ **容易打造轻柔的印象。**

影响表情和造型氛围的向后卷和向前卷。
请掌握特征以便制作造型时能有效地使用。

药剂的作用方法

在这里要确认药剂如何对造型起作用。
虽然一个发片的差异不大，但从整体上看其差异较为明显地体现出来。

[药卷法与水卷法的区别]

药卷法

药卷法是? 一边用药剂涂抹每个发杠上的发片，一边卷的卷法。

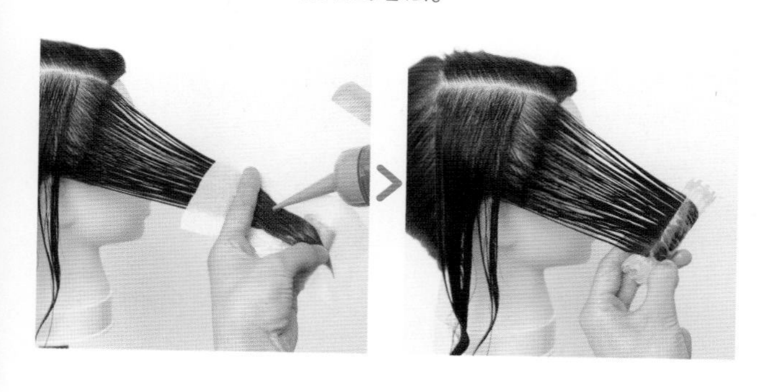

水卷法

水卷法是? 在发片湿的状态下卷完后，再整体涂抹药剂的卷法。

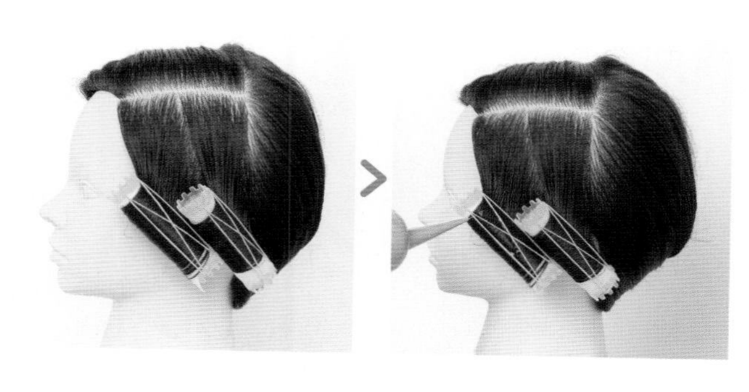

[比较药卷法和水卷法的完成状态]

统一卷数、发杠的直径、开始卷的时间，以发梢卷卷起。
因为统一了开始卷的时间，所以药剂渗透时间长的药卷法所形成的波浪更强烈。

药卷法 | **水卷法**

药卷法

优点

- **因为一边涂抹药剂一边卷起，所以能节省放置时间。**
- **可以控制想做出发卷儿的每个部分的涂抹，容易处理受损的头发。**

缺点

- **如果卷的速度不同，刚开始卷的和最后卷的发卷儿会不一致。**

水卷法

优点

- **因为涂抹药剂的时间相同，渗透均匀。**
- **卷发的速度不会影响完成。**

缺点

- **因为卷完后再涂抹，所以进行时间变长。**
- **降低速度意识。**

放置时间和软化的关系

做烫发造型时，辨别药剂的软化状态是非常重要的。
在这里分别比较不同的受损发质和放置时间下的软化状态。

统一发片宽度，用21mm 的发杠以发梢卷法卷起	普通发质 在染成 10 度颜色的发片上使用半胱胺		略微受损的头发 染成 10 度颜色后，再用 13 度颜色的药剂进行染发。使用半胱胺	
	测试卷	完成	测试卷	完成
放置 5 分钟	波浪较弱，很难用在造型中 软化 OK 水平 ★		常用在造型中，能做出想要的波浪 软化 OK 水平 ★★★★★	
放置 10 分钟	常用在造型中，能做出想要的波浪 软化 OK 水平 ★★★★★		波浪虽然能用在造型中，但手感稍差 软化 OK 水平 ★★★	
放置 15 分钟	波浪虽然能用在造型中，但手感稍差 软化 OK 水平 ★★★★★		波浪太强，手感也差，所以很难用在造型中 软化 OK 水平 ★	

软化 OK 水平是根据所需造型和发质受损的状况而改变

如果过度软化，手感比肉眼看到的还要不同。发片放置 15 分钟后触碰，会感觉比其他要粗涩，从整体造型上看，形成干巴巴的烫发造型。为了打造出想要的波浪，通过积累经验、自己找感觉来辨别软化程度吧。

不同基础修剪的烫发差异

掌握基础修剪的特征吧

根据不同的基础修剪所形成的波浪大不一样。
首先要确认高层次和低层次

低层次

整体以低层次法进行修剪。

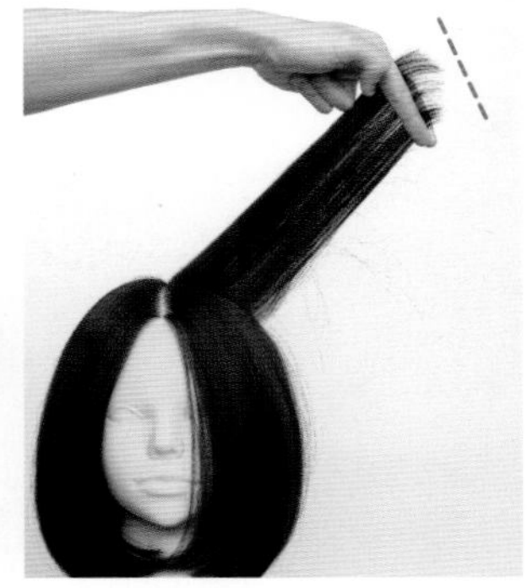

基础修剪的特征

- ◆ **重心位置低。**
- ◆ **脸部周围的厚度明显。**

对烫发的影响

- ◆ **因为头发重叠得厚，所以波浪的重叠很难影响造型。**

高层次

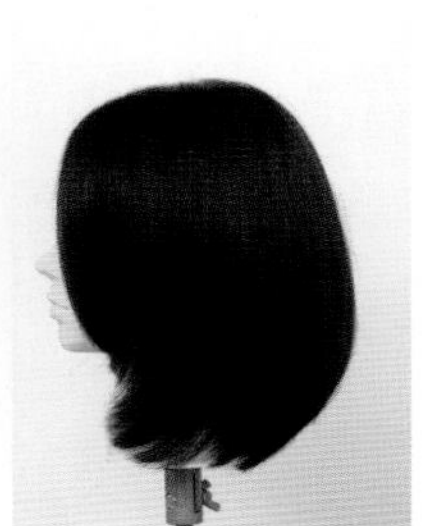

头上方以高层次法、头下方以低层次法进行修剪。

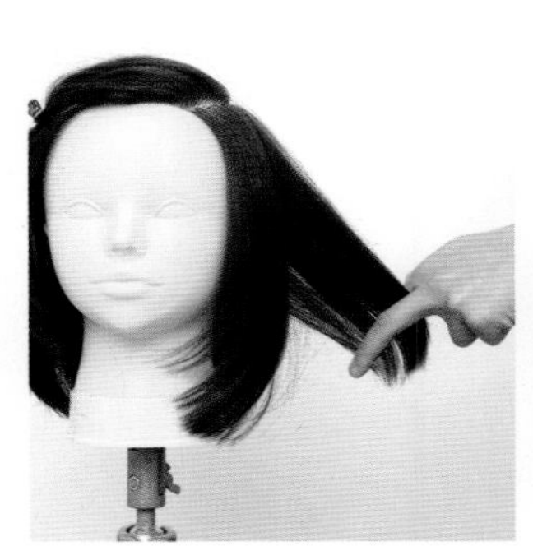

基础修剪的特征

- ◆ **重心位置高。**
- ◆ **脸部周围的层次明显。**

对烫发的影响

- ◆ **因为头发重叠得少，所以波浪的重叠容易影响造型。**

看看高层次和低层次的差异吧

确认在使用相同的卷法下，以高层次法和低层次法修剪所形成的波浪与轮廓的差异吧。

对比波浪吧

两者都以中间卷法卷 2.5 圈。

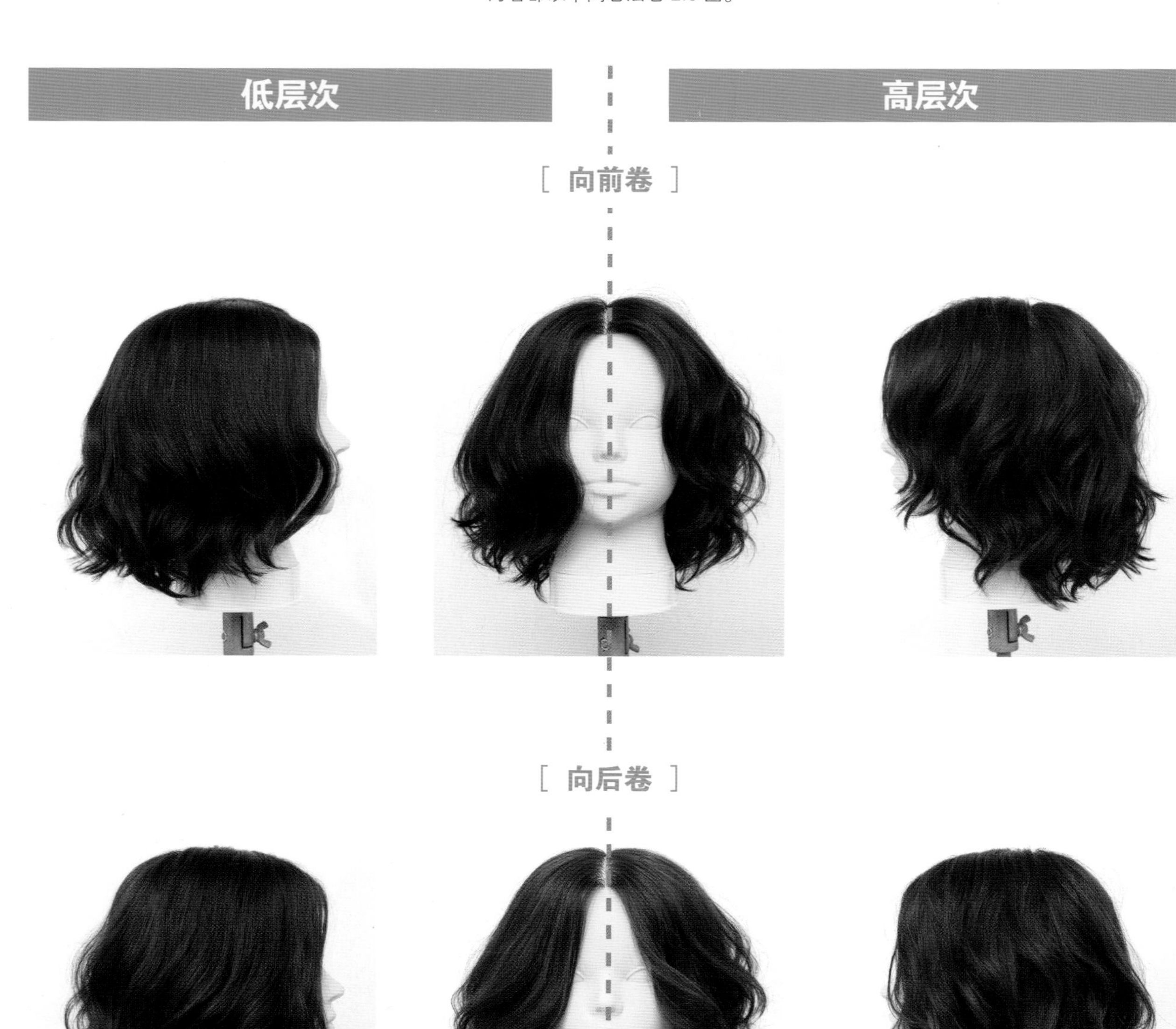

波浪的特征（低层次）

- ◆ 波浪堆积在下端，产生蓬松感。
- ◆ 因为头发重叠得多，所以很难看出每个发片的动感。

波浪的特征（高层次）

- ◆ 比起蓬松感，其动感更为明显。
- ◆ 因为头发重叠得少，所以更强调动感。

看看波浪与基础修剪的关系吧

两者都以中间卷法卷 2.5 圈。

低层次

高层次

[向前卷]

头发重叠得多，波浪没有出现在造型的表面，隐藏在内侧的头发多，所以烫发对轮廓及造型的影响力小。即使改变卷数或发杠的直径，重心位置和轮廓也没有大的改变。

头发重叠得少，波浪容易出现在造型的表面，所以烫发对轮廓及造型的影响力大。只要略微改变卷数或发杠的直径，造型会受到很大的影响。

因重叠的头发多，
所以波浪堆积形成了蓬松感。

因重叠的头发少，
所以每个波浪的动感出现在表面上。

试着用模特来实践吧

介绍了高层次与低层次的特征，在实际的发型中几乎同时会使用到高层次和低层次。注意基础修剪和卷法，现在来看看用真人模特进行操作的实践篇吧。

造型前

基础修剪

到锁骨位置的中长发。头上部区域以高层次法、头下部区域以低层次法进行了修剪。头上部到头下部进行了连接修剪。脸部周围以高层次打造轻盈感。

完成后的印象

- **下端有效地运用了低层次，做出厚重的波浪。**
- **表面做出具有动感和立体感的波浪。**
- **脸部周围的高层次部分做出轻柔的波浪。**

[卷发]

头上部区域
→ 高层次

向前平卷（中间卷）2圈。使用23mm的发杠。如果向下分取发片朝脸部方向提拉向前卷起，能够做出轻柔地遮盖脸部周围的波浪。

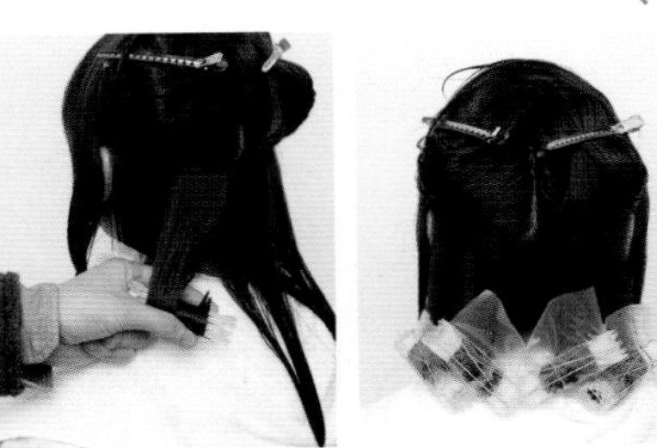

头下部区域
→ 低层次

向前平卷（中间卷）2圈。使用21mm的发杠。如果平卷修剪成低层次的厚重的头发，能够做出具有发束感和蓬松感的波浪。

头中部区域
→ 高层次&低层次

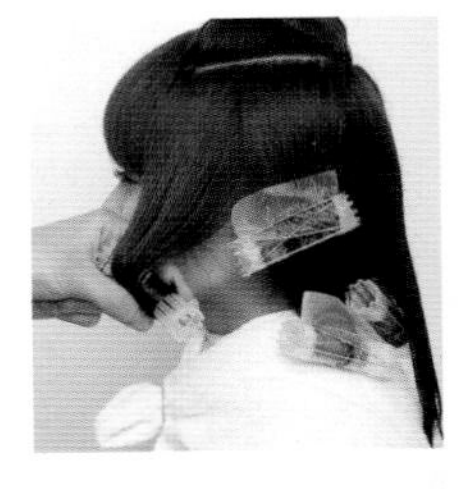

交替向前平卷（中间卷）2圈和向后平卷（中间卷）2.5圈。向前卷发使用21mm的发杠，向后卷发使用23mm的发杠。改变卷数可以变化开始形成波浪的位置，能够使造型具有立体感和动感。

造型后

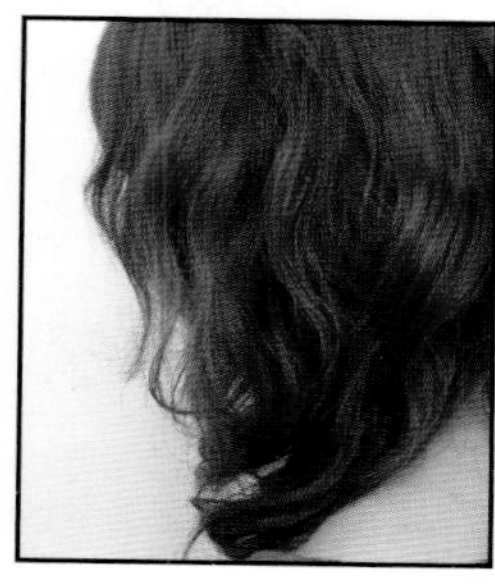

表面

表面为以高层次法修剪的部分。虽然平卷，但动感清晰可见。脸部周围形成了轻柔地遮盖脸部的波浪。

内侧

为头上部和头下部的中间，高层次和低层次的连接部分。因为交替地向前卷 2 圈和向后卷 2.5 圈，所以造型不会过于呆板，而是具有立体感和动感。

下端

下端为以低层次法修剪的部分。用平卷做出厚重的波浪。

在思考烫发时，对修剪的理解是不可缺少的。修剪时要一起思考和理解使用哪种卷法才能做出想要的造型！

头部各区域的作用

做烫发造型的 3 个区域

做烫发造型的基本思路以3个区域为基础。
首先从基本的长发来了解各区域所起的作用吧。

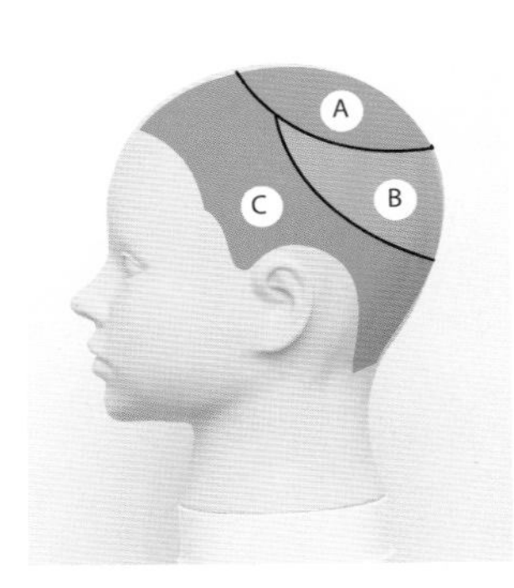

决定造型的印象
Ⓐ 质感区域

顶部因为发卷儿容易出现在造型的表面，是容易影响轮廓和整体造型印象的区域，也是最容易体现烫发质感的区域。

调节造型的蓬松感
Ⓑ 量感区域

因为头盖骨下方到颈窝处的发卷儿很难出现在表面，所以是容易控制造型的蓬松感的区域。调节头发的量也起到补正骨骼的作用。

制作脸部周围的框架
Ⓒ 轮廓区域

从脸部周围到颈背是制作造型的内侧框架的区域。框架的设计影响着脸部周围的印象和表情，所以是非常重要的区域。

用长发造型来确认

基础修剪 头上部以高层次法、头下部以低层次法进行修剪。

卷法

头下部
用21mm（黄色）的发杠向前斜卷（中间卷）2.5圈。

中间
用23mm（橙色）和25mm（粉色）的发杠，交替向前斜卷（中间卷）3圈和向后斜卷（中间卷）3圈。

头上部・脸部周围
用25mm的发杠向前平卷（中间卷）3圈，用27mm（紫色）的发杠向后平卷（中间卷）3圈。

质感区域

表面能感觉到隆起感和波浪感。打造出给人以华丽印象的造型。

量感区域

制作造型的蓬松感的区域。在下颌下方横向展开。

轮廓区域

以脸部周围向后的波浪感，向内侧轮廓展开。

中长发的特征

中长发的基本思路和长发一样。
烫发造型受基础修剪的影响很大，这里先来介绍一款造型。

基础修剪　头上部以高层次法、头下部以低层次法进行修剪。

卷法

头下部　用19mm（绿色）的发杠向前平卷（中间卷）2圈。
中间　用23 mm（橙色）的发杠向前平卷（中间卷）2.5圈。
头上部　用24mm（透明色）的发杠向前斜卷（中间卷）2圈，
用27 mm（紫色）的发杠向后斜卷（中间卷）2.5圈。
脸部周围　用25mm（粉色）的发杠向前斜卷（中间卷）2圈。

质感区域

改变卷数交替着向前和向后的卷法来打造具有立体感的波浪造型。

量感区域

因为是向前卷发的，所以隆起感少，但向前卷的发束感打造出了蓬松感，表面没怎么出现波浪。

轮廓区域

此部分承担着形成脸部周围轮廓的波浪和下端的发梢动感的作用。通过展现发卷儿的发梢处，使造型产生微妙差别。

中间部分的思路

虽然也取决于基础修剪，但各区域的处理思路与长发相同。比起长发，更容易看出发梢的动感，所以要先考虑在哪个区域形成发梢的动感，然后再制作造型。

短发的特征

在短发烫发中，不论卷在哪个区域的发卷儿都出现在表面，所以所有区域都影响着造型，并且可以控制蓬松感。

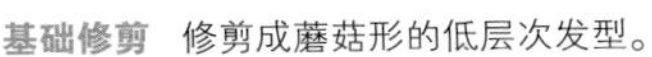

基础修剪 修剪成蘑菇形的低层次发型。

卷法

头下部 用17mm（蓝色）的发杠和19mm（绿色）的发杠逆卷1.5圈。

中间 用21mm（黄色）的发杠和23mm（橙色）的发杠以发梢卷平卷1.75圈。

头上部 用25mm（粉色）的发杠平卷2圈，用24mm（透明）的发杠竖卷1.5圈。交替卷起。

刘海儿·脸部周围 中央用23mm（橙色）的发杠平卷1.25圈，左右用25mm（粉色）的发杠向前斜卷（中间卷）1.5圈。

质感区域

通过从中间到头上部的卷发，打造出发中有隆起且发尾亦有发卷儿的效果。顶部的蓬松感也在这个区域制作。

量感区域

承担侧头部展开的区域。从侧头部到后头部，以从发中平卷的起伏来打造出展开的造型。

轮廓区域

做短发的造型时，因覆盖在脸上的发束较多，所以容易使脸部周围产生微妙变化。承担着塑造脸部周围到侧面轮廓的作用。

短发部分的思路	**短发造型不论是哪个区域都会大大影响造型、蓬松感和轮廓。排列发杠时要考虑到，比起其他长发，各个区域的发卷儿会更直接影响着造型。**

试着用模特进行实践吧

以实际模特为对象，思考各部分的造型。从造型前、后的印象来思考各个部分的卷法吧。

造型前

基础修剪

头上部以高层次法、头下部以低层次法修剪的中长发的基础修剪。脸部周围以高层次打造轻盈感。

完成后的印象

- ◆ **想制作大波浪的烫发造型。**
- ◆ **想打造轻柔的印象。**
- ◆ **虽然波浪舒缓，但想制作明显的隆起。**

[想象各区域的卷法]

质感区域

决定整体印象的顶部的质感区域要卷成带有轻柔的隆起感的波浪。

量感区域

为了制作轻柔的造型，卷发时要结合低层次的基础修剪做出适度的蓬松感。

轮廓区域

脸部周围做成高层次。为了能使每个发卷连起来显得柔和，要卷成竖着重叠的发卷儿。

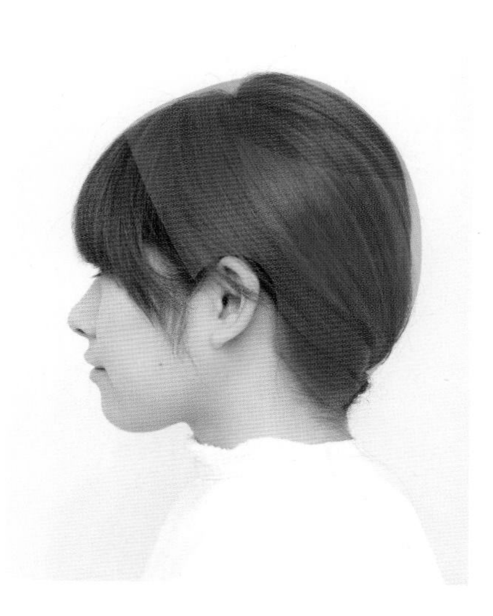

[排杠]

卷法	
头下部	用21mm（黄色）的发杠卷2圈，用23mm（橙色）的发杠向前斜卷（中间卷）2.5圈。
中间	用23mm（橙色）的发杠和25mm（粉色）的发杠，交替向前和向后斜卷（中间卷）2.5圈。
头上部	用27 mm（紫色）的发杠斜卷2圈。
刘海儿·脸部周围	中央用25mm（粉色）的发杠平卷2.5圈，左右向前竖卷（中间卷）2.5圈。脸部周围向后斜卷（中间卷）2.5圈。

造型后

质感区域

整体为柔和的烫发造型。因为表面形成了捆状的隆起感，所以打造出的是不太舒缓的造型。

量感区域

在中间部分交替向前和向后卷发的部分。因为是低层次，所以出现了横向的展开，打造出蓬松感。上部没有多少波浪。

轮廓区域

在脸部周围竖着重叠向前和向后打造出波浪感。在唇线处向外展开、在锁骨处向内展开的波浪。

细微部分的掌握根据造型而改变，如果理解了各个区域在烫发造型中所形成的发卷儿，那么构想烫发造型的能力将会大大提高！

从造型前后来构思烫发

试着做这个烫发造型吧！

目标样本

侧面

后面

[给另外一个模特做样本上的烫发造型]

造型前

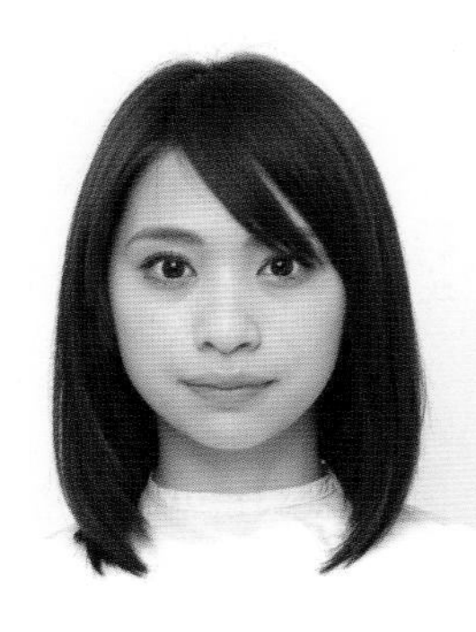

基础修剪

头上部以高层次法、头下部以低层次法进行基础修剪。中间从高层次到低层次以弧形进行连接。脸部周围修剪成明显的高层次发型。

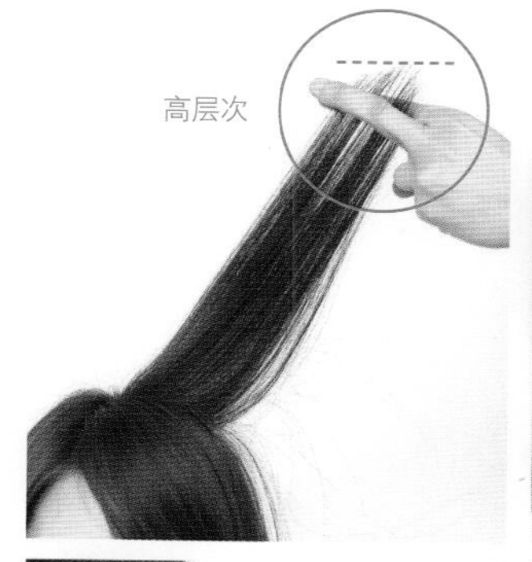

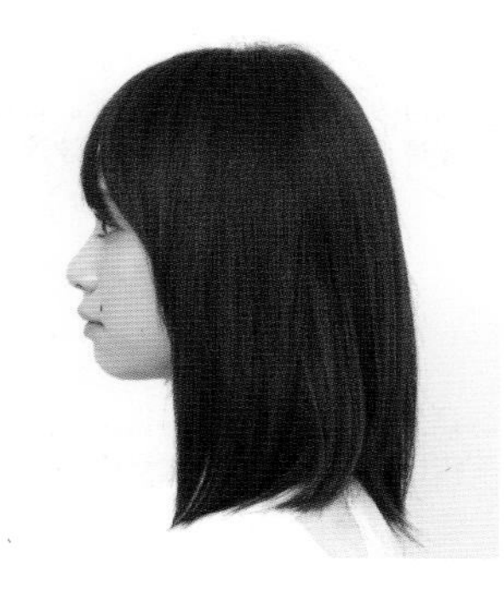

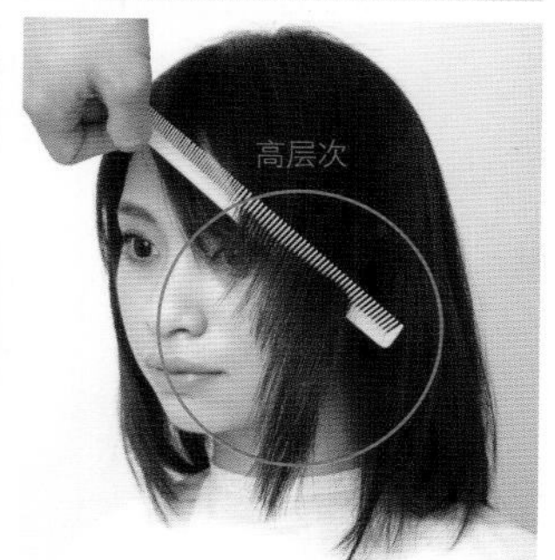

分析样本造型后再考虑卷法

先观察整体造型的特征与印象，再进行分析

看着美发样本的图片做造型时，有必要考虑采用何种技术来完成直观的发型。首先，要用语言来表现出直观的特征和印象。如果一边用语言表达出所观察到的直观的造型，一边进行思考，会看出如何完成造型的技术框架。

想做成"轻柔的"造型时

❶ 把什么做成什么样，才能形成"轻柔"的感觉?

❷ 技术上如何处理，才能形成"轻柔"的感觉?

用具体的语言来思考吧!

[**这次的造型特征**] 具有轻柔质感的随意动感为特征的烫发造型

轻柔的质感是?

表面的发卷儿轻柔地覆盖着。到脸部周围的发卷儿也给人以轻柔的感觉。因为适度的蓬松感和发中的隆起使整体形成了柔和的感觉。

技术上?

★以中间卷法为基本构成的。用发中的柔和的隆起来打造轻柔感和空气感。

★脸部周围向前卷起打造轻柔感。

随意的动感是?

不同方向的发卷儿相撞后，发尾的发卷儿出现随意的动感。因为发中的隆起的位置一点点错开，所以感觉头发不呆板，具有空气感。

技术上?

★混合使用向前和向后的卷法，打造随意的动感。

★卷发时使发卷儿的位置稍微错开，打造随意的动感。

STEP 2 确认基础修剪

比较造型前和目标造型的基础修剪的差异，制定排列发杠的基本方法。

- ☐ **长度** 中长度。
- ☐ **高层次与低层次的做法**
  基础修剪与样本大致相同，但样本造型的脸部周围更像蘑菇似的厚。
- ☐ **打薄的方法**
  刘海儿、脸部周围比样本造型更薄。

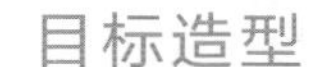

造型前

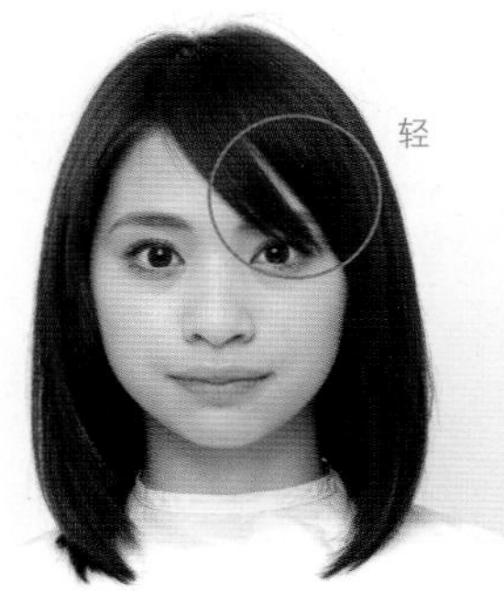

STEP 3 按每个区域考虑发杠的排列

在分析 **STEP1** 和 **STEP2** 的基础上，要从**质感**、**量感**、**轮廓**这 3 个方面来考虑如何排列发杠。先要具体确认样本造型的发卷儿大小及开始的位置，然后再考虑发杠的直径、卷数、方向。

质感区域

影响造型的质感区域的特征为像蘑菇似的包住脸部向前的发卷儿、向头后部流动的具有随意的动感和柔和感的发卷儿。最强烈隆起的部分为发中部分。为了打造具有空气感的动感造型，要考虑以中间卷法为基本卷法。因为顶部的发根也柔和地蓬起，所以发杠需要卷至发根处。

[排列发杠的要点]

- ★**脸部周围要用能包住脸的向前卷法。**
- ★**从头侧部至头后部要混合使用向后卷和向前卷法。**
- ★**要卷至发根处。**

量感区域

影响蓬松感的量感区域的特征为具有从脸部线条朝着唇线方向扩展的蓬松感。为了能使从质感区域的发卷儿开始自然地连接，混合使用向前卷和向后卷的方法，打造蓬松感。脸部周围要做出比向前的逆卷法更具有立体感的发卷儿。

[排列发杠的要点]

- ★**混合使用向后卷和向前卷法。**
- ★**脸部周围要使用向前的逆卷法。**
- ★**也要考虑到质感部分和量感部分的"衔接"。**

轮廓区域

影响造型轮廓的轮廓区域的特征为发梢处的随意的发卷感。这个部分的发梢的动感也承担着整体造型中的发梢的印象。混合使用向前卷和向后卷法，使发梢具有动感，打造出随意的感觉。

[排列发杠的要点]

- ★**以向前卷为基本，略微混合使用向后卷法。**
- ★**用中间卷法制作从发中至发尾为中心的发卷儿。**
- ★**发根附近不制作发卷儿。**

卷发杠吧

头下部区域
（轮廓部分）

头后部以中间卷法向前卷 2 圈。

耳朵上方用中间卷法向后卷2.5圈。只有这部分向后卷，来打造发梢的随意动感。

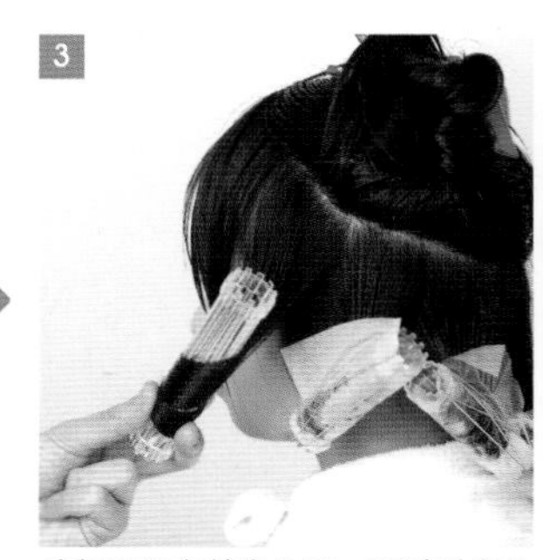

脸部周围向前卷 2 圈，通过逆卷的中间卷法来打造立体的动感。

头中部区域
（量感部分）

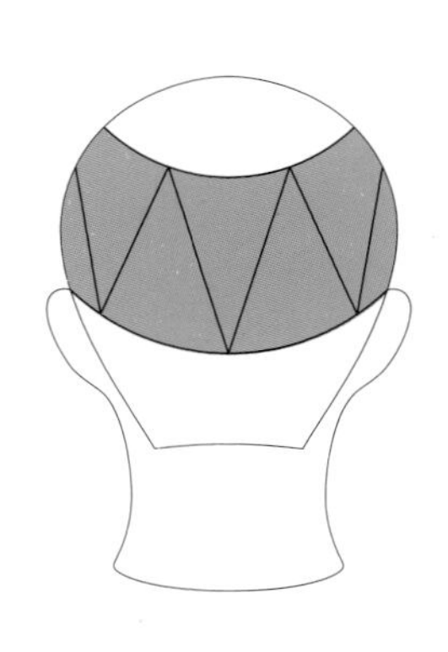

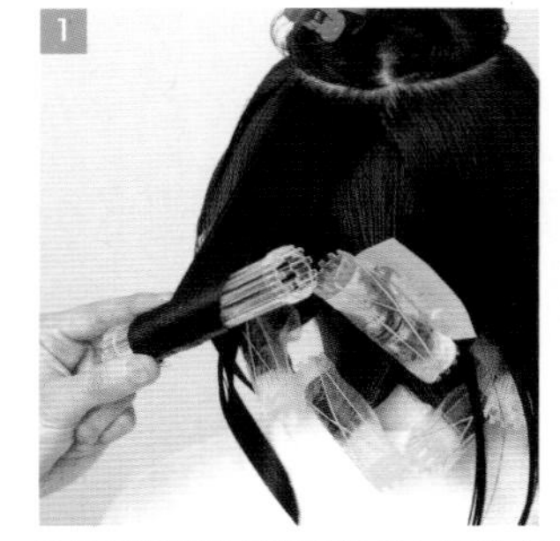

从头后部到头侧部交替用向后卷（透明色）和向前卷法（橙色）卷 2.5 圈。如图所示，以锯齿形分取三角形，会使隆起的位置左右相错，打造更加随意的感觉。脸部周围用逆卷法来打造立体感。

头上部区域
（质感部分·刘海儿）

将刘海儿与希望的流向相反方向斜向提拉，以中间卷法卷 2 圈。刘海儿和脸部周围的发片要同时提拉卷起。

将脸部周围的第二个发片向前提拉，以中间卷法向前卷 2.5 圈。

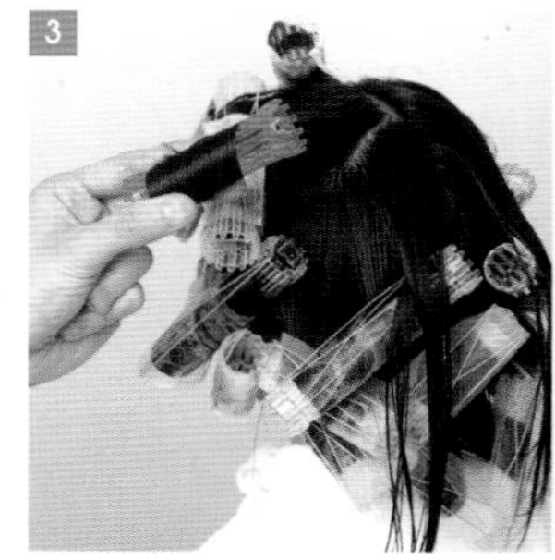

刘海儿以中间卷法向后卷 2.5 圈。

排杠

发杠直径

- 21mm
- 23mm
- 25mm
- 27mm
- 24mm
- 27mm

［ 软化确认 ］

取下发杠轻拉发卷儿，并放在手上观察发卷儿返回的状态。发卷儿的直径为发杠直径的 1.3 倍左右就 OK。右边的相片是发卷儿的直径大约为 2 倍，处于尚未彻底软化的状态。

造型后

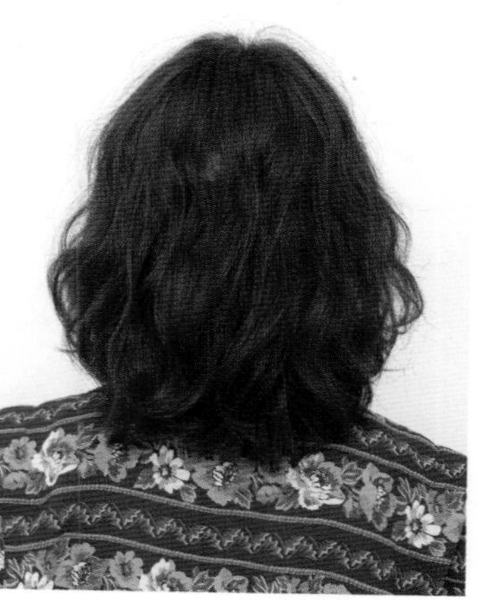

造型的要点

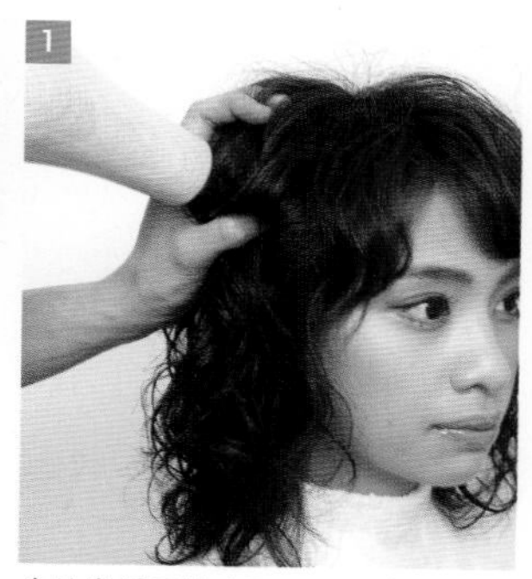

先从发根开始吹风。风只吹向发根，弄干整个头发。

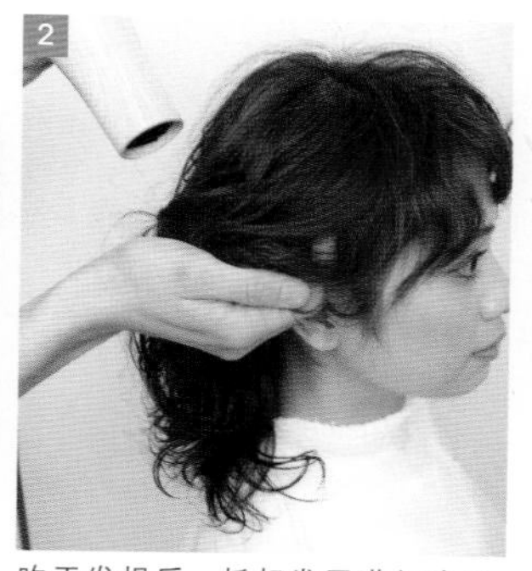

吹干发根后，托起发尾进行吹风。为了使发卷儿看起来生动要轻握着往上托起。

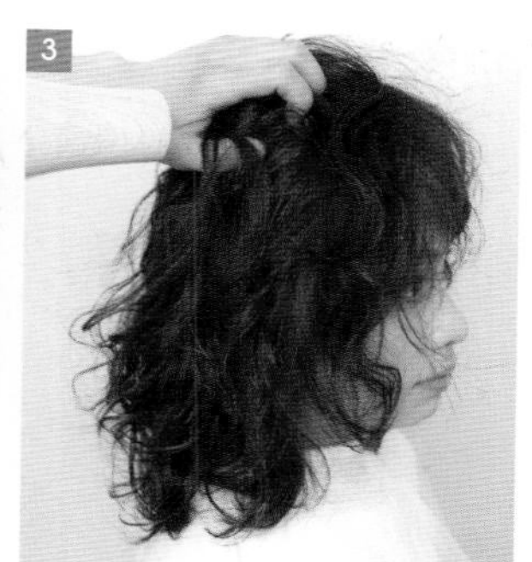

以顶部为中心，托起表面的头发一边往内侧送风一边吹干，打造空气感。吹干后抹上摩丝就完成了。

一边想象着造型一边思考技术，烫发就会变得更愉快。
今后要养成这种习惯，专心研究课程吧！

离子烫

/ARIMINO 股份有限公司　下田康平

学习了头发内部的情况，下面一起看看离子烫的基本步骤吧！

①切断头发内部的链键

头发内部的结构

3 个链键为烫发的要点

二硫键
氢键
离子键

离子烫的要点为
● 二硫键
● 离子键
● 氢键
这 3 个头发内部的链键

在头发内部，头发上纵向排列着很多多肽（主链）[※1]。并且所相邻的多肽由“二硫键”“离子键”“氢键”等侧链横向结合。

1 剂的涂抹

切断头发的链键

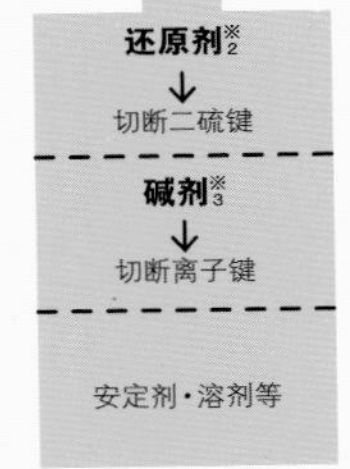

氢键被水淋湿会被切断。

软化

处于被切断链键的脆弱的状态

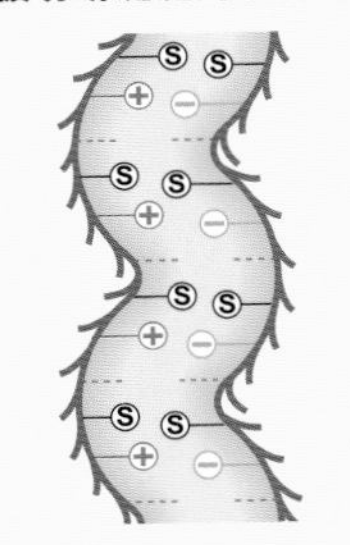

由于 1 剂成分处于头发内部的链键被切断的状态。因为维持头发原来形状的链键被切断，所以处于容易形成新形状的状态。

中间洗发

去掉 1 剂，防止过于软化

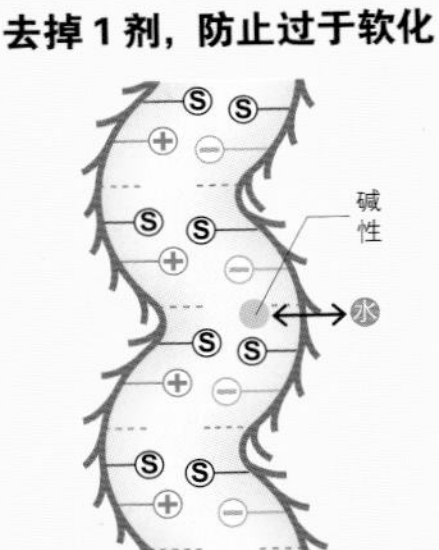

要去掉渗透到头发内部的 1 剂，以免头发被过度软化。

②以直发的状态再结合，固定形状

吹干

为了熨烫处理要调节水分

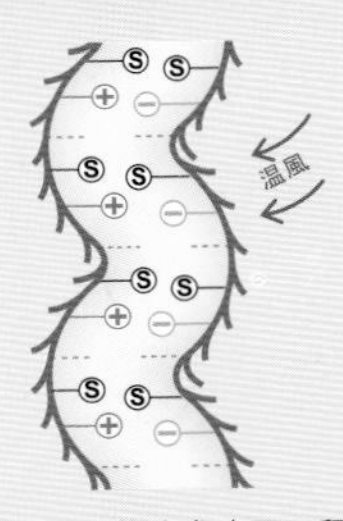

为了熨烫处理，将头发吹干至留有适当的水分为止。以吹至八至九成干为基准。因为从 50 ~ 60℃的热量开始头发内部进行重组，所以用吹风机的热量一点点进行重组。

熨烫

通过熨烫再次结合

通过用直发器加温来连接头发内部的链键使头发变直。

※ 此时头发发生“蛋白质变性”反应。

2 剂的涂抹

重组后，提高直发的持久性

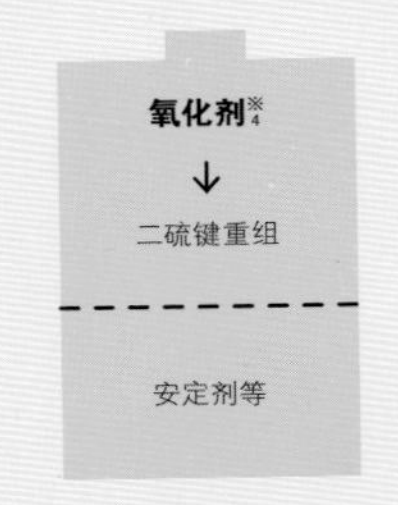

在进行吹风和熨烫时八成的二硫键已经重组，但是为了提高直发的持久性以及通过牢固的重组来减少头发的受损，需要涂抹 2 剂。

完成！

通过熨烫和 2 剂来固定 3 个链键完成直发。

Q 离子烫和烫发药剂有区别吗？

A 离子烫的 1 剂还原剂量更多

虽然结构相同，但用在离子烫的要使带有自然卷儿的头发充分软化后拉直，所以比通常的波浪形烫发所调配的还原剂更多。要认识到这是强性药剂，需要注意头发的损伤！

Q 离子烫和烫发的结构有区别吗？

A 基本相同

烫发的结构为：①切断头发内部的链键；②以波浪的状态重组固定。区别在于想做的形状是直的还是波浪形的。

※ 1. 多肽（主链）：构成头发的主要成分的、构成角蛋白的物质。
※ 2. 还原剂：物质失去氧气或与氢气结合的化学反应叫作还原。1 剂具有对头发提供氢气的作用，因为氢与胱氨酸发生反应（发生还原），所以 1 剂起还原剂的作用。通过胱氨酸与氢的反应来切断二硫键。
※ 3. 碱剂：提高酸性 / 碱性程度的“pH（pH 值）”。头发处在 pH4.5 ~ 5.5 的弱酸性时状态最为稳定，如果 pH 提高变成碱性，会失去 pH 的平衡，使离子键被切断。并且碱性变强角质层会容易开，所以具有容易使烫发剂渗透的作用。
※ 4. 氧化剂：物质与氧气结合或失去氢气的化学反应叫作氧化。2 剂具有对头发提供氧的作用，因为氧与胱氨酸发生反应（发生氧化），所以 2 剂起氧化剂的作用。通过胱氨酸与氧的反应来重组被切断的二硫键。

离子烫　要点解说

/DaB　明石真和

诊断头发

首先要诊断头发。在这里所听到的客人的话以及对发质损伤程度的判断和对进行内容的决定会影响到完成后的效果和之后的发质的损伤，所以是非常重要的过程。

询问客人的烦恼和希望

不满意哪个位置?
发梢……。

首先询问客人的烦恼及想做成的样子。然后确认发质和受损程度，为了解决客人的烦恼、满足客人的要求，**要判断将要进行的方法。**

看整个头发后，要检查哪个部分自然卷儿严重

先检查表面的头发后，围绕着表面的头发也要确认内侧的头发。根据部位的不同，受损的头发和自然卷儿的强度是不一样的。**只确认表面的头发称不上是判断自然卷儿的正确的头发诊断。**

用手认真地摸头发，用手感来检查受损的头发

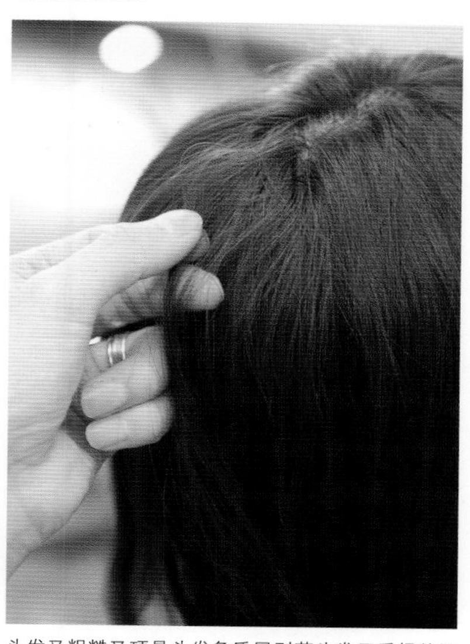

头发又粗糙又硬是头发角质层剥落头发已受损的证据。这个操作也要分为头发的表面和内侧来检查。**要确认新生发到哪个位置、从哪个位置开始是做过离子烫的部分！**

先询问客人过去做过什么，再确认客人头发的状态

什么时候染发的?

一边问一边摸头发来确认客人过去的经历。

需询问的事项

- 上次是什么时候做的离子烫?
- 有过烫发的经历吗?
- 有过染发的经历吗?
- 有没有没弄好的时候?

特别是对新顾客，**光靠看和摸头发是无法判断的！**

通过对头发的诊断来检查客人的发质及受损程度，并且判断出能够解决客人的烦恼、满足要求的方法。在这里如果出错，会给客人的头发带来极大的损伤，所以是非常重要的过程！

涂抹1剂 补染的时候

在离子烫中客人要求最多的是对新生发的补染。
补染时涂抹1剂需注意哪些地方?

补染步骤的确认

(1)发片的厚度为1cm

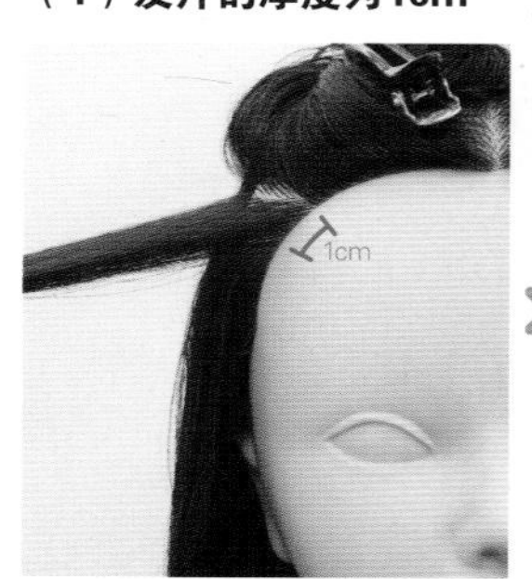

发片的厚度为1cm左右。如果太厚,药剂会沫不到整个发片,所以要以这个厚度为标准。

(2)要留出发根,再涂抹药剂

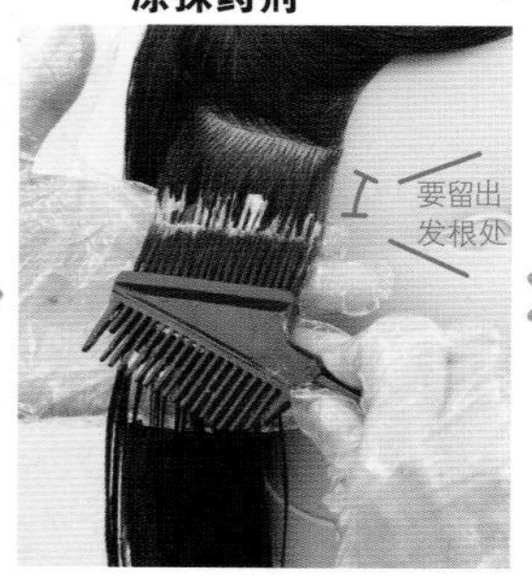

发根处要留出2cm,再用刷子涂抹药剂。有时无意中会把刷子放到发根处,所以要注意。

(3)梳到做过离子烫的分界处

梳到做过离子烫的分界处,均匀涂抹药剂,注意不要重叠涂抹!

(4)梳发根附近

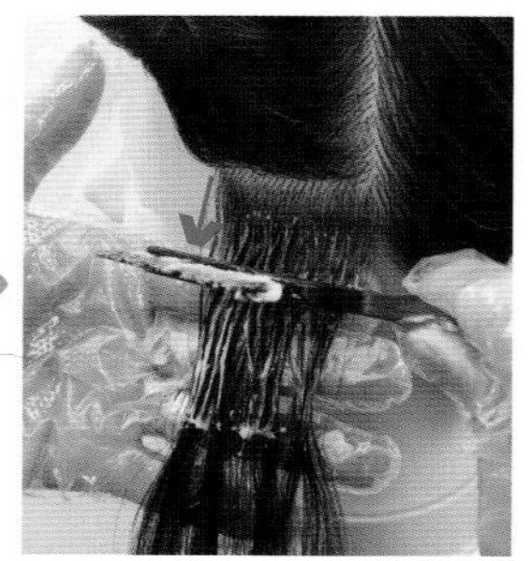

距发根处1cm的位置开始梳发后,用刷子涂抹均匀。不要重新涂抹药剂。

补染时需注意的两个要点

以前做过离子烫的部分不能重叠涂抹

只涂抹新生发。

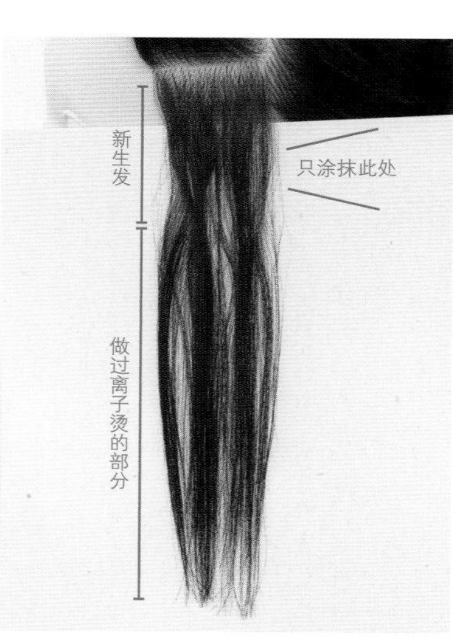

要认真辨别新生发和做过离子烫的部分,**不要重叠涂抹药剂。如果把刷子放平的状态下一直涂抹到做过离子烫的部分,会导致重叠涂抹的可能性。**

为什么不能重叠涂抹?

重叠涂抹会损伤头发

损伤头发会影响下次的染烫

重叠涂抹会损伤做过离子烫的部分的头发,颜色会变得暗淡,不容易上卷儿,也是断发的原因。重叠涂抹虽能做成直发,但是最大问题是会影响到下次的染烫。

不要用刷子涂抹发根

请对比左右的区别。

想做成自然质感的直发时,发根不要用刷子涂抹。**用刷子用力涂抹发根,会使发根变得笔直,如相片左侧所示,变得瘪塌,形成不自然的造型。**并且做过离子烫部分的头发一旦变长,会与新生的自然的头发形成反差,形成不自然的造型。

涂抹技巧

将发片放在食指和中指上涂抹

充分涂抹虽然重要，但如果大量涂抹药剂，尤其是沾在无名指和小指的药剂会无意中碰到做过离子烫的部分。如图片所示，将发片放在两个手指上，无名指和小指就不会沾上药剂，也减少药剂触碰到做过离子烫部分的可能性。

NG

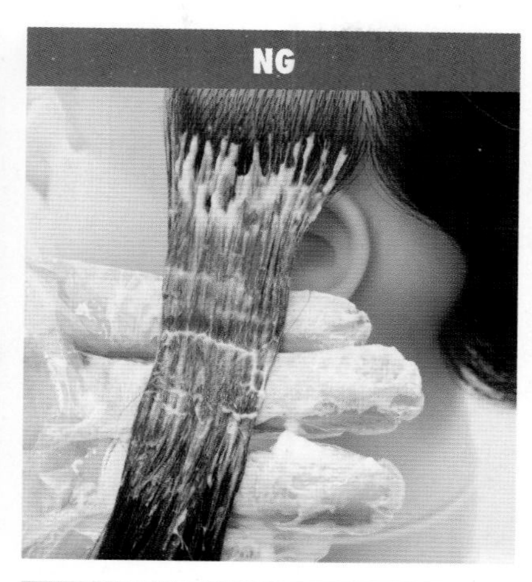

如果在手指沾满药剂的状态下触碰到做过离子烫的部分，会使那个部分沾上药剂。

涂抹药剂时需要注意的事项

离子烫中涂抹 1 剂时，速度是生命！

在与客人聊得兴致勃勃时药剂也在浸透着。涂抹 1 剂时要时常注意时间！时间越长越会进行软化，过于进行软化会损伤头发。涂抹时要迅速涂抹，防止过于软化。要尽量做到最开始涂抹的部分和最后涂抹的部分没有差别。即使是 1 分钟时间，软化也在不断进行着。

容易出现的情况

A 涂抹过程中与客人聊得兴致勃勃

B 在同一位置小心地反复涂抹

解说

（A）在与客人聊得兴致勃勃时软化也在进行。在离子烫涂抹 1 剂时，每一分每一秒的差异会带来很大影响！

（B）小心地涂抹固然重要，但反复涂抹既费时间又会使药剂的量不均匀。为了能够迅速涂抹一个发片，需要反复练习！

检查软化 检查头发的软化程度，即检查头发的链键被切断程度的步骤。
如果软化不充分，完成后也不会漂亮。因此需要对软化作出确切的判断！

判断软化时需要注意的事项

在头的哪个位置检查软化为好？
分别以自然卷儿的强度及涂抹顺序，在几处进行检查

以什么顺序检查为好？
以涂抹顺序检查

花费时间检查软化更好吗？
不费时间迅速检查更好

判断软化的方法

判断软化的方法有好几种，在这里介绍用梳子的尾部卷起头发检查的方法。

按涂抹的顺序，在几处重复检查此步骤。这时也要注意不要太费时间。

在需要检查的头发处取3～5根头发。在自然卷儿严重的地方、不严重的地方、最开始涂抹的地方、最后涂抹的地方等，至少要检查2处以上。

将头发弄成圆形检查弹力。越是软化越会失去弹力。为了能够和这时的弹力相比较，如果事先检查涂抹前的弹力会更容易作出判断。

将头发紧紧卷在梳子的尾部。

通过在松手状态下的头发的返回情况来检查软化的程度。在这里如果费时间是错误的。检查期间也在进行着软化。要做到数秒间迅速检查完。

检查头发的软化度

要记住将头发卷到梳子的尾部后的返回情况

软化度 20%

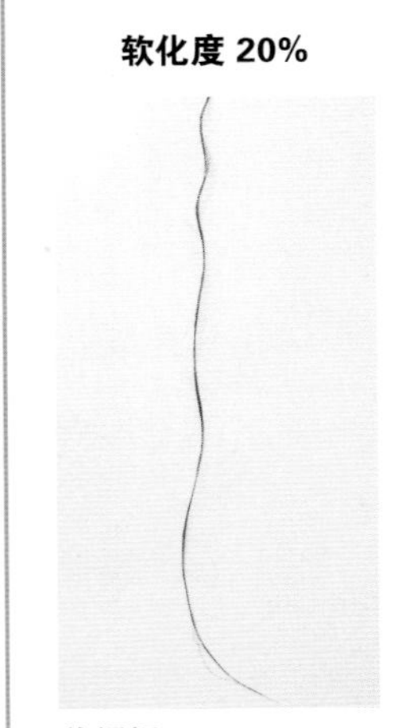

差得远
再放置一会儿。

软化度 40%

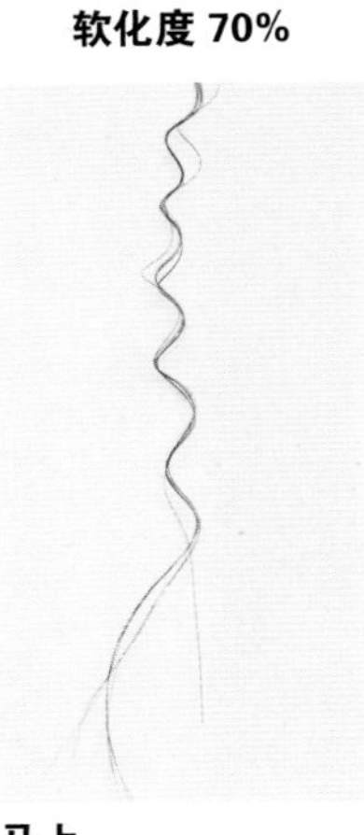

稍微再
这样还不能拉直自然卷儿。如果想通过熨烫来拉直是错误的。

软化度 70%

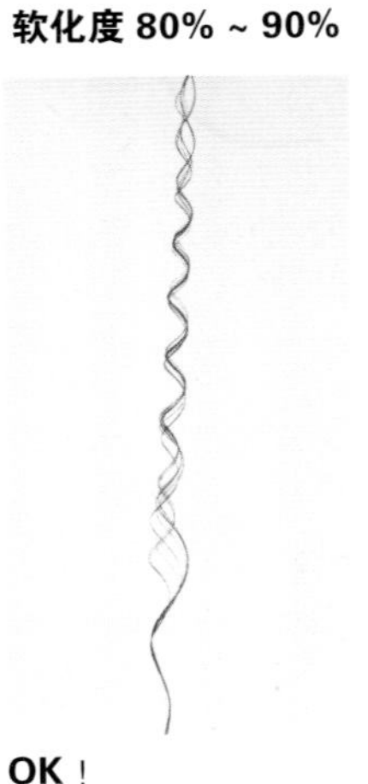

马上
不要错过OK要点。

软化度 80%～90%

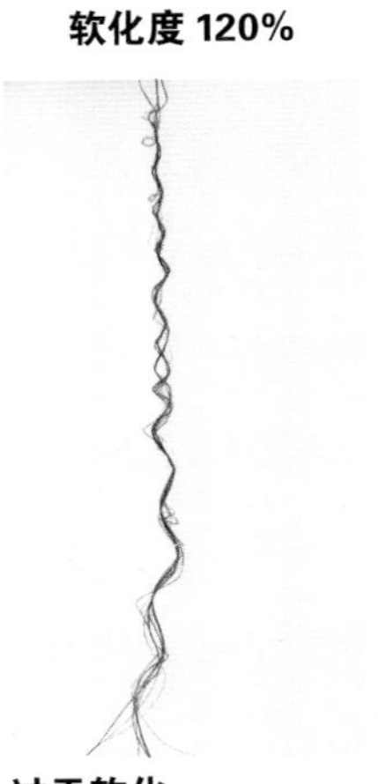

OK！
在此状态下熨烫会变得笔直。

软化度 120%

过于软化
在此状态下进行熨烫会出现断发。

中间洗发

涂抹 1 剂后要进行中间洗发。要认识到头发因链键被切断处于脆弱的状态，因此要掌握冲洗的要点。

检查中间洗发

放下头部时不要弄折颈背的头发

把手搭在脖颈根部，放下头部时不要弄折颈背的头发。放下头部之前，如果放热水器里的温水，会很顺利地进行下一个步骤。

NG 颈背的头发被弄折

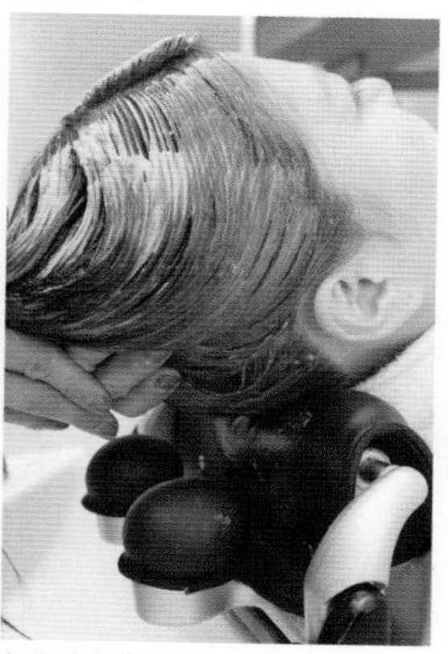

如果头的位置低，颈背的头发会搭在台上弄折头发。让客人坐在稍高的位置，以免对颈背施加压力。

从颈背开始仔细冲洗

让头搭在手上，要迅速地从颈背开始冲洗。颈背容易洗不净，所以要好好冲洗。**如果洗不净，那个部分会残留药水，会损伤头发。**

小心地冲洗到顶部

冲洗完颈背后，要小心地冲洗至顶部。**虽然要充分地冲洗，但如果用力冲洗会损伤脆弱的头发，所以要小心冲洗。**

吹风

为了使头发成为更容易熨烫的状态而进行的吹风。吹到头发留有适量的水分为止。不要忘了从这时开始一点点进行着链键的重组。

检查吹风

从内侧的发根开始小心地吹风

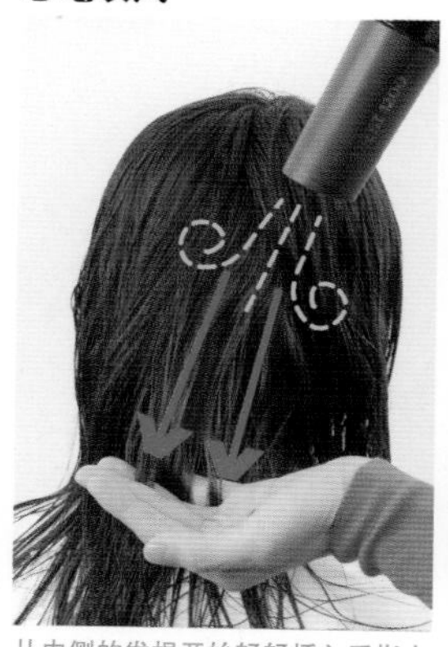

从内侧的发根开始轻轻插入手指小心地吹干。要注意如果施加拉力会对没有结合的头发产生负担。

吹发中部分

吹头发的发中部分时要把头发放在手上，一边向上抬高一边进行吹风。如果粗暴地抖落头发，会损伤头发，所以这时也要小心而轻柔地弄干。

吹头发的表面

将手轻柔地插进头发的表面进行吹风。吹干至剩下 1 ~ 2 成水分。

吹风的标准

× 五成

半干的状态。如果在此状态下吹风，热导率变得过高会发生蛋白质变性。

◎八成

吹干前的、略微剩点水分的状态。用直发器的热量能够定形的最合适的水分。

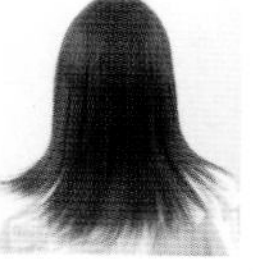

× 十成

过于吹干的状态。此状态已经变得干枯，如果再加上直发器的热量会变得更加干枯。

熨烫

在离子烫里熨烫是最关键的步骤。在此过程中重组被切断的链键，固定成直发。这里介绍的是想做出直发造型时的熨烫要点。

检查熨烫

划分发线

划分发线时不施加拉力

用发夹固定头发时要轻柔地固定，以免对头发施加拉力。如果对头发施加压力，因为处于链键还没固定的状态，所以会损伤头发。

对头发施加拉力大致固定是错误的。

不要重复分取发片

如果不明确划分侧中线和正中线附近的头发，会无法辨别是熨烫过的头发还是尚未熨烫的头发。为了不重复分取发片，明确划出分发线是很重要的。

发片的提拉方法

基本上垂直于头皮

为了做出自然的直发，基本上发片要垂直于头皮进行提拉。顶部要以略低于垂直头皮的角度提拉，会使造型变得更自然。

提拉到过高的位置，头发上留下了痕迹。

过于向下施加拉力，弄成塌瘪的造型。

梳子的使用方法

要使用梳子，以免短发飞起来

从头发的内侧放入梳子。

用左手的拇指和食指夹住梳子，用食指和中指夹住头发。

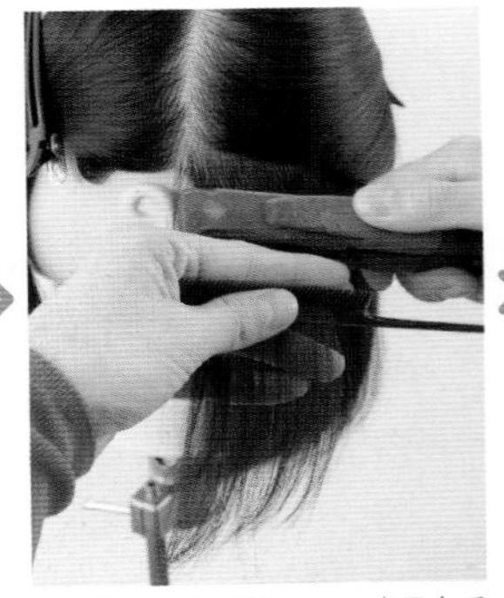

一边用左手滑动梳子，一边用右手滑动直发器。

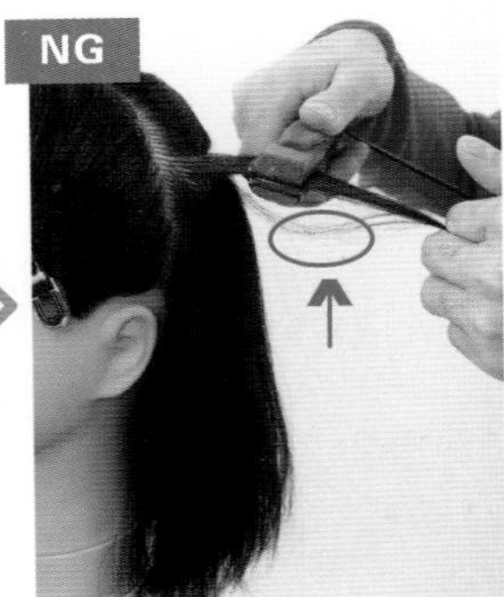

如果不用梳子短发会飞起来，头发会从直发器脱落或变得松动垂落下来。

离子烫

使用直发器的基本

■ 基本上滑动一次　■ 要迅速滑动已完成的直发部分　■ 像吹风定型似的，以弧形滑动直发器

顶部

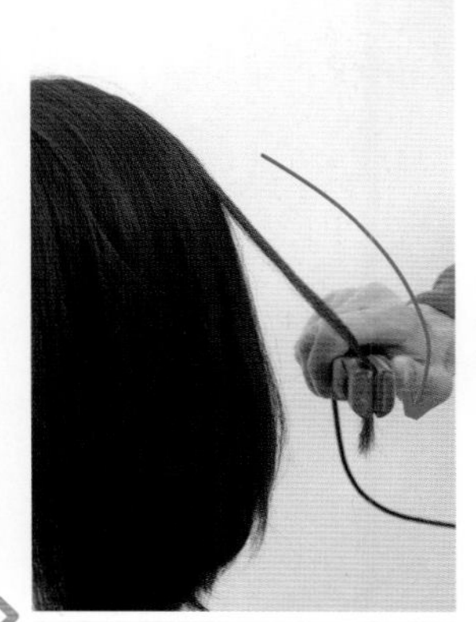

颈背

将发片垂直于头皮提拉，从发根处留出 1cm 放入直发器（160 ~ 170°）。

像吹风定型似的，将发片以弧形与梳子一起滑动。到了已做过离子烫的部分要迅速滑动。

发梢处要略微向里形成弧形进行滑动。

只在补染部分滑动直发器时

熨烫补染部分时要从新生发与已做过离子烫部分的边界线拿开直发器，已做过离子烫的部分不要增加直发器的热量。

NG

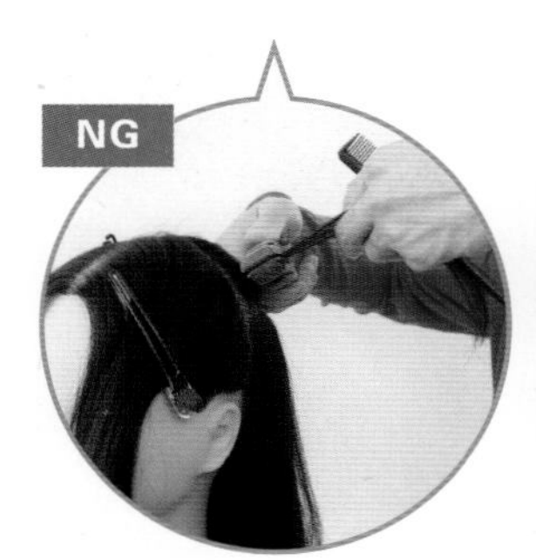

发根处如果以大角度放入直发器，发根会飘起来变得不自然。

NG

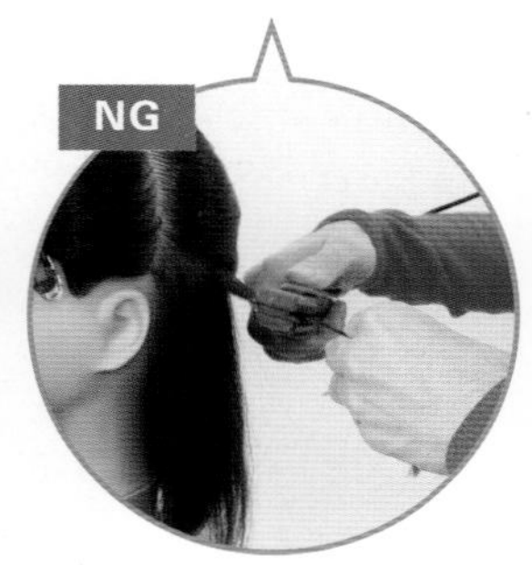

这时不要用直发器对头发施加拉力。没有必要用力压或施加拉力。

NG

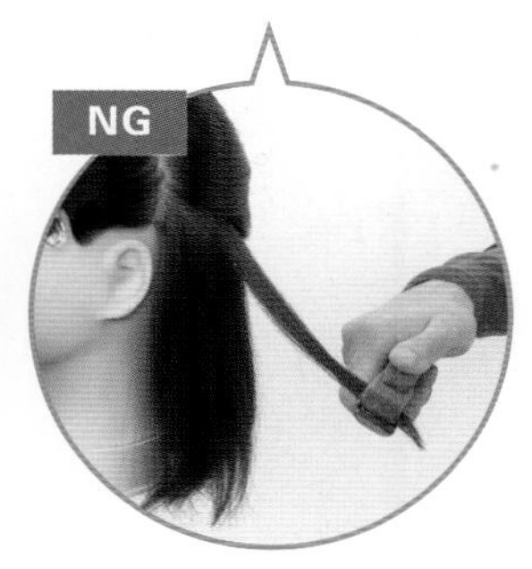

为了做成直发，以直线滑动到发梢，会变得不自然。

首先要记住熨烫要谨慎。一开始就一味地追求速度，会容易变得杂乱。杂乱的熨烫是很危险的。请掌握尽量不损伤头发的熨烫方法！

刘海儿的离子烫

虽然担心自然卷儿，但并不想全都做离子烫……对于这样的客人可以推荐给局部离子烫。这次介绍客人要求最多的刘海儿离子烫的技巧。

涂抹1剂　涂抹发片的两面，以免涂不到头发的内侧部分。

造型前

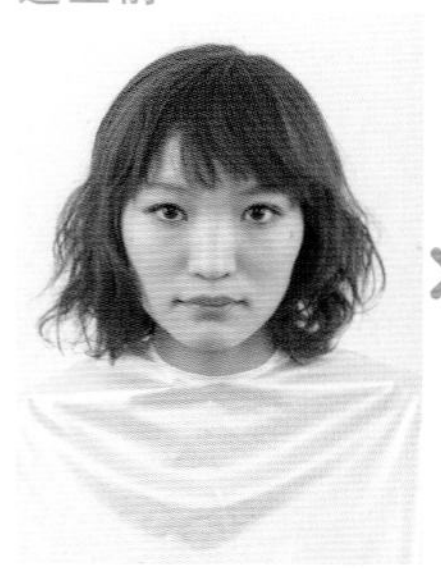

自然卷儿偏向一侧，发梢翘起。只对有自然卷儿的刘海儿进行离子烫。

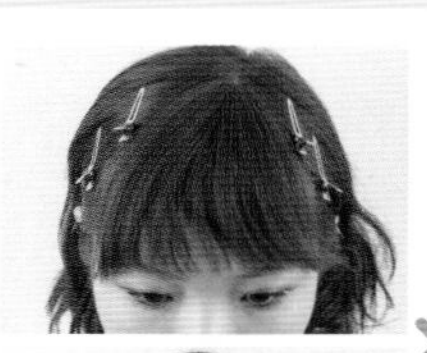

在将要涂抹药剂的刘海部分分取三角区域，划分成4条发线进行涂抹。

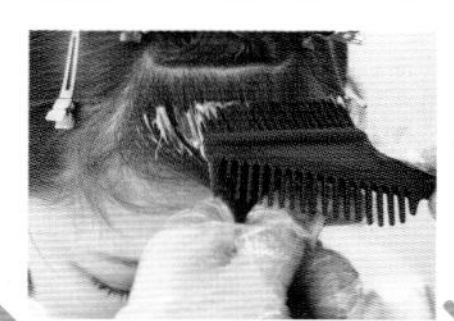

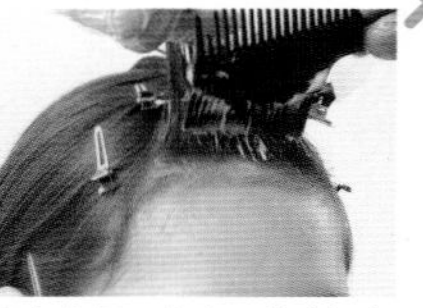

留出发根，在表面的中间部分涂抹药剂。头发的内侧自然卷儿很重，所以要从发片背面的发根开始充分涂抹。

通过梳发将药剂涂抹到发根处。涂抹后将头发放在铝箔纸上，以免药剂沾到脸部。

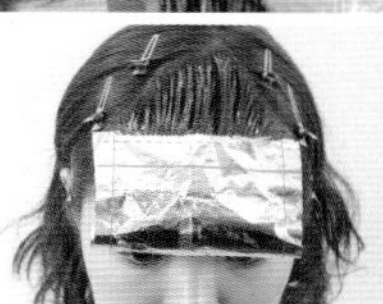

从第二条划分线开始也以同样方法进行涂抹，最后用铝箔纸包好放置。

熨烫　形成角度放入直发器，以弧形进行滑动。

以弧形提取大约5mm的发片。以弧形提取会沿着头的弧度容易熨烫。

以一个发片进行熨烫，两侧的头发会垂落或因发片过厚熨烫效果会减弱。

NG

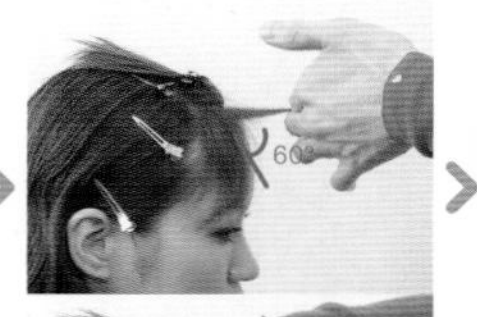

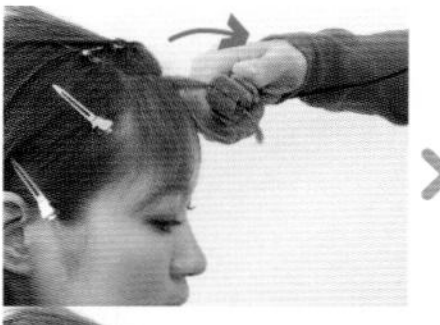

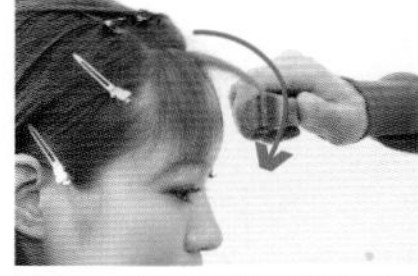

先分取中央的发片，与头皮成60°进行提拉。用左手压住梳子，略微形成角度进行熨烫。

以弧形进行直发器的滑动。两侧的头发也以同样方法进行熨烫。

也以同样方法将直发器滑动至顶部。提取发片的角度通常与头皮成60°左右。

NG

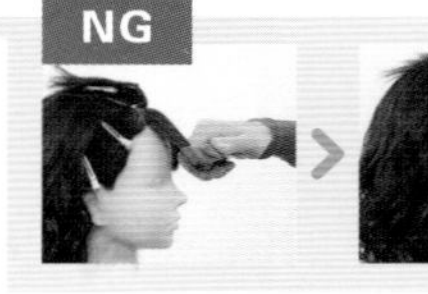

如果以直线熨烫，发根会飘起来，使发梢翘起。

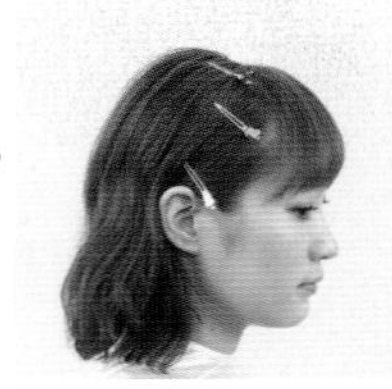

熨烫完毕。

涂抹2剂　卷到发杠上固定弧线。

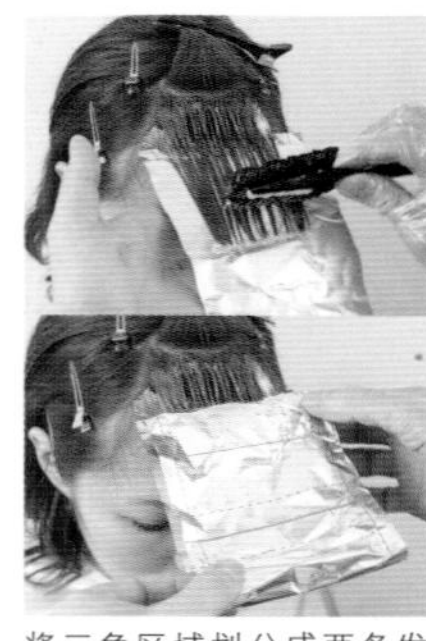

将三角区域划分成两条发线。先要与1剂同样方法从两面涂抹2剂后，用铝箔纸包裹。

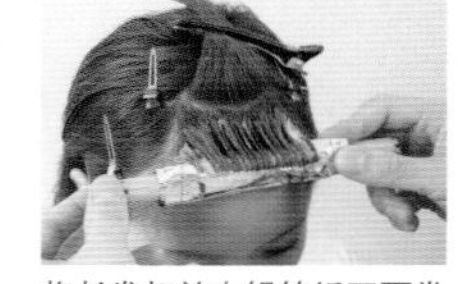

将长发杠放在铝箔纸下面卷至发根。

卷至发根后拔出发杠。在此状态下放置会更好地固定自然的弧形。

第二个发片也以同样方法进行涂抹后卷上发杠。要比第一个发片略微抬高角度卷发杠。

完成

充分理解了这次介绍的要点后再进行练习，进步会更快哟！

基础修剪

Cut

基础修剪是能学到修剪姿势及提拉发片角度的重要的学习。以6种造型来理解一直线鲍勃、低层次、高层次的原理，并且掌握修剪各种发型的基础能力吧！

PEEK–A–BOO

森岛谦介

[p126 ~ p166]

1982年9月21日出生，山梨县人，山野美容专科学校毕业后进入PEEK–A–BOO工作。现为顶级造型师。修剪分析能力出众，在日本国内及亚洲其他国家担任理发课程班的讲师。

头部的骨骼基准点

**了解骨骼基准点是基础修剪的第一步！
要完全掌握哟。**

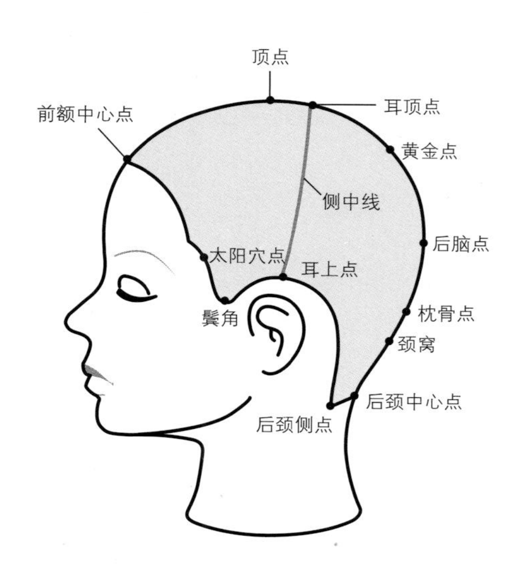

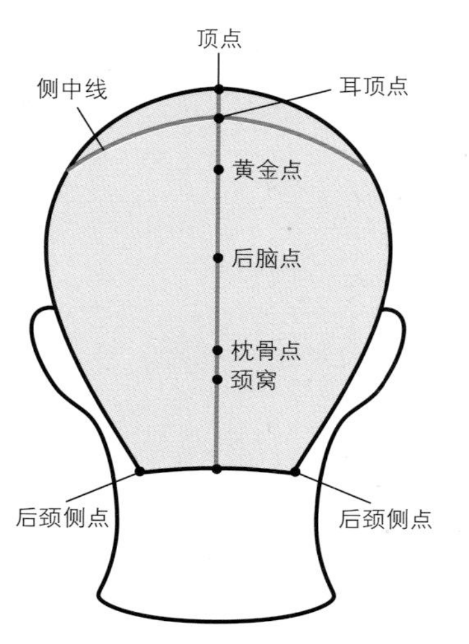

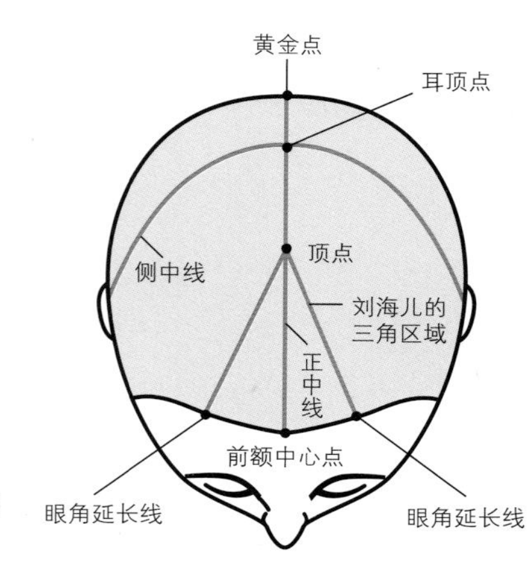

◆**正中线**：**将头从正中央分为左右两部分的线。**

◆**前额中心点**：**为前部的中心，也是正中线的起点。**

◆**顶点**：**正中线上的头顶部的最高点。**

◆**侧中线**：**连接两耳（耳上点）的线条。**

◆**耳顶点**：**侧中线与正中线相交的点。**

◆**黄金点（GP）**：**连接下颌前端和耳上点线条的延长线与正中线相交的点。**

◆**后脑点**：**正中线上的后面最凸出的点。**

◆**后颈部（颈背）发际**：**脖子后侧头发生长的边际及其周边。**

◆**后颈侧点**：**脖颈发际的角。**

◆**颈窝**：**正中线上的脖颈发际凹陷处。**

◆**枕骨点**：**位于颈窝上方的凸出的骨骼处。**

◆**后颈中心点**：**为后面的中心，正中线的终点。**

◆**耳上点**：**耳朵的最高处。**

◆**刘海儿的三角区域**：**构成刘海儿的区域。连接两侧眼角的延长线和顶点的三角形为基本。**

正确进行基础修剪需了解的事项

进行实际修剪前要掌握需要了解的有关“梳发”“分取发片”及“姿势”的要点。

1. 梳发方法

要想正确地进行基础修剪，需要正确地梳发。因为是基本，所以要牢固掌握。

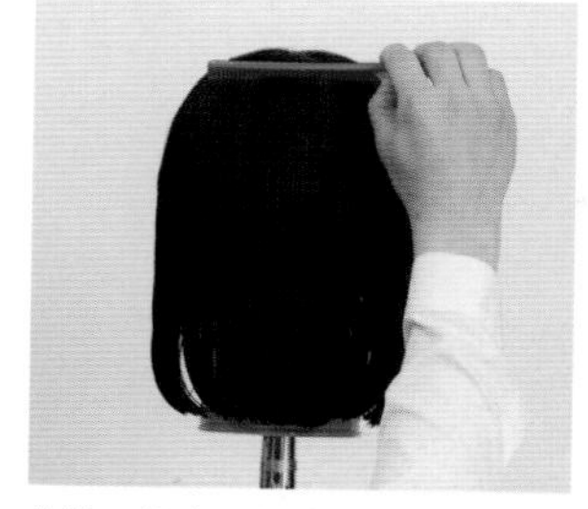

将梳子的齿尖垂直于头皮插进想要修剪的发片的发根处。

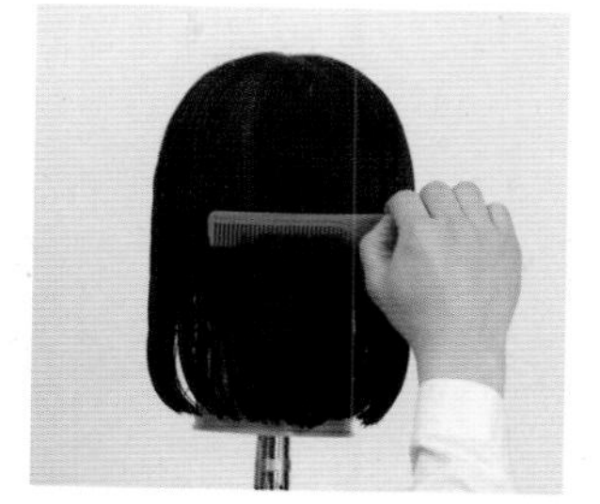

在中间附近弯屈手腕，立起梳子梳到发梢处。

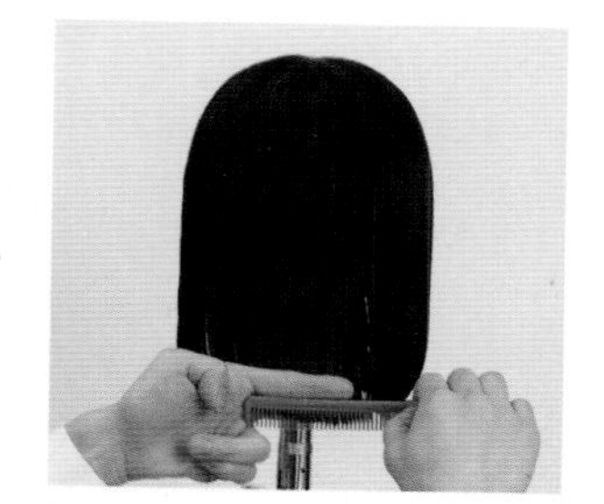

梳到发梢处后，用左手食指和中指固定住发片，以免走形。

2. 发片的提取方法

发片大致分为纵向发片、横向发片、斜向发片这 3 种。朝着提取发片的方向梳发后分取。划分线将成为修剪线条的引导线，所以要清楚地分取。

纵向发片

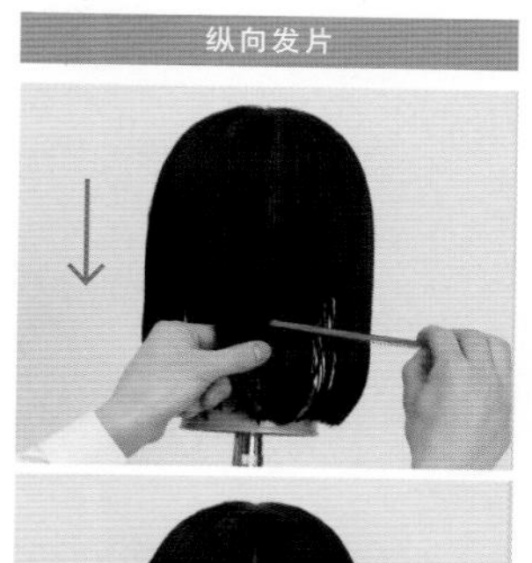

沿着划分线纵向梳发。到划分线端处用手和梳子分取。要确认划分线是否直。

横向发片

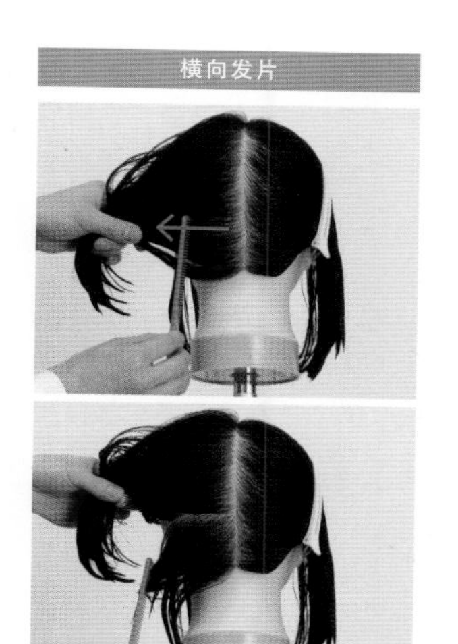

横向梳发，在划分线端处用手和梳子分取。

斜向发片

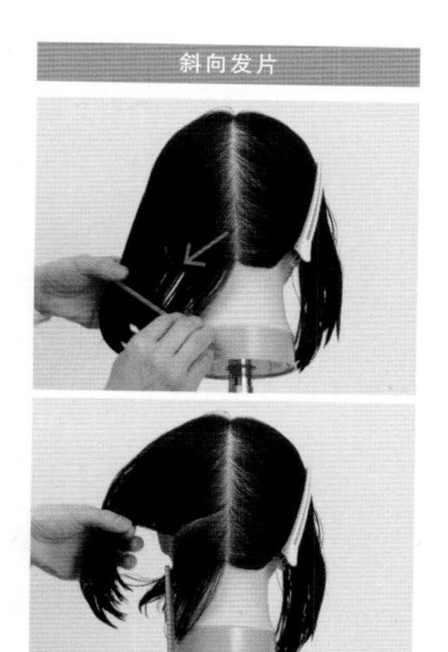

斜向梳发，在划分线端处用手和梳子分取。

3. 修剪姿势

在基础修剪中，原则上要做到修剪线条与左胳膊保持平衡，肘部高度和视线要与修剪线条的高度保持一致。要练习到掌握正确的姿势为止。

左侧

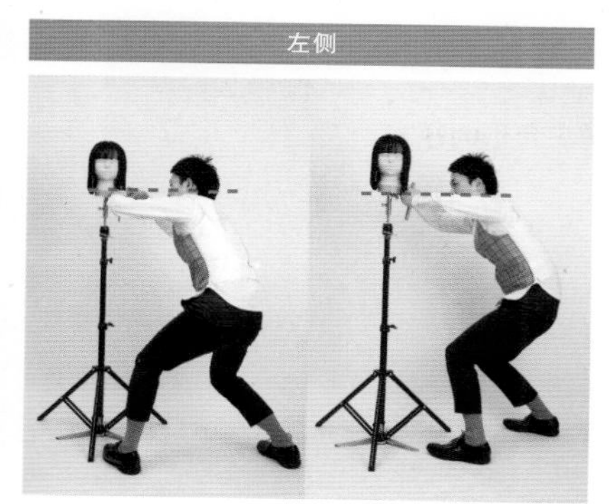

中央

右侧

一直线鲍勃

不分层次在同一位置取齐的一直线鲍勃。
要掌握修剪基础的直线修剪。

前面

左侧

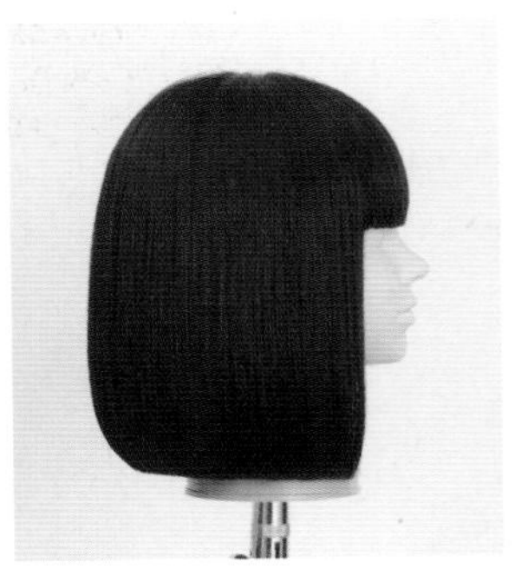

右侧

后面

修剪前要确认！！

修剪一直线鲍勃的要点

要考虑到头的弧度，左右长度对称地进行直线修剪。

要点1

左右长度对称地进行修剪

分发线的位置及引导线的设定要左右对称。

要点2

与地面平行地进行直线修剪

在头发自然垂落的位置与地面平行地进行修剪。要注意姿势与剪子的角度。

要点3

沿着头的弧度进行修剪

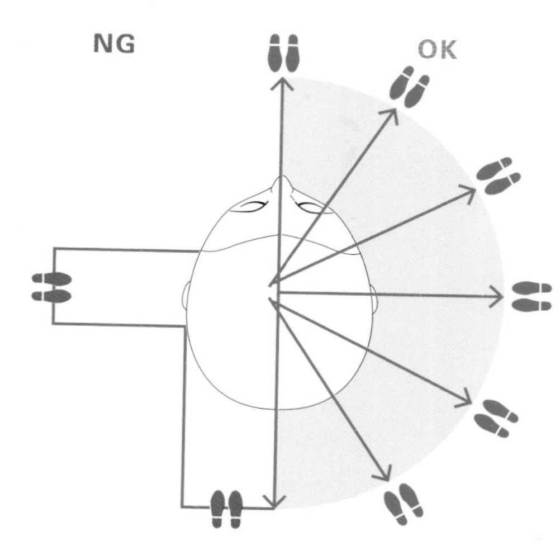

沿着头的弧度以放射线状移动身体进行修剪，制作不容易出现发角的漂亮的形状。

开始操作

轮廓线（后面第一线）

先划分后面第一线。从正中线分为左右之后，在颈窝处与地面平行地提取发片。

设定整体轮廓线的长度。在头发自然垂落的位置与地面平行地修剪后面第一线的中央。

以中央的长度为引导线，左侧也进行修剪。沿着头的弧度移动站立位置进行修剪。

右侧也以中央的长度为引导线进行修剪。为了剪得直，也不要忘了进行检查修剪。

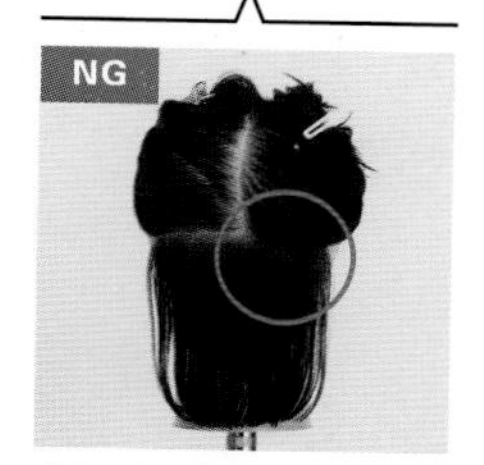

分区时的错误例子。分取成能够清楚地看见划分线才行。

要点

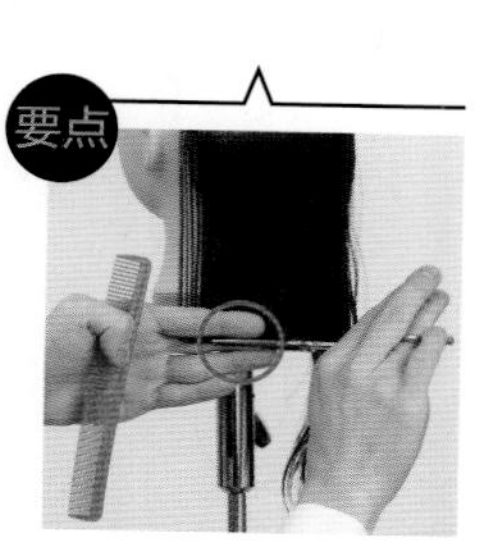

提拉修剪过的发片确认长度，使轮廓线变直。

轮廓线修剪完毕

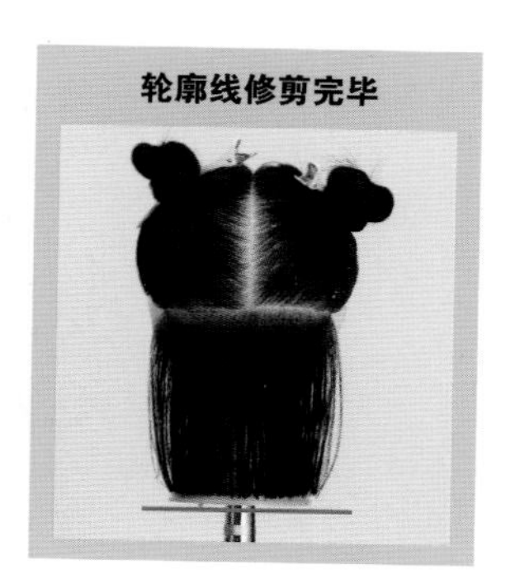

后面（第二线～第三线）

发线的第二线在后脑点分取。以第一线的长度为引导线，在自然垂落的位置从中央开始进行修剪。

修剪完中央后，左侧也从自然垂落的位置进行修剪。沿着头的弧度移动站立位置。右侧也以同样方法进行修剪。

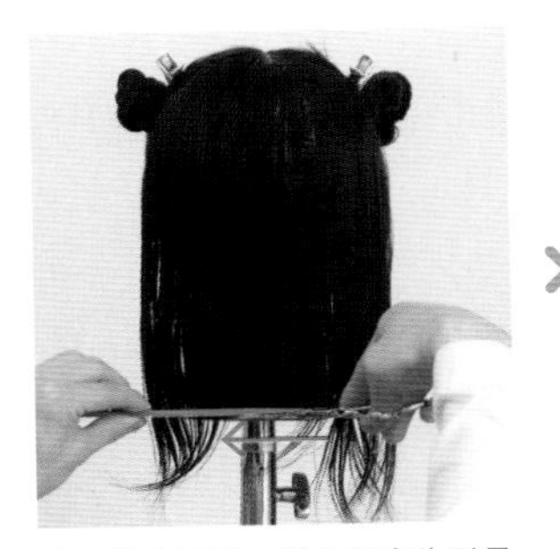

第三线也以第一线的长度为引导线，在自然垂落的位置从中央开始进行修剪。

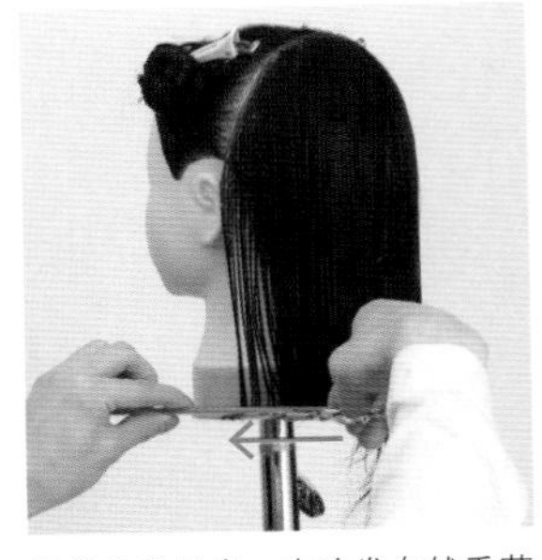

沿着头的弧度，在头发自然垂落的位置，以放射线状进行修剪。以第一线为引导线进行修剪。右侧也以同样方法进行修剪。

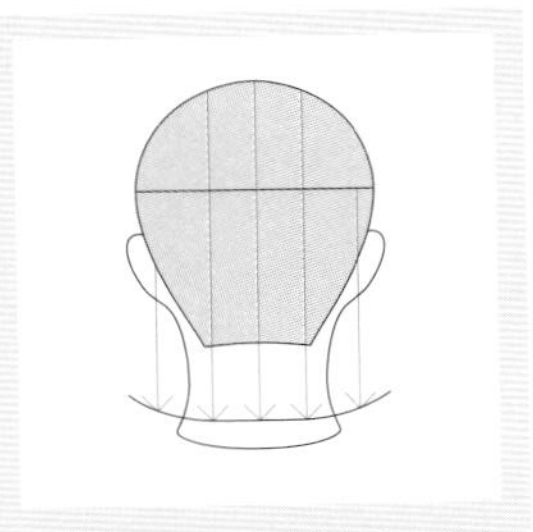

沿着头的弧度，后面中间和上方也进行修剪。

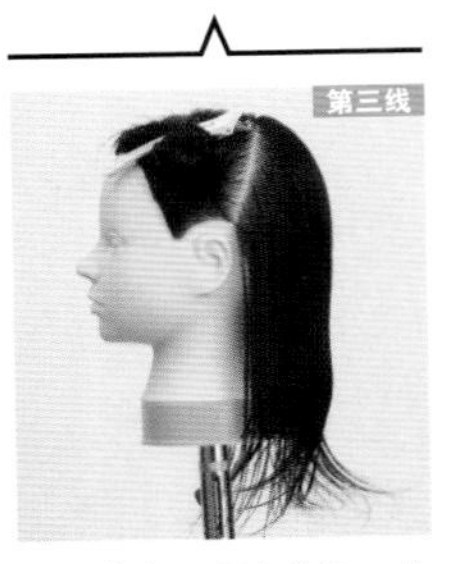

第三线在耳顶点分取。从侧面看到的状态。

后面修剪完毕

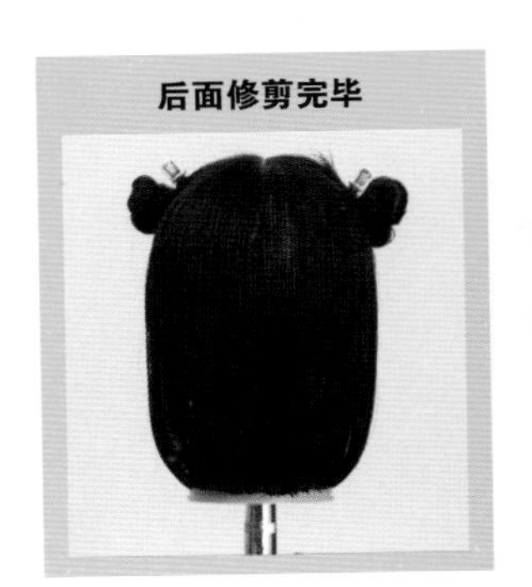

左侧

侧面的第一线。以后面的轮廓线为引导线进行修剪。与地面平行地进行修剪。

侧面的第二线以第一线的长度为引导线，在自然垂落的位置进行修剪。

沿着头的弧度移动站立位置，在自然垂落的位置修剪前方。

第三线也以第一线的长度为引导线，在自然垂落的位置进行修剪。

修剪完后面，再修剪侧面。

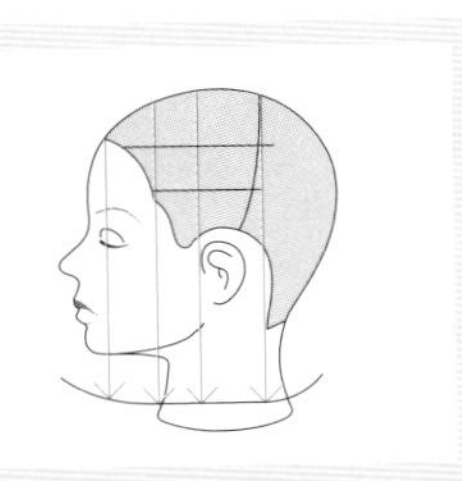

将侧面划分成3条发线进行修剪。要记住与地面平行地进行直线修剪。

左侧修剪完毕

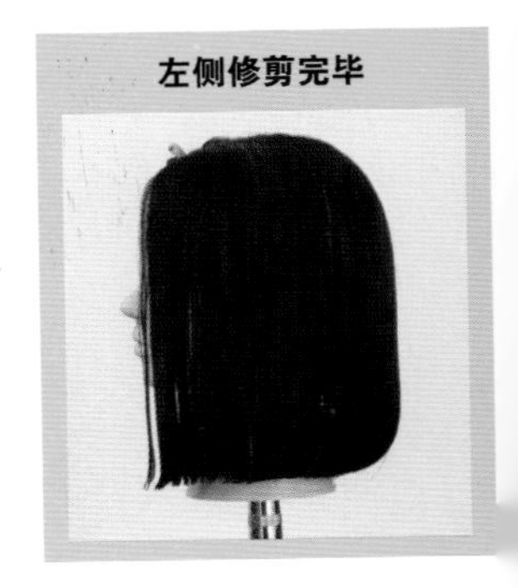

基础修剪 一直线鲍勃

右侧

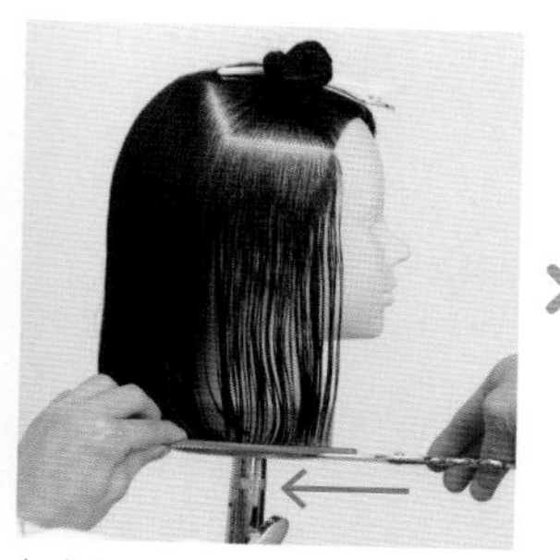

与左侧同样地划分3条发线进行修剪。

第二线、第三线以第一线的长度为引导线进行修剪。沿着头的弧度移动站立位置修剪前方。

右侧修剪完毕

刘海儿

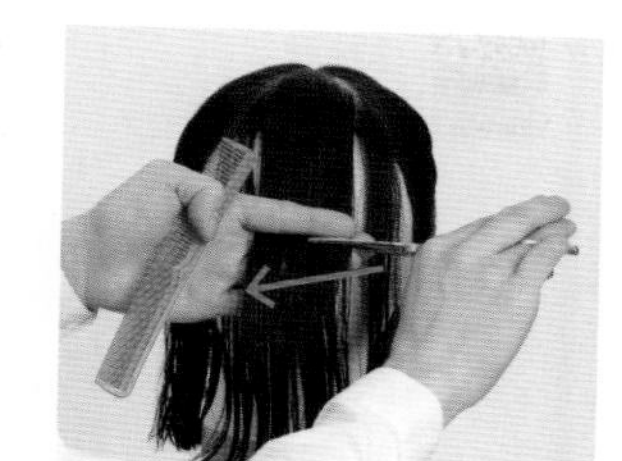

手放在额头上提拉发片，在眼睛上方的位置进行修剪。

以中央的长度为引导线，依次对右侧、中央、左侧进行修剪。不带弧度直线修剪。

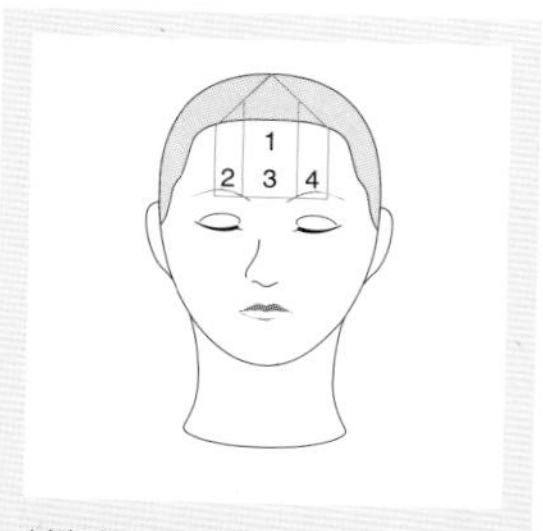

刘海在三角区域分取。以中央的长度为引导线进行修剪。

刘海儿修剪完毕

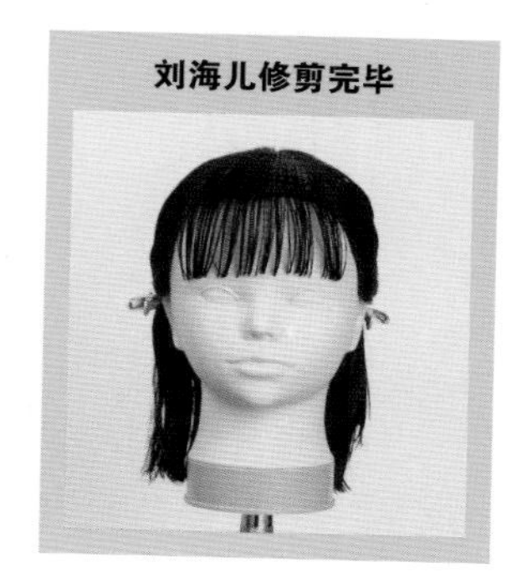

检查修剪

垂直于头皮提拉，修剪长出的部分。从后面中央开始以放射线状提拉发片进行修剪。

提拉发片，修剪长出的部分，使放下头发时不出现发角。修剪完要吹风。

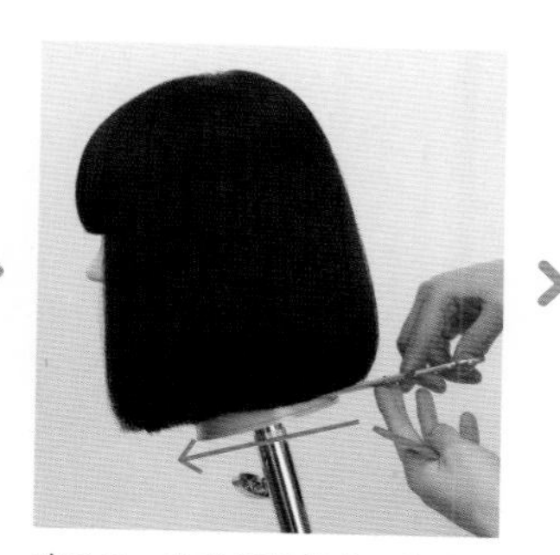

吹风后，向前倾斜假发，修剪长出的头发。

也要向后倾斜假发，修剪长出的头发。

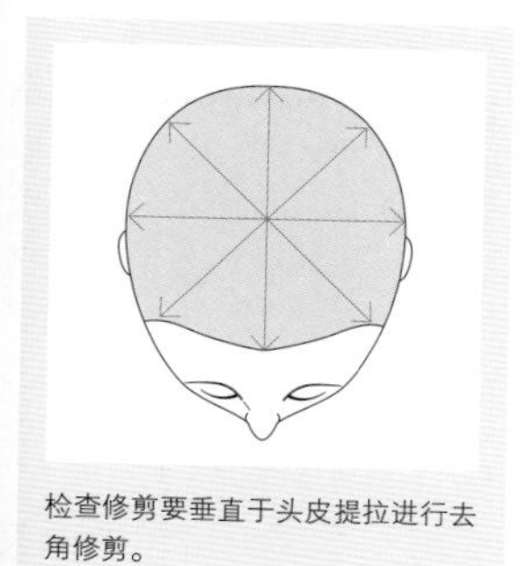

检查修剪要垂直于头皮提拉进行去角修剪。

湿剪修剪完毕

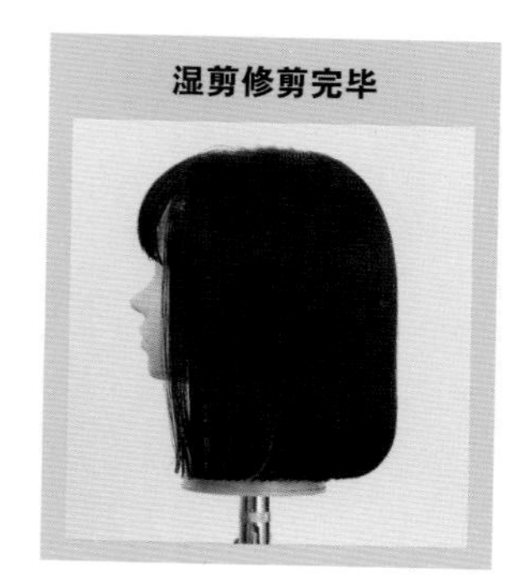

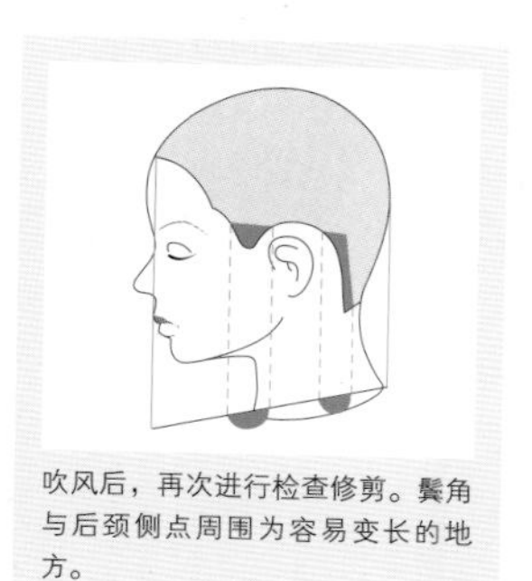

吹风后，再次进行检查修剪。鬓角与后颈侧点周围为容易变长的地方。

干剪修剪完毕

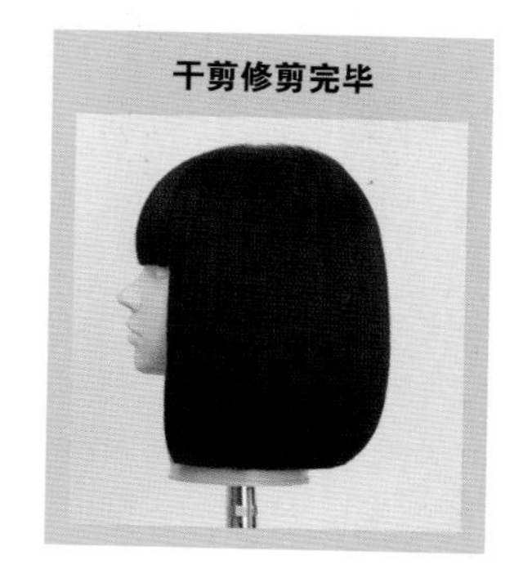

侧面切口层次不同形成的造型

重点在于向前提拉发片进行修剪，要理解根据不同的提拉角度与位置所形成的切口层次的差异。在一直线鲍勃的基础上，由于切口层次的不同会形成不同的造型。

鬓角处切口层次不同的造型

将一直线鲍勃的前额侧点和鬓角以 45° 向前提拉进行修剪产生不同切口层次形成的造型。

前面

左侧

右侧

后面

修剪前要确认！！

侧面制作切口层次的要点

要想使侧面头发产生不同的切口层次，必须得向前提拉发片进行修剪。
根据提拉角度的不同，完成后的切口线条会出现差异，一定要掌握其中的要点。

1. 提拉角度不同，发束重叠后切口角度产生差异

进行连接两点的修剪时，根据提拉角度的不同，会使切口线条的形状出现差异。不论是哪个角度，A与B的长度是相同的。角度越低，两点中间部分的发长会越长，切口线条凸起；角度越高，两点中间部分的发长会变短，使切口线条凹进去。以45° 提拉发片，切口线条会变直，所以，现在就以45° 提拉角度为标准进行练习吧。

2. 修剪姿势

向前提拉发片进行修剪时，修剪线要与肩部的线条保持平衡。为了能从侧面看到发片，要边移动身体边进行修剪。

45° 角提拉发片时的姿势。修剪线要与肩部的线条保持平衡地进行修剪。

抬高角度时，修剪线要与肩部的线条保持平衡地进行修剪。

以20° 角提拉发片
（切口线条的中间部分凸起）

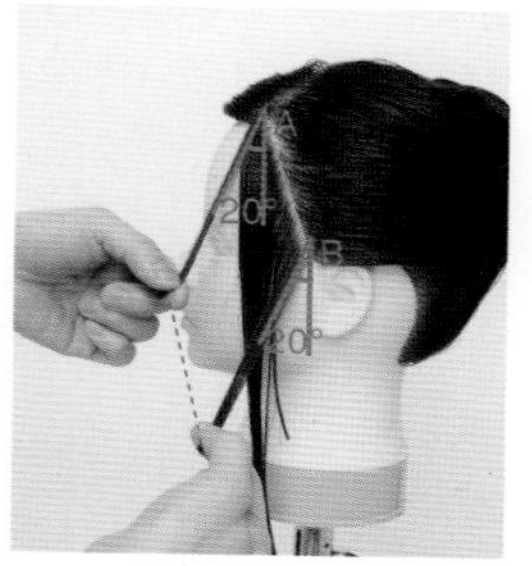

以20° 角提拉前额侧点（A）和鬓角（B）处的发片，进行连接修剪。

以前额侧点发片的长度为引导线，在与鬓角头发的连线处进行修剪。

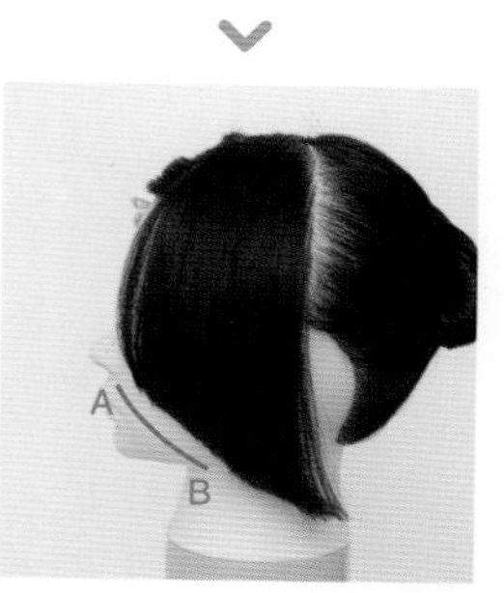

全都以20° 角提拉发片，修剪至耳上点的状态。可以看出，A与B之间的头发切口线条微凸起。

基准

以45° 角提拉发片
（切口线条变直）

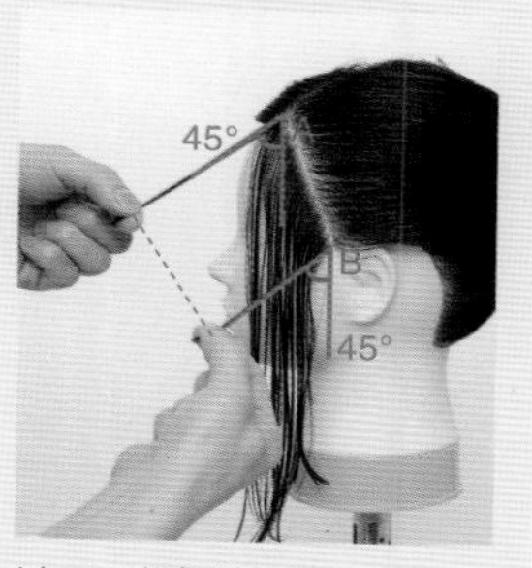

以45° 提拉前额侧点（A）和鬓角（B）处的发片，进行连接修剪。

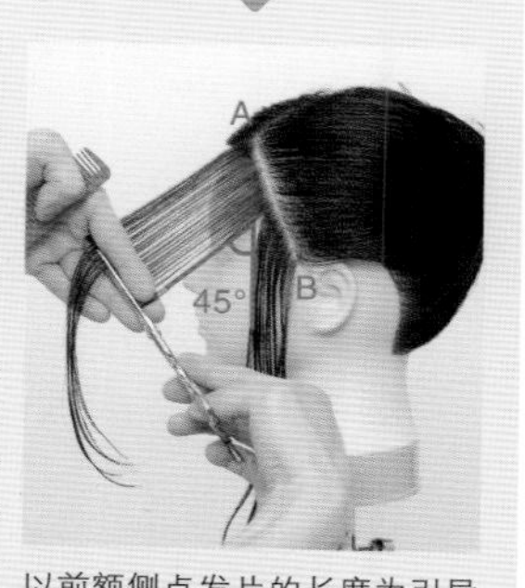

以前额侧点发片的长度为引导线，与鬓角处的头发进行连接修剪。

全都以45° 提拉发片，修剪至耳上点的状态。从A到B的切口线条呈直线状。

以90° 角提拉发片
（切口线条的中间部分凹进去）

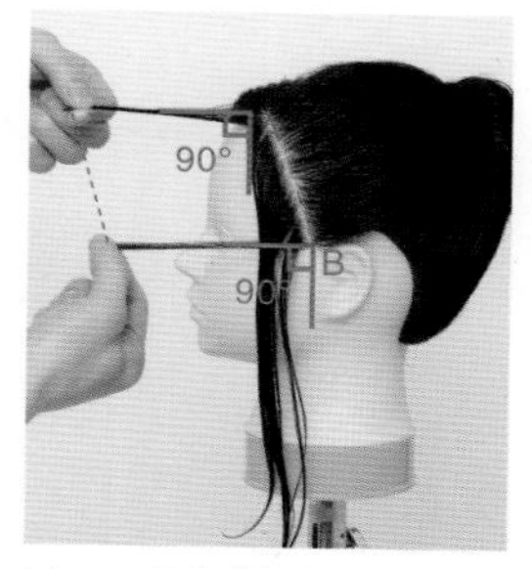

以90° 提拉前额侧点（A）和鬓角（B）的发片，进行连接修剪。

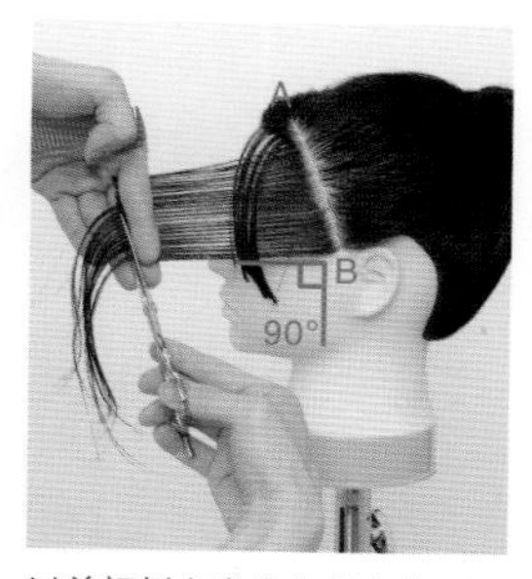

以前额侧点发片的长度为引导线，与鬓角头发进行连接修剪。

全都以90° 提拉，修剪至耳上点的状态。可以看出A与B的切口线条中间略微凹进去。

修剪前要确认！！

向前提拉制造切口层次时的要点

这次全部提拉到45° 的位置进行修剪。切口层次的形状不同，印象会发生改变。

要点1 以45° 提拉发片进行修剪

在这个造型中，发片向前提拉的角度为45° 。这样，在自然垂落时，切口线条呈直线状，可以打造出漂亮的层次（参照p129）。

要点2 发片提拉至相同位置进行修剪

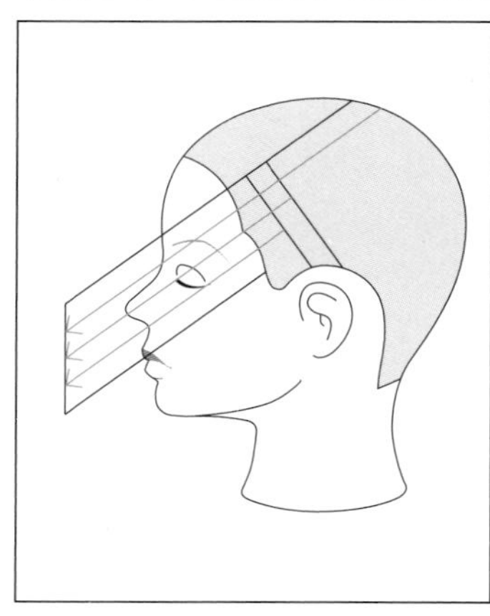

把所有发片提拉到相同位置进行修剪，形成自然的向前斜上的切口线条。

开始操作

修剪出一直线鲍勃

设定轮廓线的长度。在颈窝处划出后面第一线，在自然垂落的位置从中央开始进行修剪。

后面以第一线中央发束的长度为引导线，与地面平行地进行修剪。第二线、第三线也以同样方法进行修剪。

侧面下方也以后面的长度为引导线进行修剪连接。侧面也划分成3条发线进行修剪。

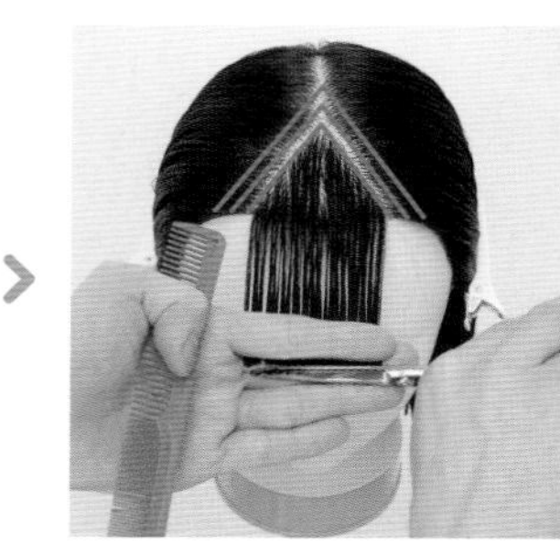

在三角区域分取刘海儿，以一根手指的长度，在双眼中央的位置进行修剪。刘海儿也划分成3条发线进行修剪。

侧面修剪完毕

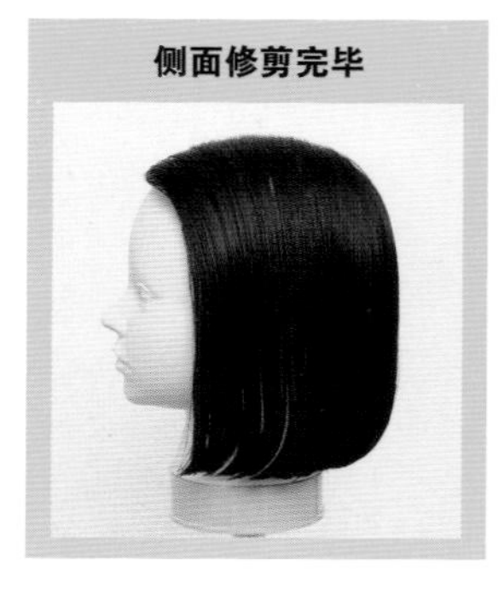

要点

刘海儿修剪完毕。以弧形进行修剪。

切口层次（左侧）

在一直线鲍勃的侧面修剪出切口层次。向前提拉45°，进行前额侧点与鬓角的连接修剪。

第一线的头上方向前提拉45°，以前额侧点的长度为引导线进行修剪。

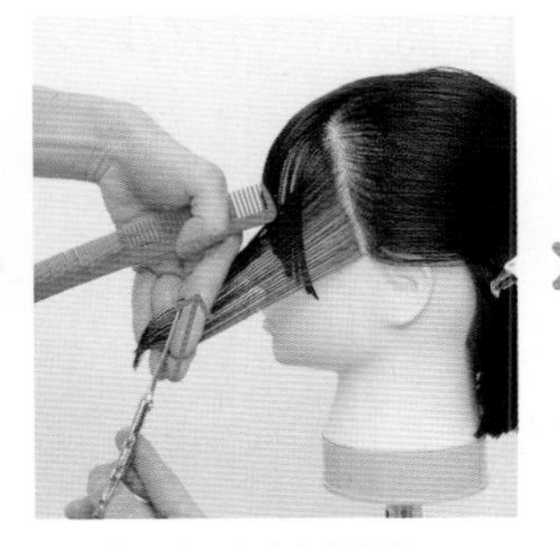

第一线的头下方也向前提拉45°，进行头上方与鬓角的连接修剪。

到耳上点为止全部向前提拉45°进行修剪。

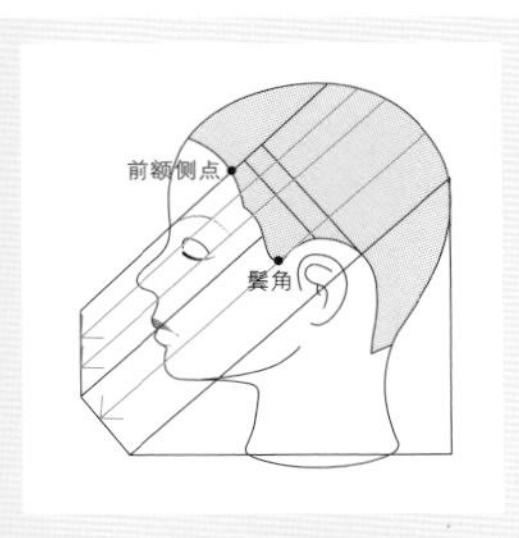

将前方与后方都提拉到45°，进行修剪。

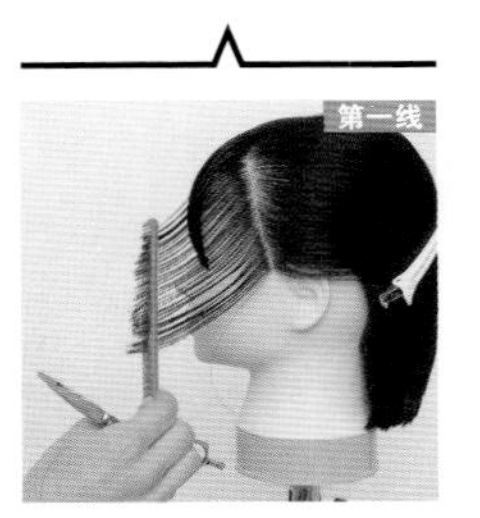

修剪完第一线的状态。可以看出前额侧点与鬓角的连接。

切口层次（右侧）

从耳上点到后方也向前提拉45°，以第一线的长度为引导线进行修剪。

后方也以同样方法修剪。

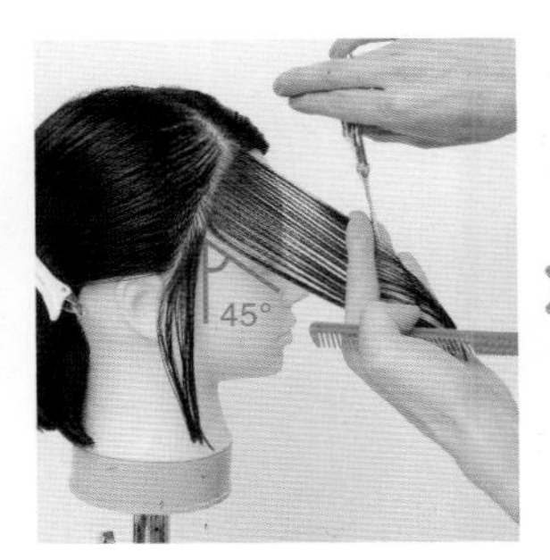

右侧也像左侧，以同样方法向前提拉45°，进行前额侧点与鬓角的连接修剪。

第一线的头下方也以同样方法向前提拉45°，进行头上方与鬓角的连接修剪。

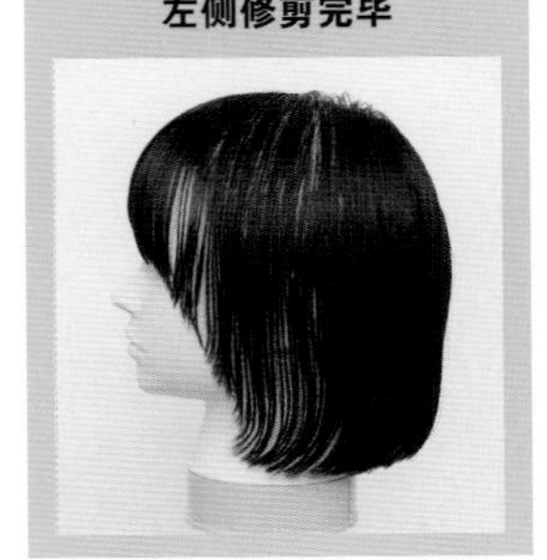

到后方为止，全部发片都提拉到45° 进行修剪。

修剪后，从前额侧点、鬓角以及它们的中间点这3个点确认左右长度。

头上方做高层次修剪

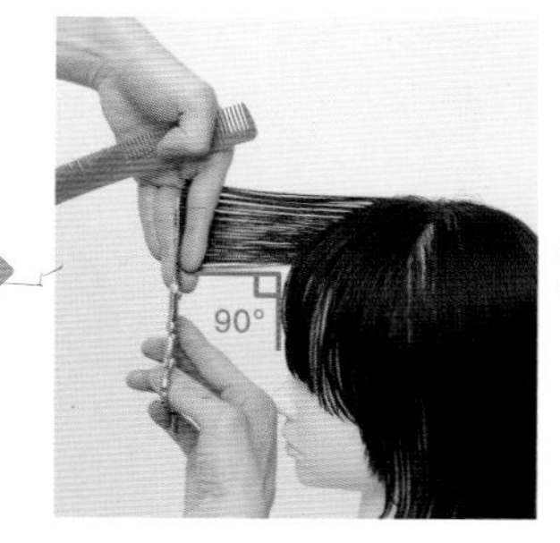

为了使头上方变得轻盈，用高层次法进行修剪。在前额中心点处分取纵向发片，以90° 提拉发片进行垂直修剪。

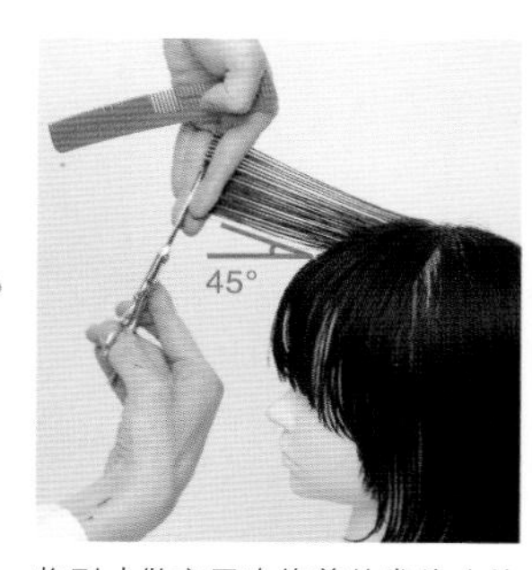

将刚才做高层次修剪的发片（从下边留出1cm左右）与地面成45° 角提拉，沿着骨骼略呈弧形进行修剪。

右侧修剪完毕

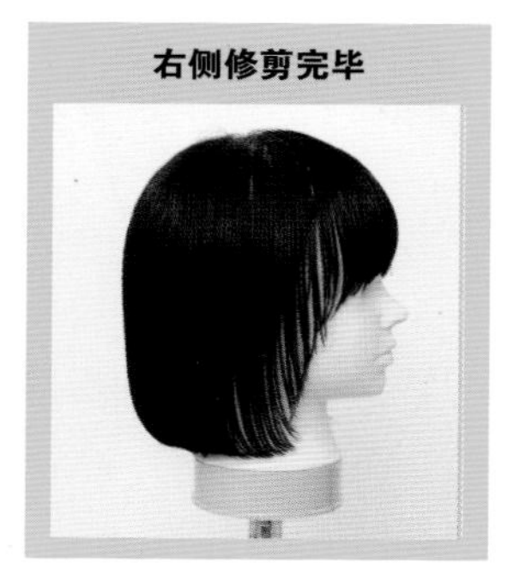

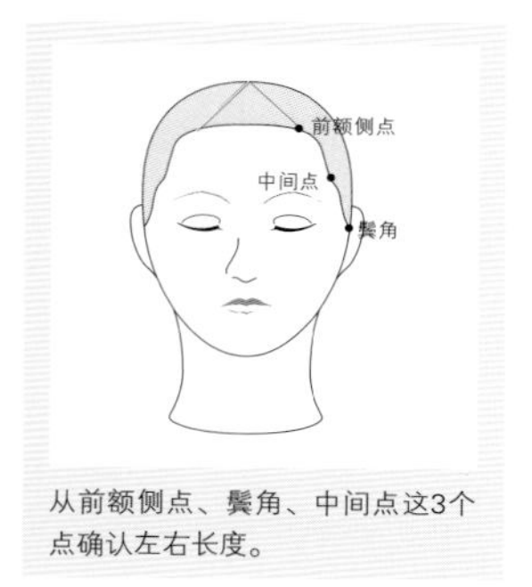

从前额侧点、鬓角、中间点这3个点确认左右长度。

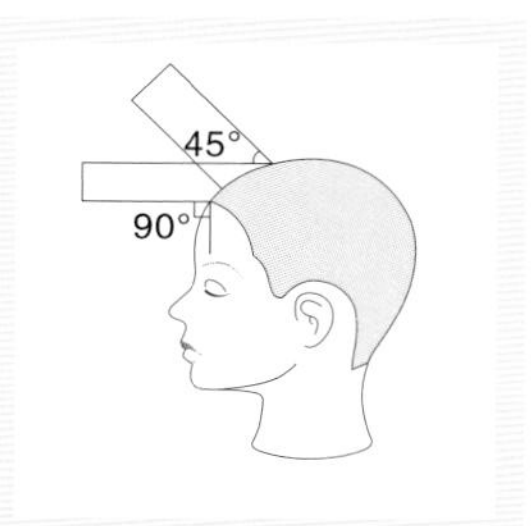

做高层次修剪要分两次进行，发片提拉角度分别为与面部成90° 和与地面成45° 。

检查修剪

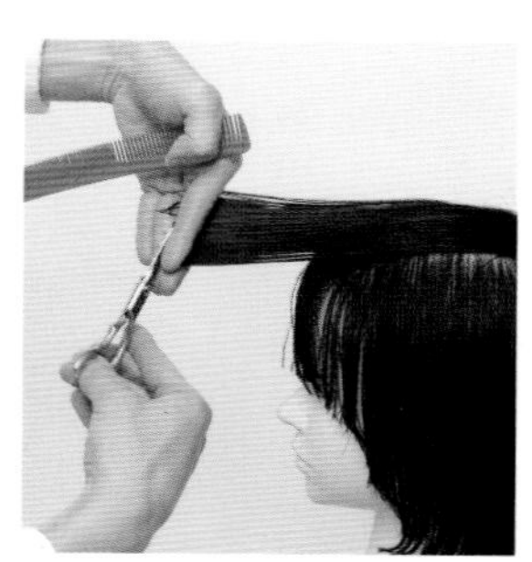

到后方为止，全部提拉到相同位置，以90° 、与地面成45° 进行高层次修剪。

头上方以垂直于头皮提拉进行检查修剪。从后颈中心点以放射线状进行修剪。

修剪线要考虑弧度，呈弧形进行检查修剪。

吹风后，要检查容易留下长发的鬓角和后颈侧点，修整线条。

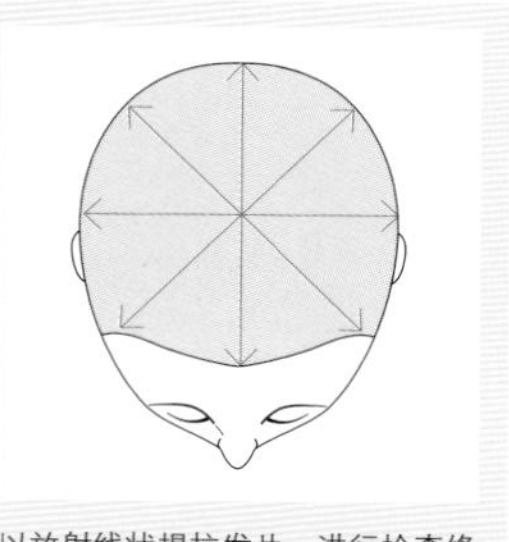

以放射线状提拉发片，进行检查修剪。

湿剪修剪完毕

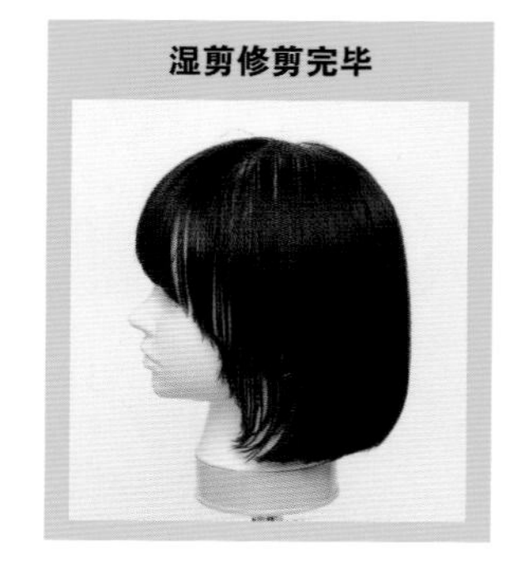

干剪修剪完毕

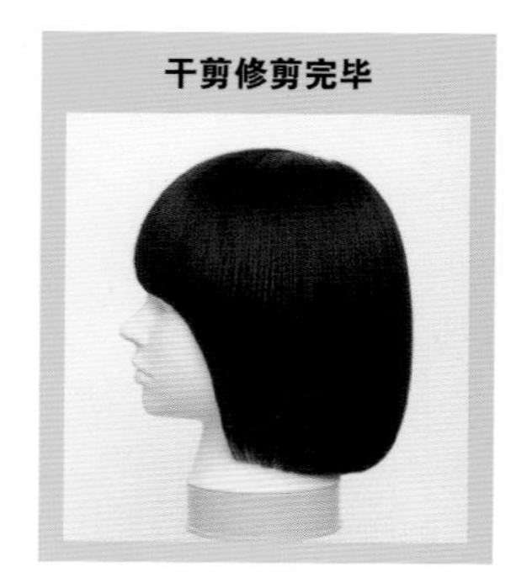

至耳上点制作切口层次的造型

至耳上点制作切口层次，接近蘑菇形。与从鬓角开始连接的情况相比较，所看到的肌肤面积增大，略显轻盈。

后面

前面

右侧

左侧

操作过程

修剪成一直线鲍勃后，将前额侧点和耳上点的头发向前提拉45°，进行连接修剪。

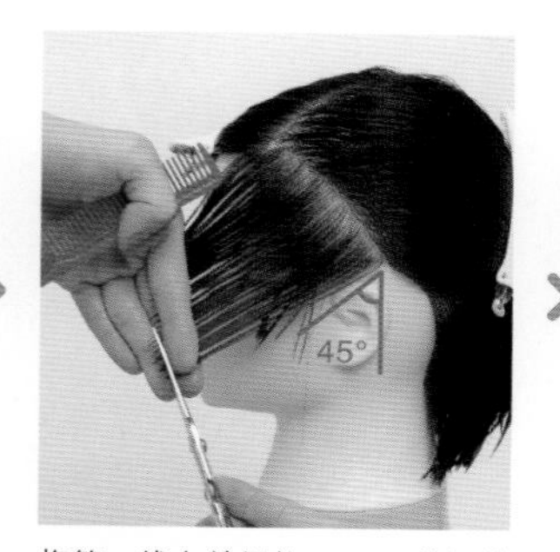

将第一线向前提拉45°，进行前额侧点与耳上点的连接修剪。

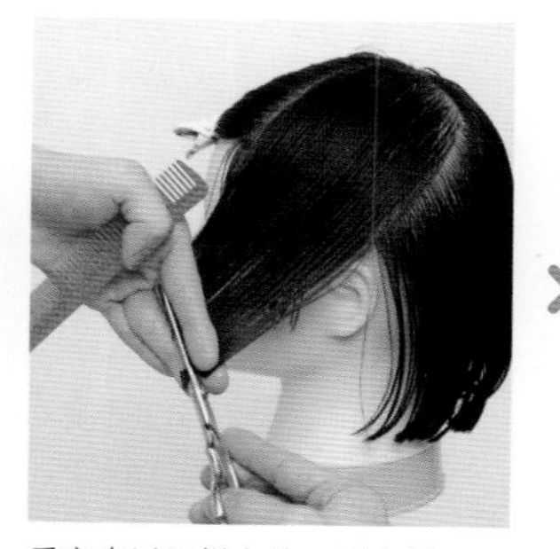

后方也以同样方法，以向前45°提拉到相同位置进行修剪。

左侧修剪完毕。耳后面略微留有一直线鲍勃的厚重感。右侧也以同样方法进行修剪。

侧面不同切口层次的造型变化

至后颈侧点制作切口层次的造型

至后颈侧点的蘑菇形造型。前面短，越往后越长。
脸部周围清晰可见，显得轻盈。

后面

前面

右侧

左侧

操作过程

修剪成一直线鲍勃后，进行前额侧点与后颈侧点的连接修剪。

第一线的前方以前额侧点的长度为引导线，向前提拉45°，进行与后颈侧点的连接修剪。

第一线的后方也以同样方法，向前提拉45°进行修剪。

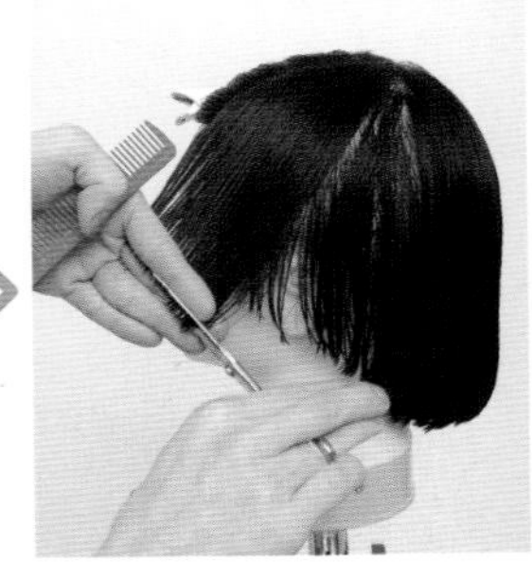

头上方的发束也向前提拉45°进行修剪。右侧也以同样方法进行修剪。

后面切口层次不同形成的造型

重点在于向后提拉发片进行修剪，并且要关注根据重量点的做法与发束的提拉方法不同所形成的切口线条的差异。

重量点（WP）在标准高度上的向前斜下造型

影响造型印象的是重量点（发束的重叠）的位置。通过制作不同高度的重量点来设计不同的造型。

前面

左侧

右侧

后面

修剪前要确认！！

设定重量点

后面的层次影响重量点的高低。让我们先来学习设定重量点的方法吧。

1. 重量点、层次的幅度

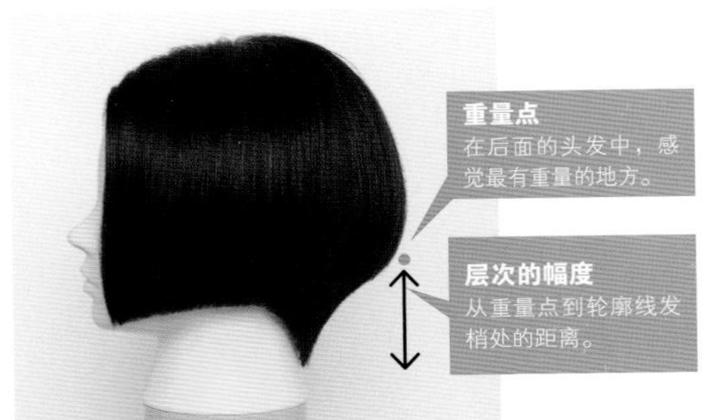

← **重量点高，层次的幅度会变宽。**

← **重量点低，层次的幅度会变窄。**

2. 制作重量点的方法

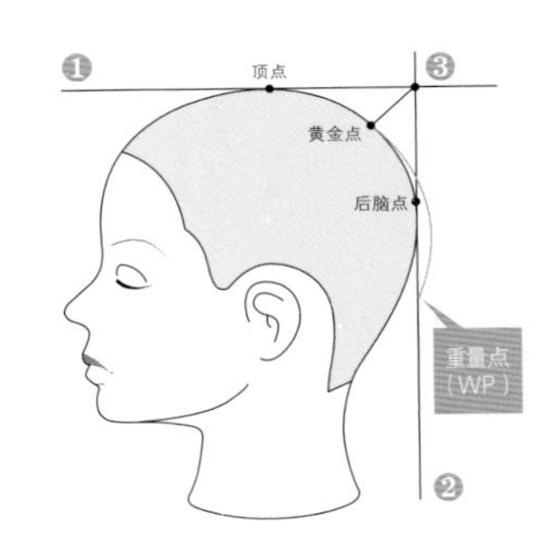

注意姿势！
确定重量点时，为了没有误差，视线要与假发（或头）的高度保持一致。

［确定重量点的方法］

❶想象出从侧面观察时，通过头的最高点（顶点），并且与地面平行的线。

❷想象出通过后面最凸出的点（后脑点），并且与地面垂直的线。

❸从两条线的交叉点，以45°与头相交处的"黄金点"的头发自然垂落的位置为重量点。

专栏　发片提拉的方法不同所形成的切口线条的差异

虽然不是与后面层次相同的主题，但是根据发片的提拉方法，可以形成不同的切口线条。要点为"头发的长短"。

1. 头发长短差距小的切口线条

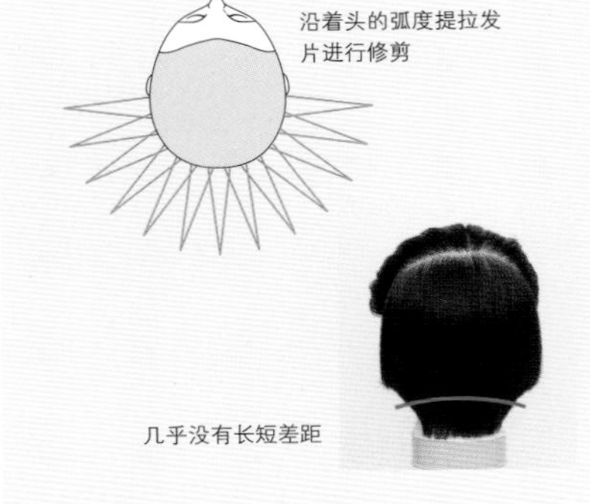

几乎没有长短差距

2. 头发长短为标准的切口线条

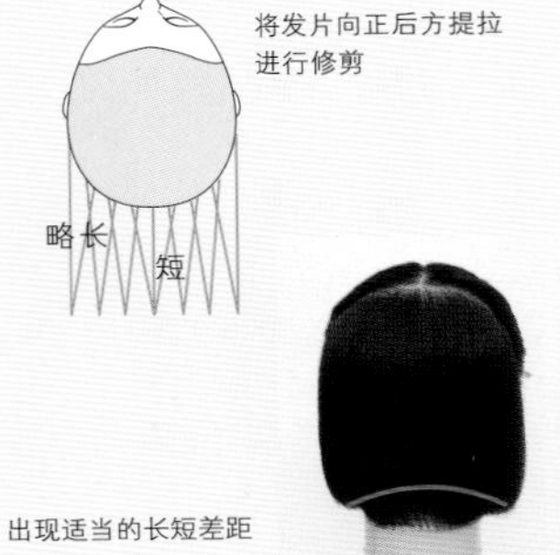

出现适当的长短差距

3. 头发长短差距大的切口线条

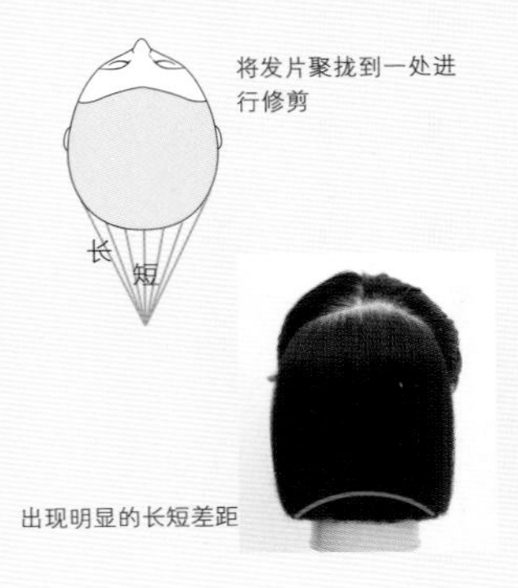

出现明显的长短差距

修剪前要确认！！

修剪后面不同切口层次的造型时的要点

请注意重量点的设定与发片的提拉方法及角度。

要点1

重量点的设定

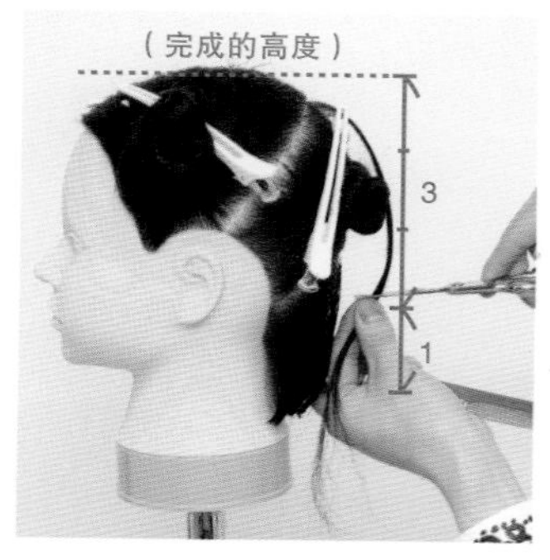

模仿p136的做法设定重量点。将GP的头发调到标准高度（3：1）的位置，进行修剪。

要点2

留出 GP 的头发

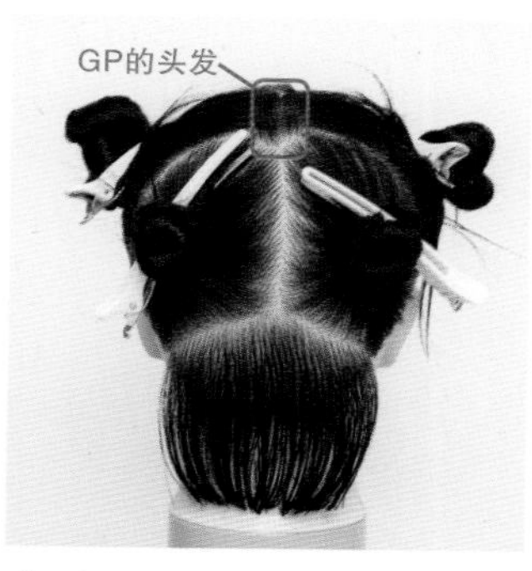

进行修剪时，如果剪错GP的头发，重量点会消失，所以要注意。

要点3

垂直于头皮提拉发片

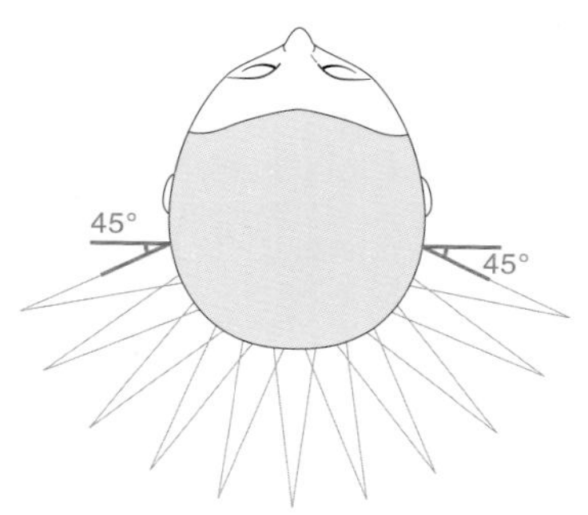

到耳后45° 为止，沿着头的弧度垂直于头皮进行修剪。

开始操作

轮廓线（后面第一线）

设定轮廓线的长度。在自然垂落的位置以5cm的长度从中央开始进行修剪。

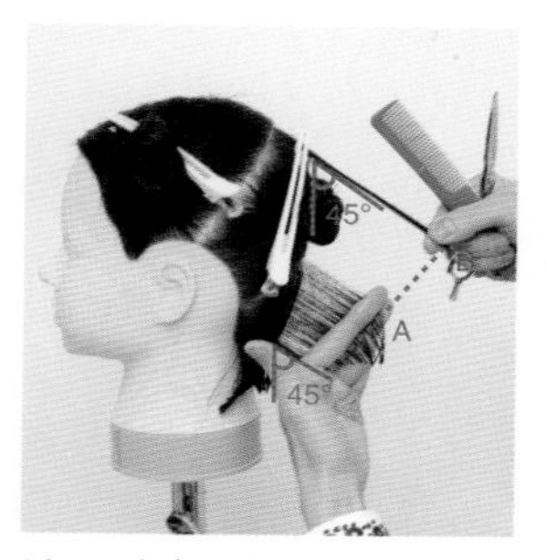

以45° 提拉颈背发束的发梢A和GP发束的发梢B，想象连接AB的修剪线。

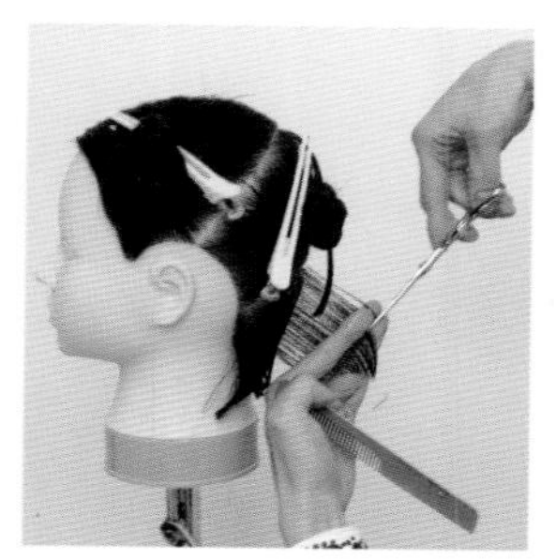

在想象的切口线条上，修剪后面第一线后颈中心点的发束。从垂直于头皮的角度以45° 提拉发片。

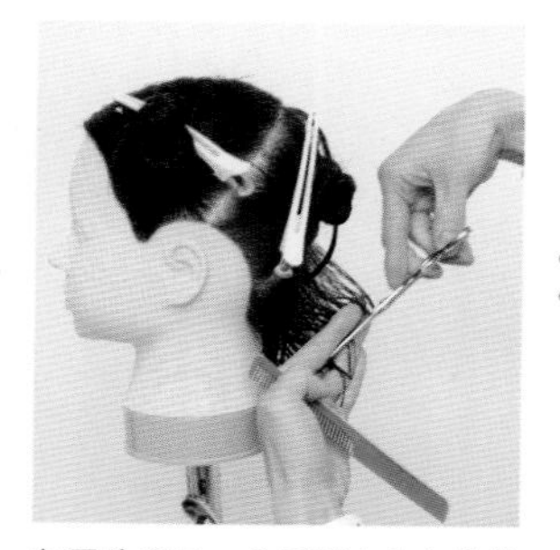

如图片所示，从后颈中心点修剪至后颈侧点。发片的提拉角度控制在45° 。

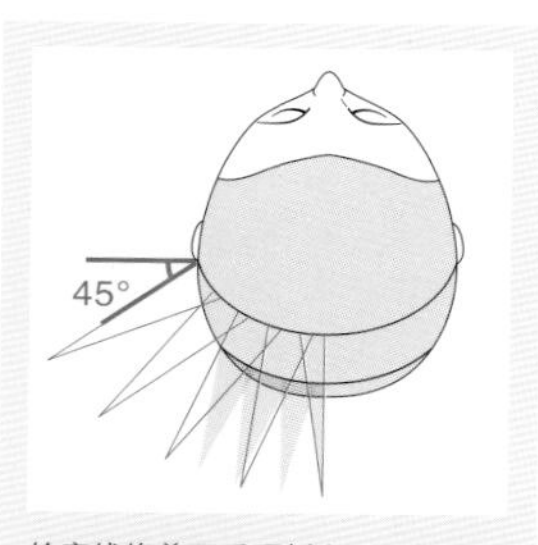

轮廓线修剪至后颈侧点，从第二线开始围绕着修剪至耳后45° 。

后面第一线修剪完毕

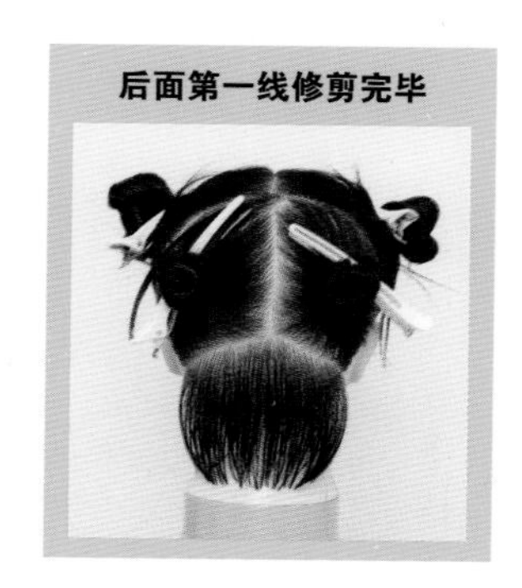

修剪后面第二线至第三线

略微向上划出分发线，将后面第二线的发束A和GP发束的发梢B以45°提拉，想象连接AB的修剪线。

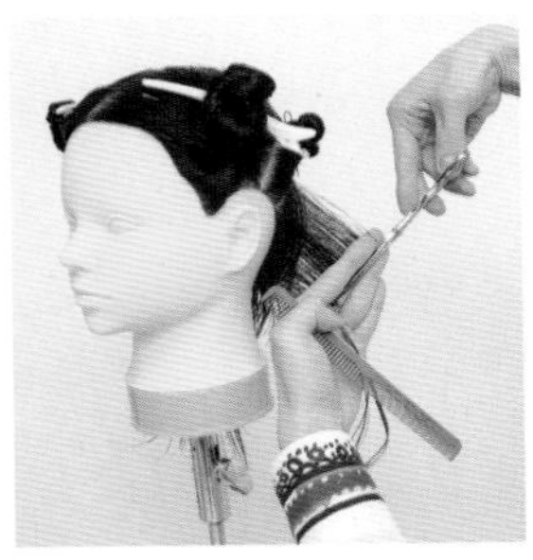

提拉发片的角度控制在45°，从后颈中心点到耳后面，以下边的发片为引导线进行修剪。

因为分取纵向发片进行了修剪，所以要沿着头的弧度，分取横向发片围绕着进行修剪。

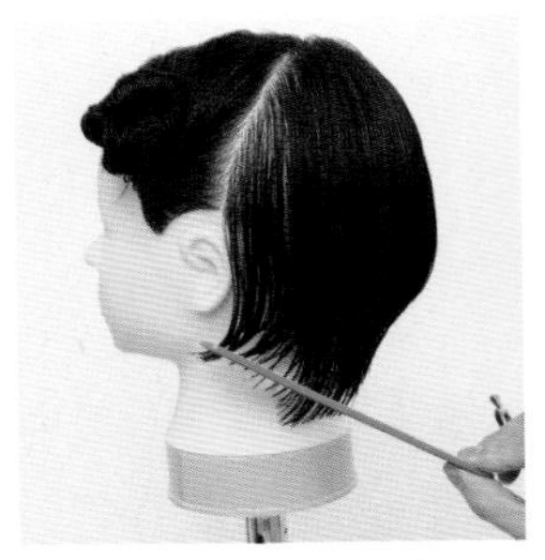

修剪后颈侧点部分的轮廓线形状。

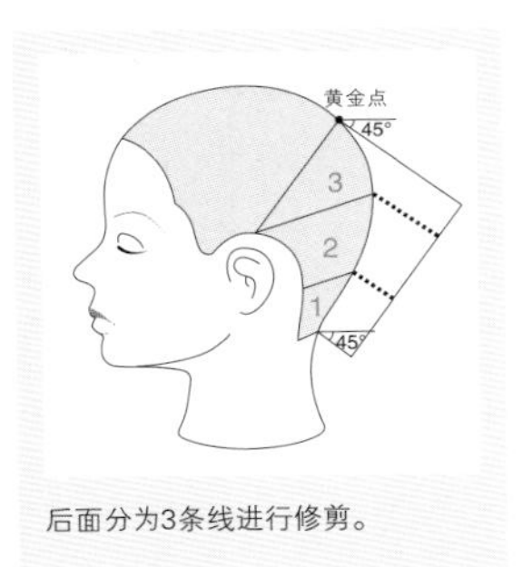

后面分为3条线进行修剪。

后面修剪完毕

修剪侧面下方

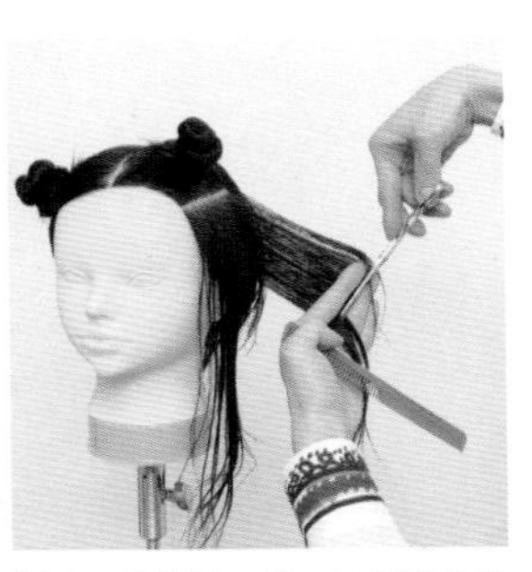

侧面下方的第一线。以后面的发片为引导线，朝脸部周围方向进行修剪。提拉发片的角度控制在45°。

侧面下方的最后一条线。从第二线开始将发束聚拢到前一个发片的位置进行修剪。制作向前斜下的造型。

侧面下方的右侧第一线。左侧也以同样方法修剪，将发束的提拉角度控制在45°，朝脸部周围方向进行修剪。

侧面下方的右侧最后一条线。左侧也以同样方法修剪，从第二线开始将发束聚拢到前一个发片的位置进行修剪。

要点

侧面在侧中线划分发线。想象梳子所示的线条，进行侧面的修剪。

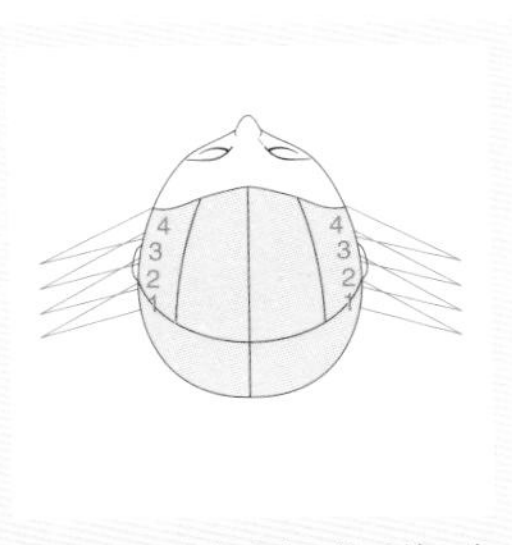

从第二线开始将发束聚拢到前一个发片的位置进行修剪。

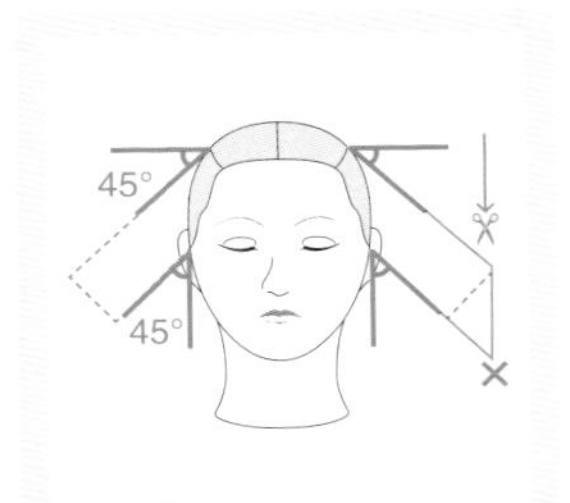

从上边开始修剪发片时，要注意避免剪子下滑弄错修剪线。

修剪侧面上方

修剪头下方后，提拉两侧的鬓角和太阳穴处的发束，检查长度是否一致。

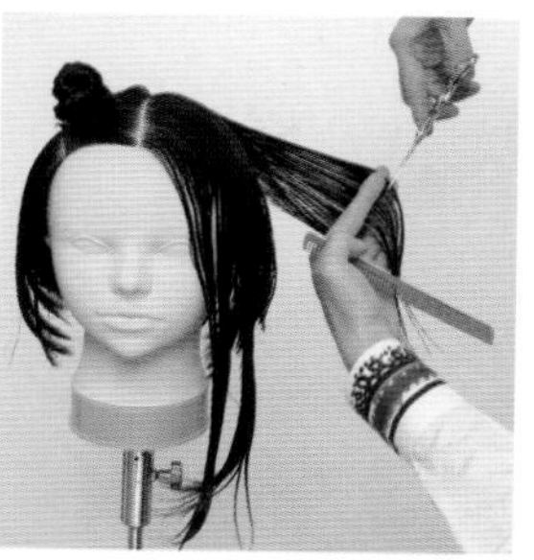

侧面上方的第一线。以下边的发片为引导线，朝脸部周围方向进行修剪。提拉发片的角度控制在45° 。

侧面上方的最后一条线。也与头下方同样方法修剪，从第二线开始将发束汇拢提拉到前一个发片的位置进行修剪。

侧面上方的右侧最后一条线。以下边的发片为引导线，将发束汇拢提拉到前一个发片的位置进行修剪。

从正面看头上方两侧修剪完成的状态

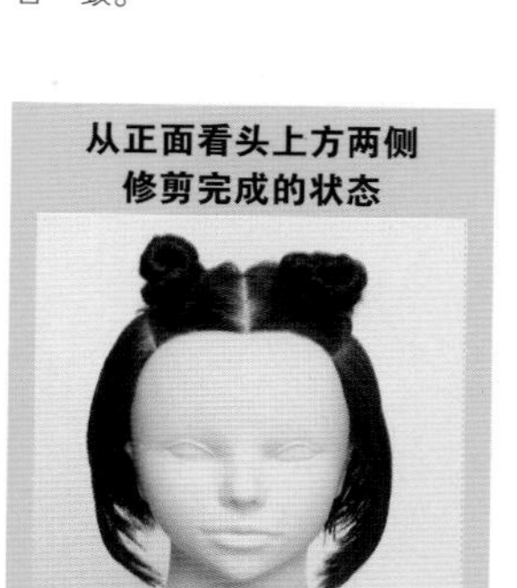

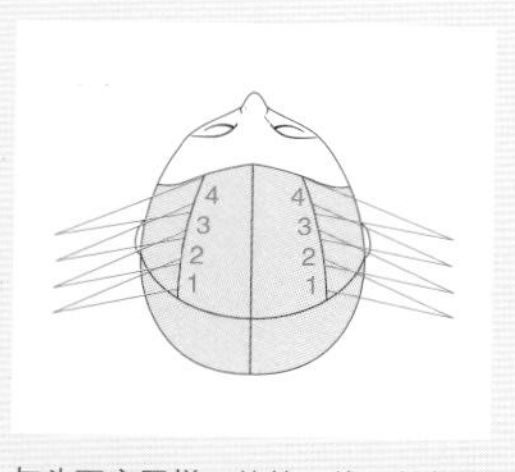

与头下方同样，从第二线开始将发束聚拢提拉到前一个发片的位置进行修剪。

左侧修剪完毕

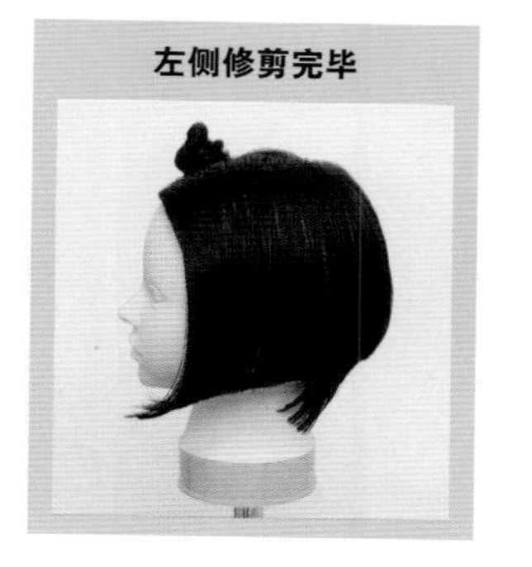

右侧修剪完毕

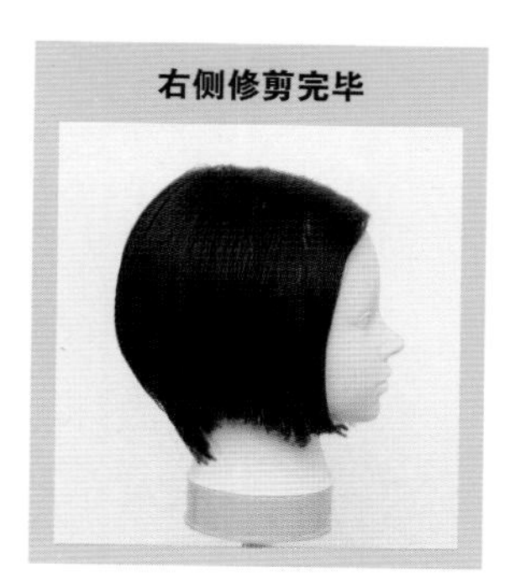

检查修剪

如图所示，提拉正中线上的发束进行检查修剪。

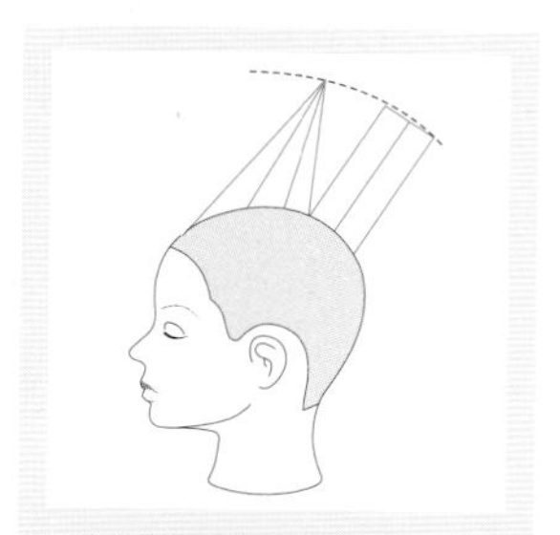

围绕着前部，依次向上提拉发片，进行修剪。

纵向提拉发片，连接顶部与GP点。但是要注意，如果修剪掉GP的发束，重量点会消失。

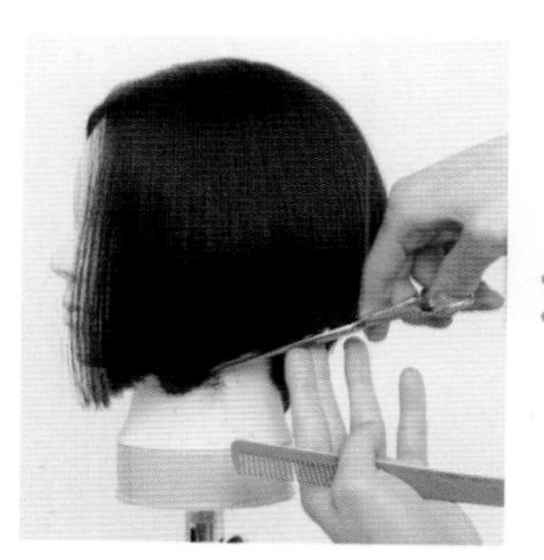

吹风后，进行鬓角和后颈侧点的检查修剪。不要修剪形成向前斜下造型的发梢。

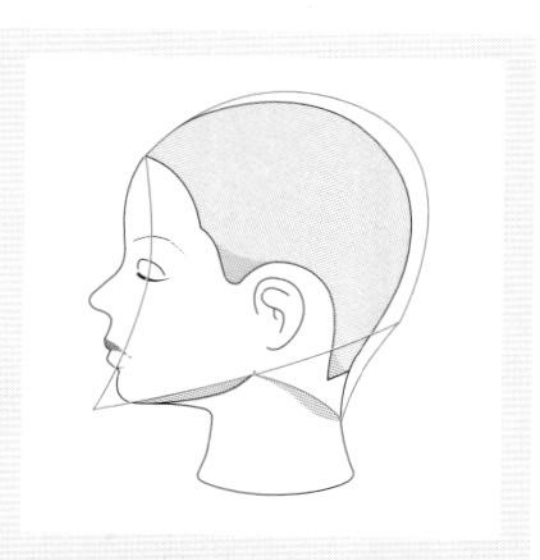

检查修剪以鬓角、后颈侧点、轮廓线为中心长出的头发。

向前倾斜假发模头，修剪以轮廓线为中心长出的头发。

干剪修剪完毕

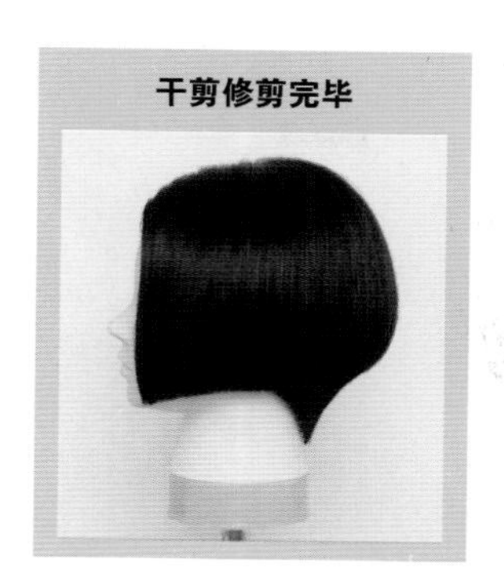

利用重量点的高低制作的造型

重量点高的向前斜下造型

设定略高的重量点来强调向前斜下的线条，打造硬朗的造型。

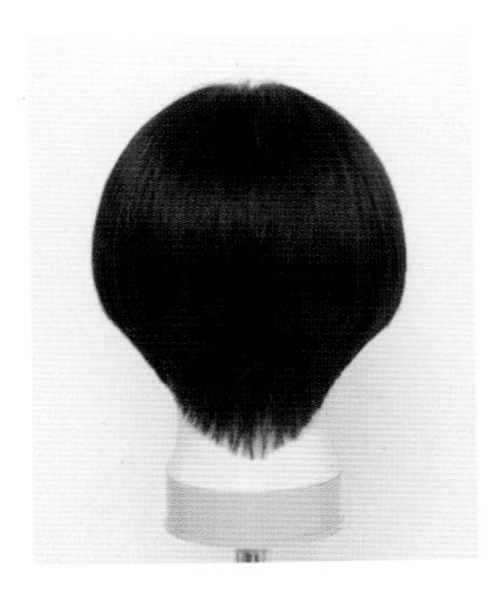
后面

前面

右侧

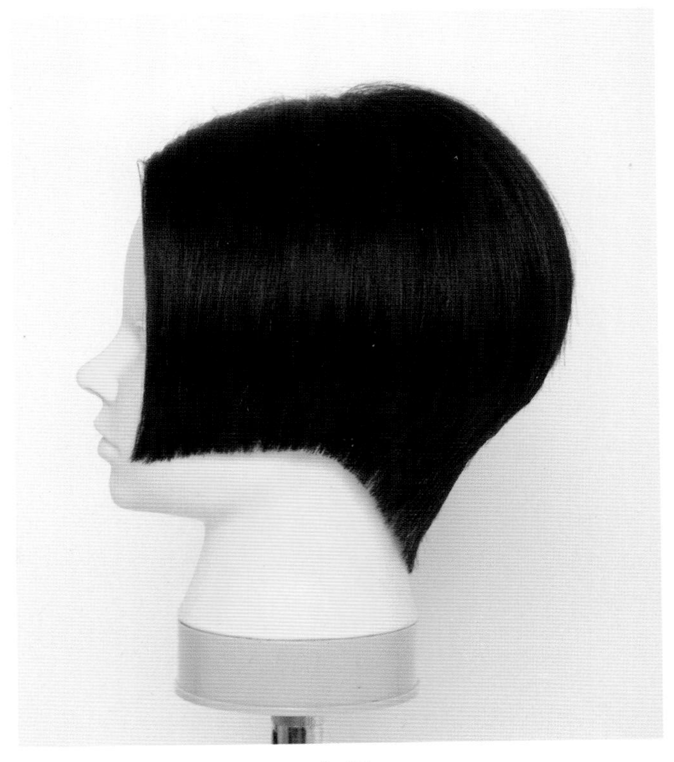
左侧

操作过程

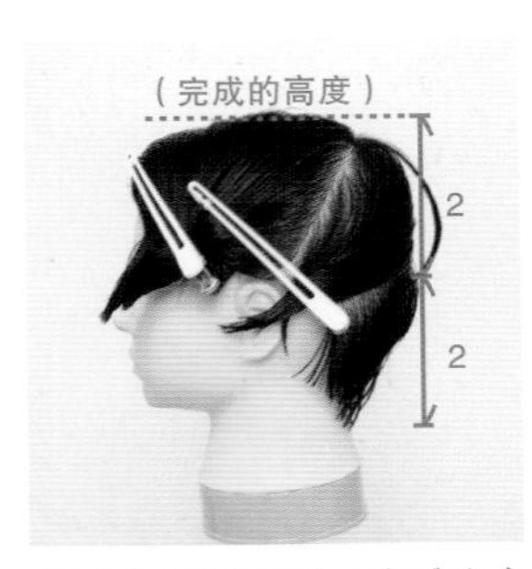

将GP的发束调到高于标准高度（2：2）的位置进行修剪，制作重量点。

以45° 提拉颈背发束的发梢A和GP发束的发梢B，想象连接AB的修剪线。

沿着想象的修剪线，从后颈中心点修剪至后颈侧点。

后面上方的最后一条线。以下边的发片为引导线，提拉发片的角度控制在45° 进行修剪。

重量点低的向前斜下造型

设定略低的重量点，形成向前斜下的舒缓的线条，打造柔和的造型。

后面

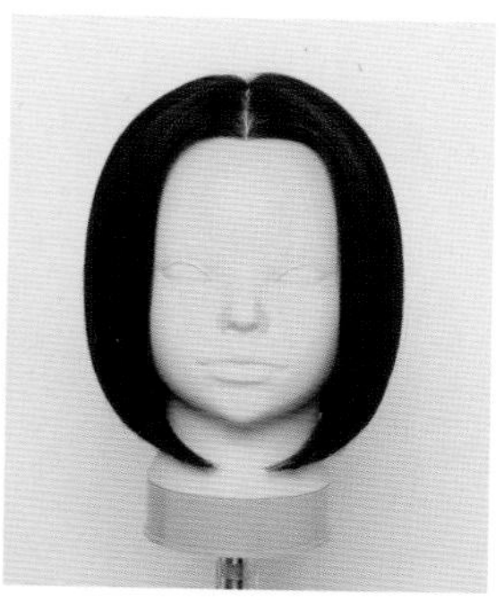

前面

右侧

左侧

操作过程

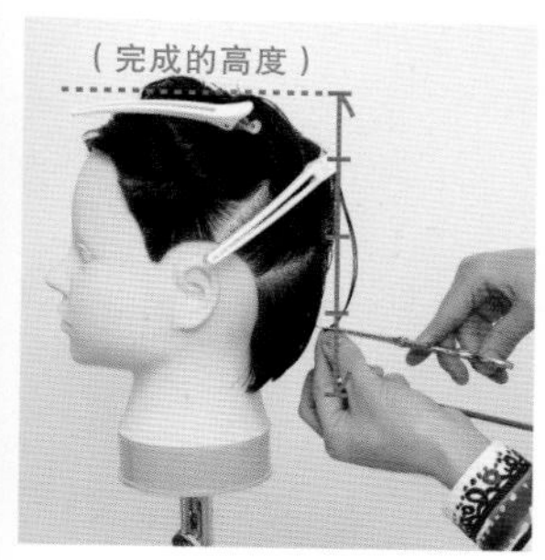

将GP的发束调到低于标准高度（3：1）的位置进行修剪，制作重量点。

以45°提拉颈背发束的发梢A和GP发束的发梢B，进行AB的连接修剪，使后面轮廓线留下厚重感。

将中间的后颈中心点的发束沿着想象的修剪线进行修剪。依次朝后颈侧点方向进行修剪。

头上方的后颈中心点的发束，以下边的发片为引导线进行修剪。提拉发片的角度控制在45°，朝后颈侧点方向进行修剪。

圆形高层次和方形高层次

要点在于“发片的提拉方法”。
一边比较形状一边来掌握两种造型吧。

修剪前要确认！！

圆形高层次和方形高层次的差异

两者都是高层次造型分类的基础。确认两者的差异吧。

1. 造型的形状

〈圆形高层次〉

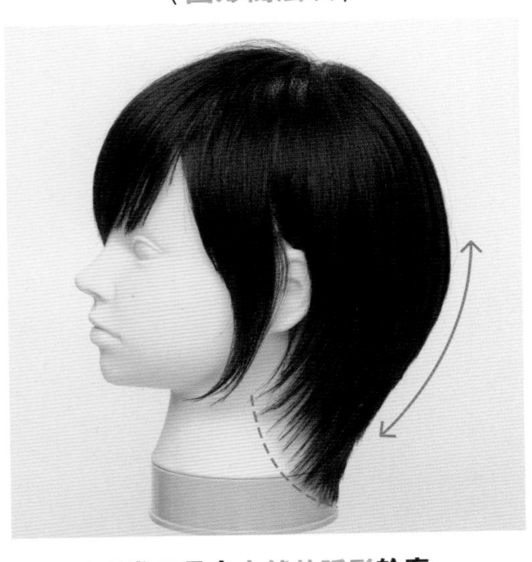

· 到脖颈发际具有自然的弧形轮廓。
· 沿着头发生长边际的脖颈发际。

〈方形高层次〉

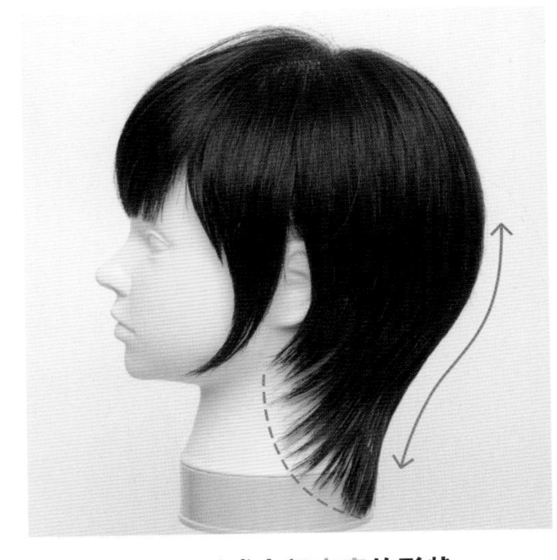

· 到脖颈发际形成中间变窄的形状。
· 脖颈发际长，给人竖长的印象。

2. 发片的提拉方法

〈圆形高层次〉

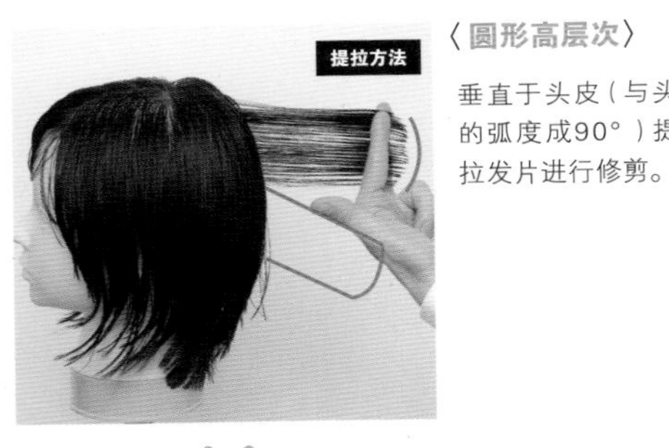

垂直于头皮（与头的弧度成90°）提拉发片进行修剪。

头发垂落时，略带弧形的切口线条。

〈方形高层次〉

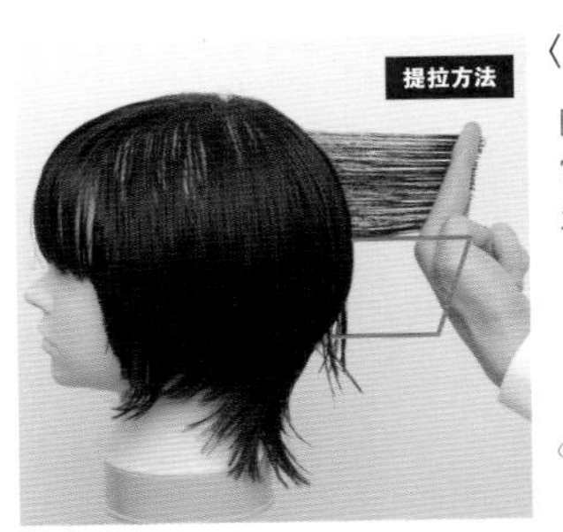

除了顶部与前面，通常与地面平行地提拉发片进行修剪。

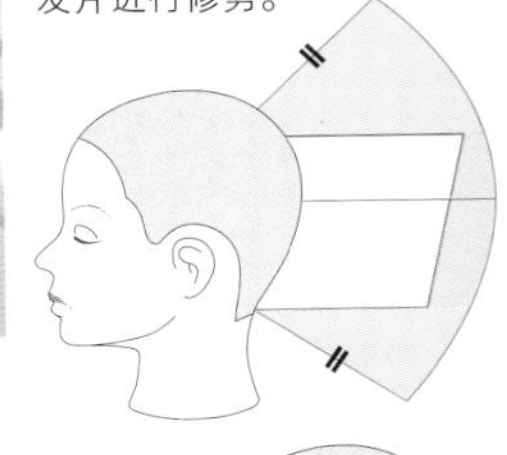

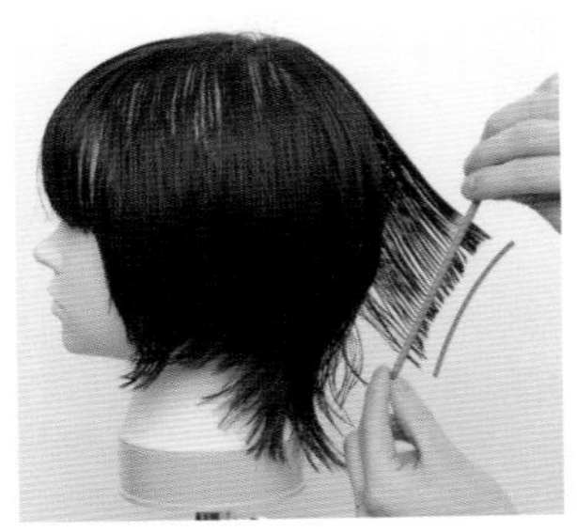

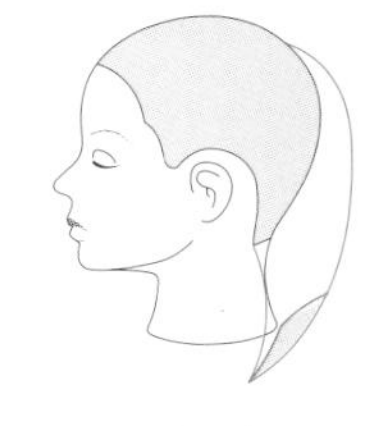

蓝线：圆形高层次
红线：方形高层次

头发垂落时，形成感觉中间凹进去的切口线条。

圆形高层次

将所有发片都垂直于头皮提拉进行圆形高层次修剪。造型特征为具有沿着头的弧度形成的自然的形状和整洁的发梢。

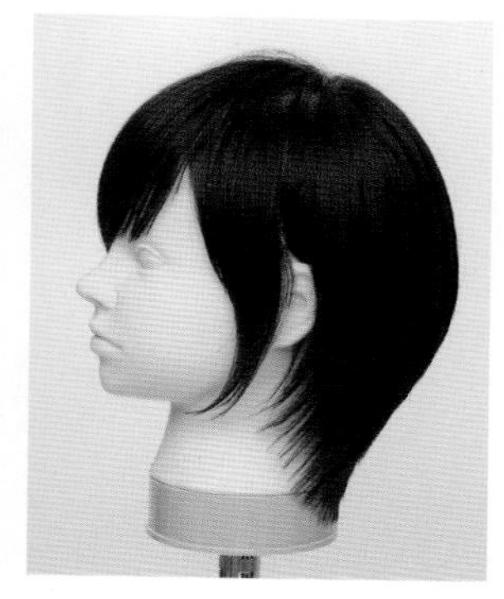
左侧

前面

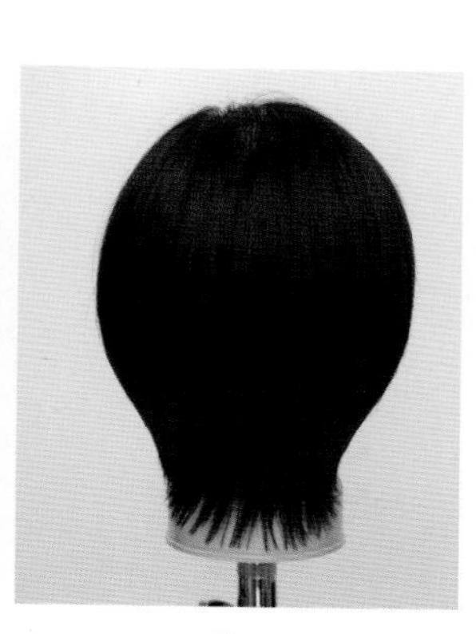
后面

右侧

修剪此造型的要点

修剪姿势、站立位置

· 左手从手指到肘部要时常保持直线状。

· 修剪线与两肩的线条要保持平衡。

· 为能以正确角度提拉发片，要围绕头部移动身体。

右侧中间层

右侧上层

顶部

修剪侧中线前方

侧中线上的发束垂直于头皮进行提拉，长度设定为梳子的4/5（约15cm），进行直线修剪。

以修剪的发束长度为引导线，与头皮保持垂直，划分4条发线向前进行修剪。图片为最后一个发片。

要点

最后发片的提拉角度。可以看出是与头的弧度成90° 进行提拉的。

因为分取横向发片进行了修剪，所以前部要分取纵向发片进行检查修剪。不改变长度，修角即可。

在正中线划分整个头发。垂直于头皮提拉侧中线上的顶部到头盖骨的发束，以梳子的4/5长度进行修剪。

修剪侧面下方

以修剪过的前一个发片为引导线，与头皮保持垂直，以放射线状进行修剪。相片为最后一个发片。另一侧也以同样方法进行修剪。

侧中线上的侧面的头发也以垂直于头皮提拉，以梳子的4/5的长度进行修剪。

以修剪过的前一个发片长度为引导线，与头皮保持垂直向前进行修剪。此图为最后一个发片。另一侧也以同样方法进行修剪。

侧中线前方修剪完毕

修剪侧中线后方

将正中线上的头发以最初的修剪过的发长为引导线，提拉到正上方进行修剪。将切口进行直线修剪。

修剪刘海儿

修剪侧面

以修剪过的前一个发片的长度为引导线，与头皮保持垂直，以放射线状修剪至耳后。

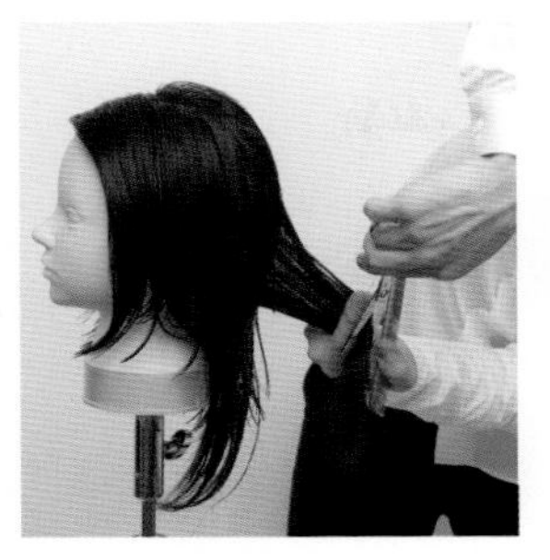

沿着正中线垂直于头皮提拉发片，向后进行修剪。

以眼角宽度分取三角区域，抬高三指位。刘海儿与希望的流向相反方向进行提拉修剪。

刘海儿与鬓角以45° 向前提拉，想象连接两点的修剪线。

基本以相对于头的弧度成90° 提拉发片进行修剪。

侧中线后方修剪完毕

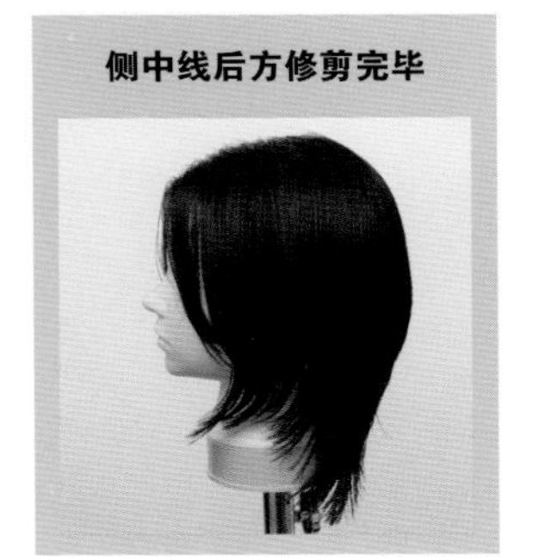

刘海儿修剪完毕

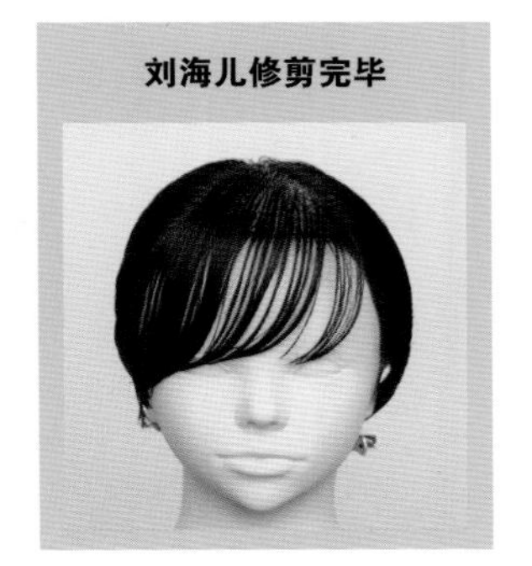

修剪轮廓线

修剪后面

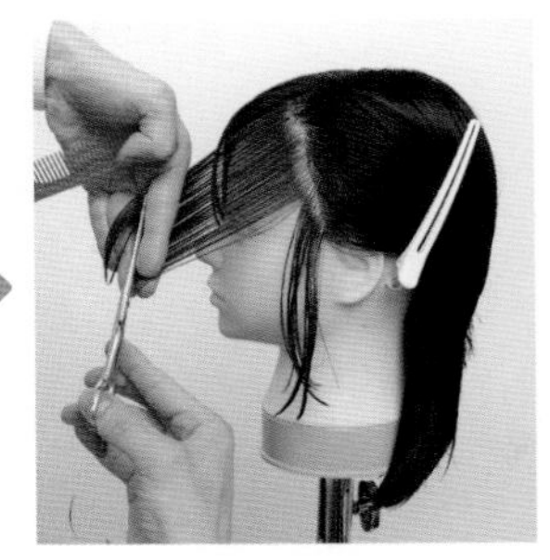

沿着想象的线条修剪侧面的发束。划分5条发线依次向后进行修剪。

长度设定为从发际到15cm长的位置。平行于分发线进行修剪。

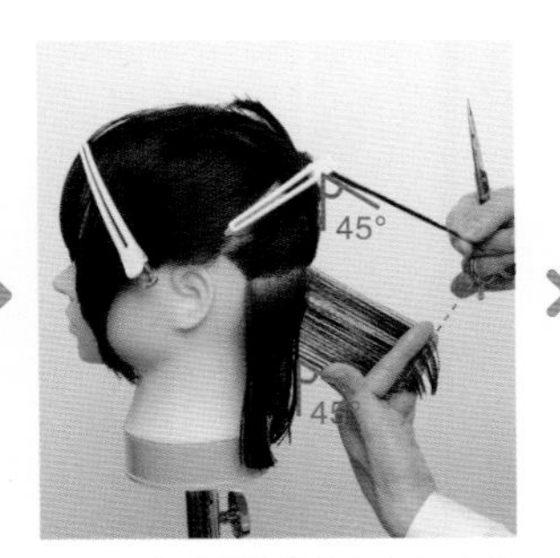

以45° 向后提拉黄金点（GP）和轮廓线的发束，想象连接两点的修剪线。

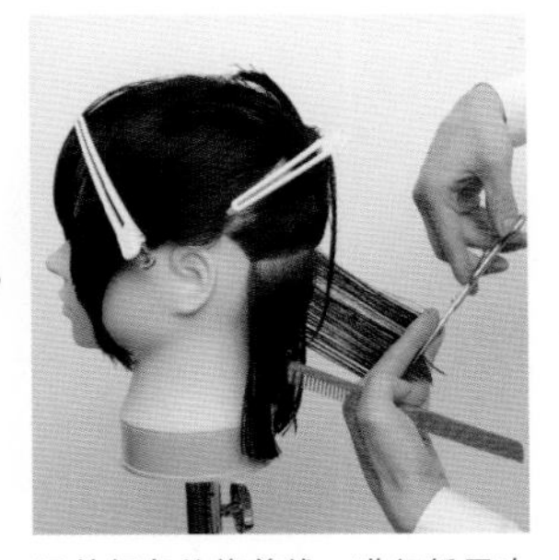

沿着想象的修剪线，进行低层次修剪。照这样朝后颈侧点方向进行修剪。另一侧也以同样方法进行修剪。

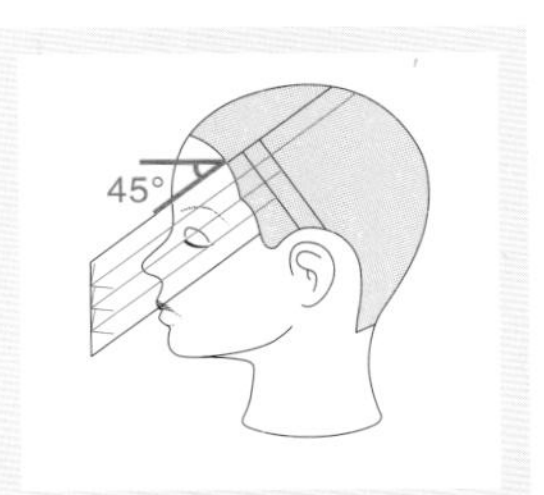

将侧面的发束与地面成45° 向前提拉，全都聚拢到相同位置进行修剪。

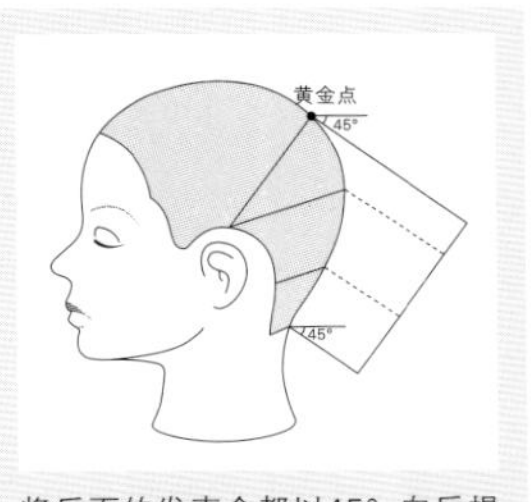

将后面的发束全都以45° 向后提拉，划分3条发线进行修剪。

湿剪修剪完毕

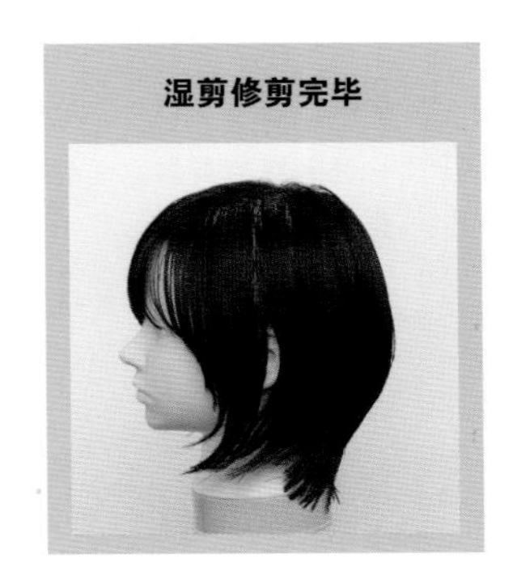

方形高层次

方形高层次是几乎将整个头发与地面平行地进行修剪。具有颈背长、中间变窄的竖长的特征。

左侧

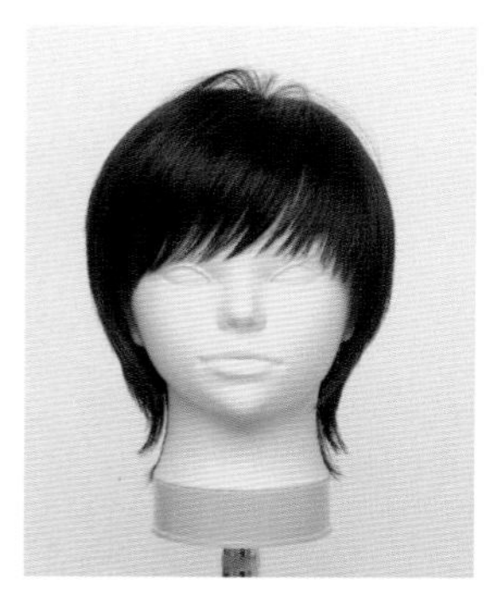
前面

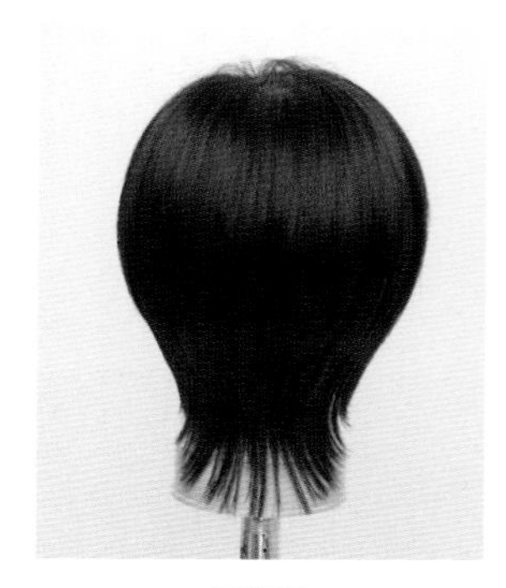
后面

右侧

修剪此造型的要点

修剪姿势、站立位置

· 左手从手指到肘部要保持直线状。

· 修剪线与两肩的线条要保持平衡。

· 为了使提拉的发片位于自己的正面，要适当移动身体。

左侧中间层

右侧上层

修剪轮廓线

长度设定为从发际到17cm长的位置。平行于分发线进行修剪。

修剪后面的第一～第三线

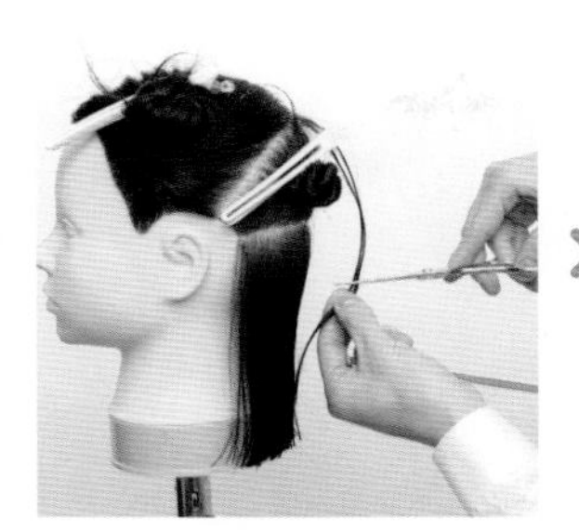

沿着想做的轮廓线的位置，修剪GP的发束，制作重量点。

与地面平行地向正后方提拉GP和轮廓线的发束，想象连接两点的修剪线。

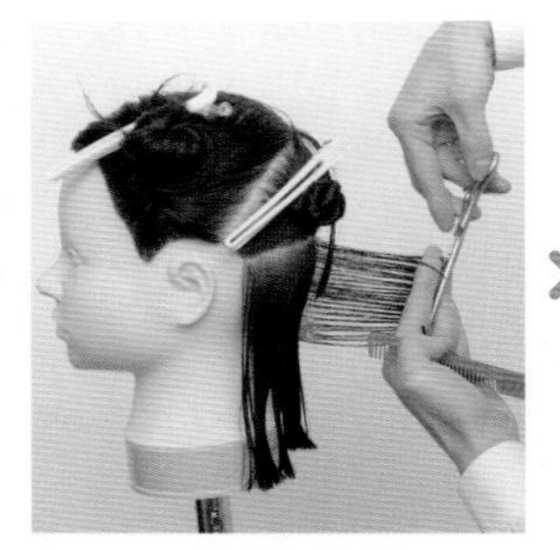

沿着想象的修剪线，先从正中线上进行修剪。

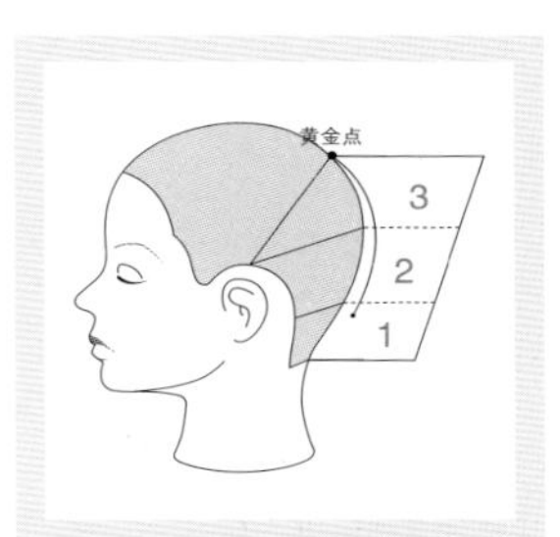

为了使提拉发片时形成如图所示的切口，将后面划分成3条发线进行修剪。

修剪正中线后，垂直于头皮提拉发片，依次朝后颈侧点方向进行修剪。

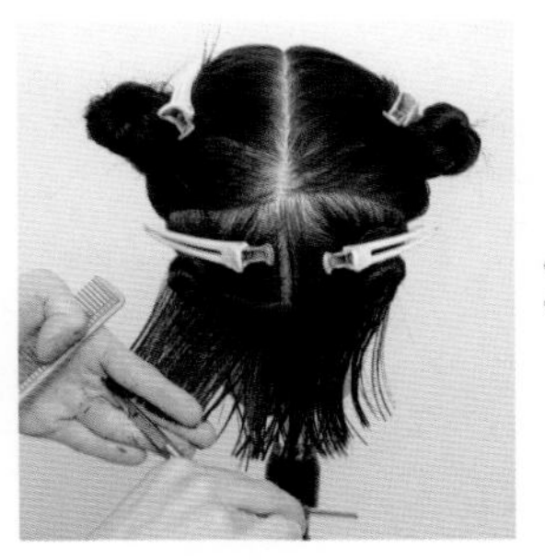

把分取纵向发片修剪过的后面第一线，以分取横向发片进行检查修剪。此时要通过移动，使发片朝向自己的正面。

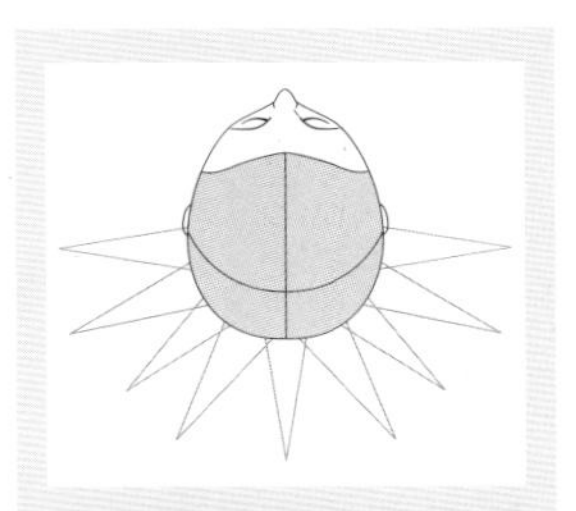

后面要垂直于头皮提拉发片。为了能以正确的角度提拉发片，要围绕着头部移动身体。

以同样的方法修剪至第三线（头上方）后，要根据完成后的印象修整轮廓线的形状。

后面修剪完毕

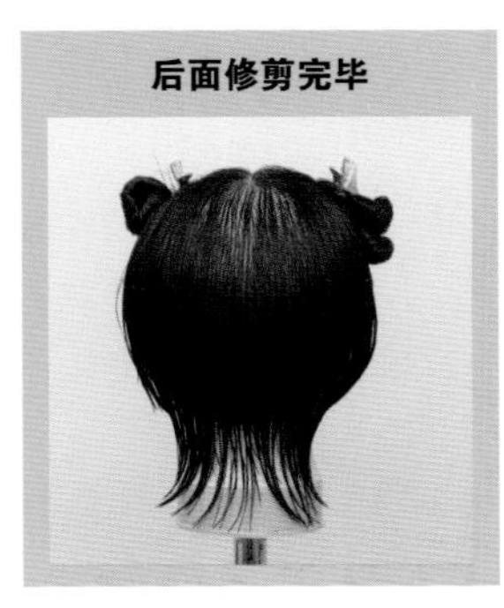

修剪侧面下方

将侧中线前的侧面下方的发束，以后面的头发为引导线进行修剪。垂直于头皮提拉发片，以放射线状进行修剪。

要点

在侧中线分成前后，在比头盖骨略微高的位置，划分发线，分成上下两部分。

垂直于头皮提拉发片，依次向前进行修剪。另一侧也以同样方法进行修剪。

修剪完头两侧下方后，提拉两侧鬓角和太阳穴处的发束，检查长度是否一致。

修剪侧面上方

将侧中线前的侧面上方的发束，以后面头发的长度为引导线进行修剪。垂直于头皮提拉发片，以放射线状进行修剪。

垂直于头皮提拉发片，依次向前进行修剪。另一侧也以同样方法进行修剪。

与后面一样，从侧面到前面也垂直于头皮提拉发片进行修剪。

侧面下方修剪完毕

侧面上方修剪完毕

检查修剪侧中线前方

左右分别进行去角修剪。垂直于头皮提拉顶部的发束，进行检查修剪。照此向前修剪。

头盖骨周边的发束也垂直于头皮提拉，进行去角修剪。

要点

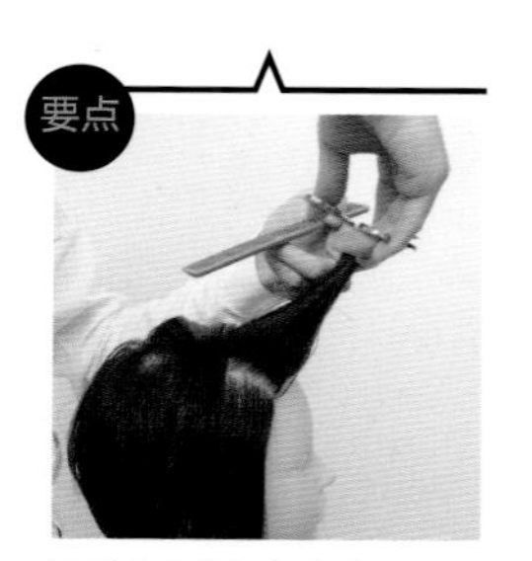

最后发片的提拉角度。可以看出提拉角度与头的弧度成90°。

修剪刘海儿

以眼角宽度分取三角区域，以三外指位的距离抬高进行修剪。这时，刘海儿要与希望的流向相反进行提拉。

刘海儿修剪完毕

检查修剪侧中线后方

调节顶部与后面的边界处出现的发角。垂直于头皮提拉发片进行修剪。对正中线上的头发也要进行检查修剪。

湿剪修剪完毕

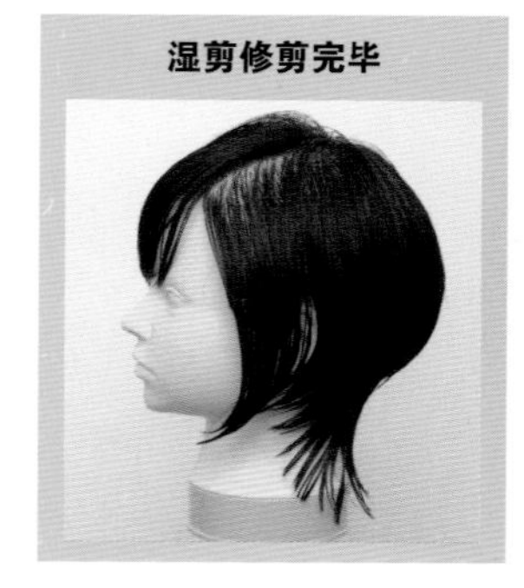

横向分取发片制作短发造型

重点在于向后提拉发片进行修剪，并且要关注根据重量点的做法与发束的聚拢方法不同所形成的线条的差异。

横向分取发片制作高层次短发

将侧面的头发从第一线开始与地面平行地进行修剪，就会形成以横向分取发片所做出的造型中的层次那样宽而竖长的形状。特别是后面及鬓角部分会形成幅度大的层次。

前面

左侧

右侧

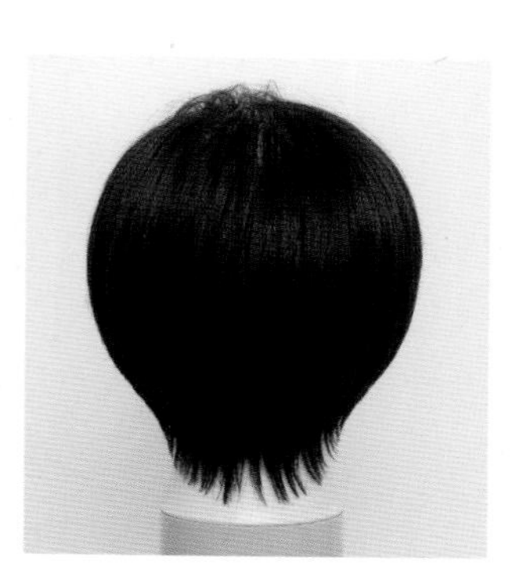

后面

修剪前要确认！！

横向分取发片制作短发造型修剪之前

确认 3 种划分发线的特征及改变发束聚拢方法形成的造型差异！

1. 横向分取发片

〈 横向发片 〉

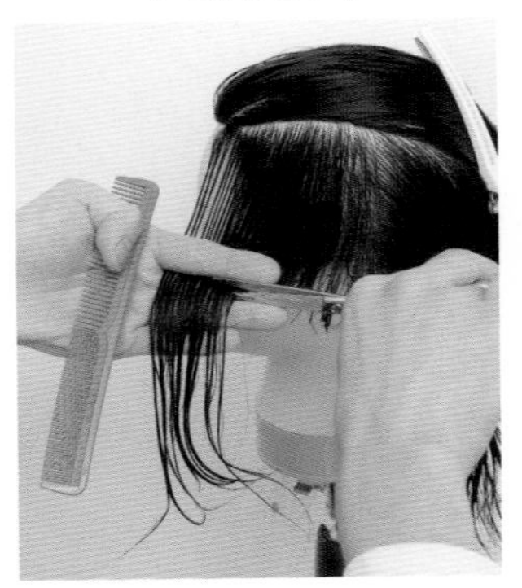

〈完成的造型 〉

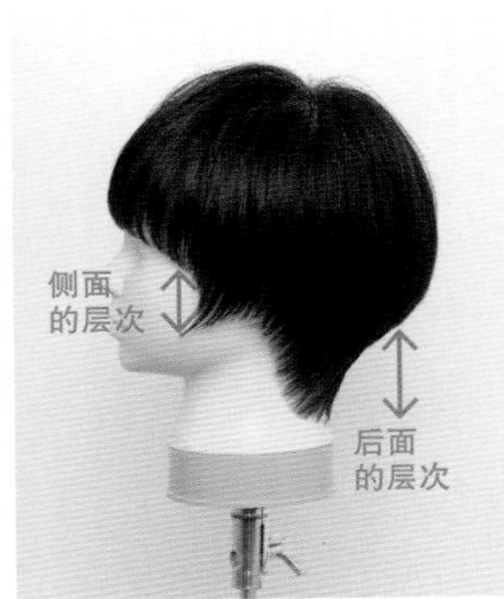

如图片所示，将要修剪的发束横向提拉。将剪刀与此线平行地放入，修剪出强调线条的、层次窄的造型。并且抬高或向前提拉发片进行修剪，形成“偏差”，能使线条融合。

复习

复习其他的划分发线法吧

· 纵向分取发片

将要修剪的发束提拉成一条竖线。修剪高层次等层次幅度大的造型时使用。

· 斜向分取发片

将要修剪的发束提拉成一条斜线。修剪低层次等沿着头的弧度做造型时使用。

2. 横向分取发片进行修剪的侧面发束的聚拢方法

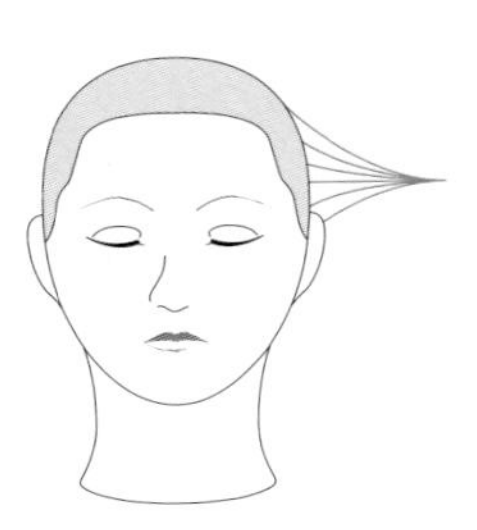

从第一线开始与地面平行地进行修剪。其余的头发也全都聚拢到相同位置。

头发因出现明显的长短差距，形成了中间凹进去的感觉。

●造型案例：p153高层次短发。

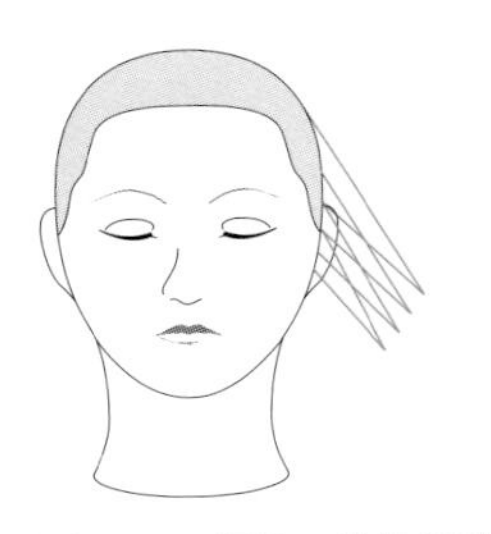

将所有发束以45° 提拉，进行低层次修剪。

因为全部进行了低层次修剪，所以形成了低层次形状。

●造型案例：p159 侧面的低层次。

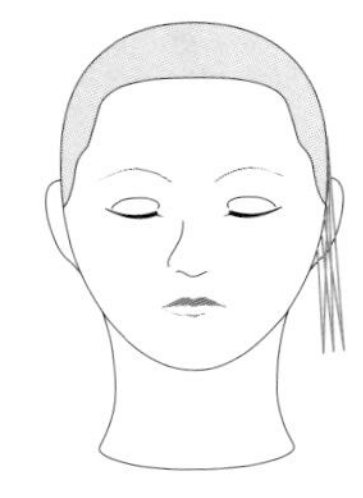

在头发自然垂落的位置进行修剪。

将头发聚拢到自然垂落的位置进行修剪，形成了无层次的一直线鲍勃造型。

●造型案例：p158 盒式鲍勃。

修剪前要确认！！

横向分取发片制作短发造型修剪之前

请留意根据头发的聚拢方法所形成的侧面的轮廓和划分发线的方法吧。

要点1 侧面发束的聚拢方法

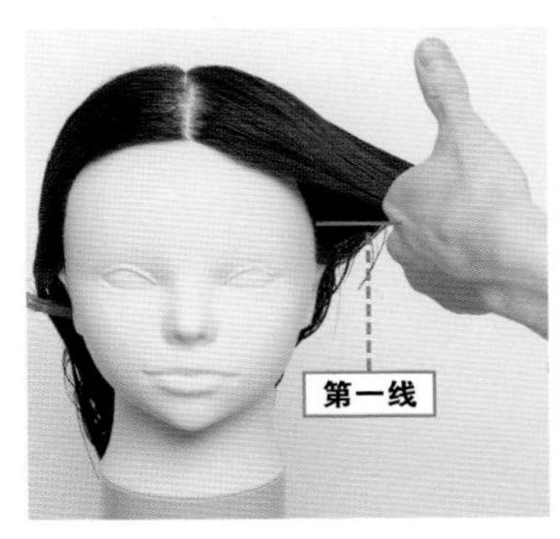

修剪侧面时，横向分取发片。如图所示，从第一线开始与地面平行并且向前45° 提拉发片进行修剪，其余的头发也全都聚拢到相同位置。

要点2 划分发线的方法

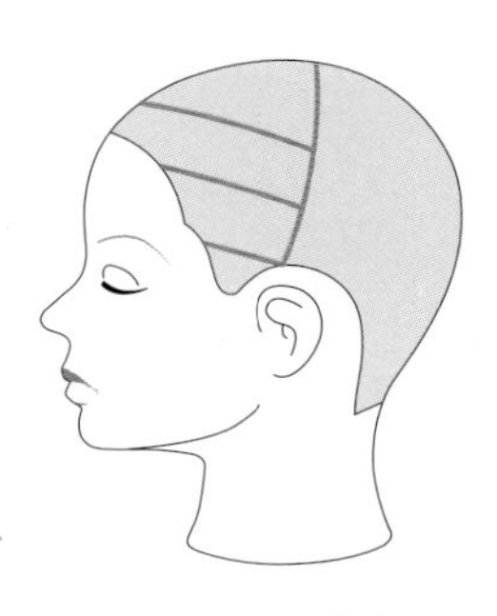

侧中线前方

为了与想要的线条平衡，横向分取发片。

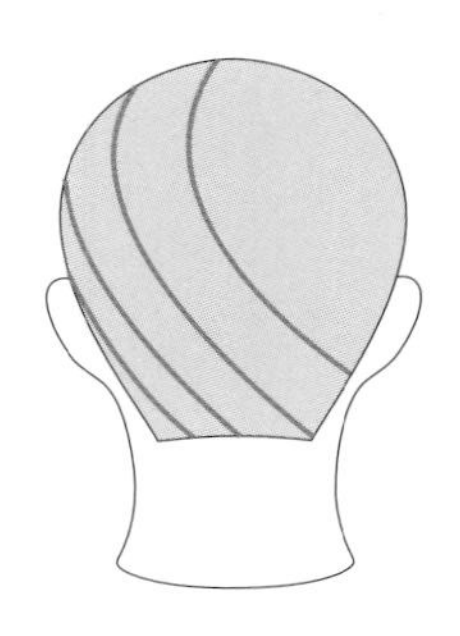

侧中线后方

沿着头的弧度斜向分取发片。

开始操作

修剪侧面（侧中线前方）

将发束全都梳向后方，想象与自己想要的轮廓线平行的分发线。

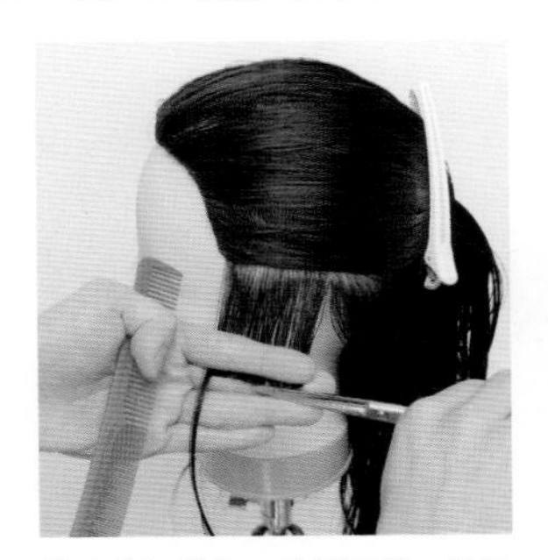

横向分取发片，将侧面第一线的发片与地面平行地抬高，并且向前45° 提拉，沿着刚才想象的线条进行修剪。

将分发线提高到头盖骨上方。将发片聚拢到与第一线相同的位置，横向分取发片进行修剪。

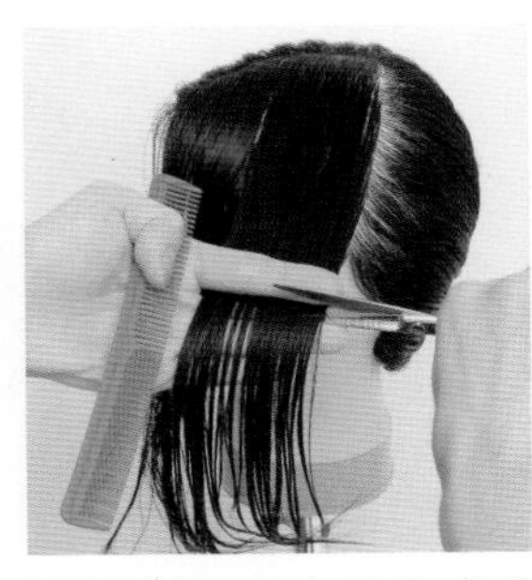

继续修剪侧面最后一条线。将发片抬高到与下边的发片相同的位置，继续进行修剪。

要点

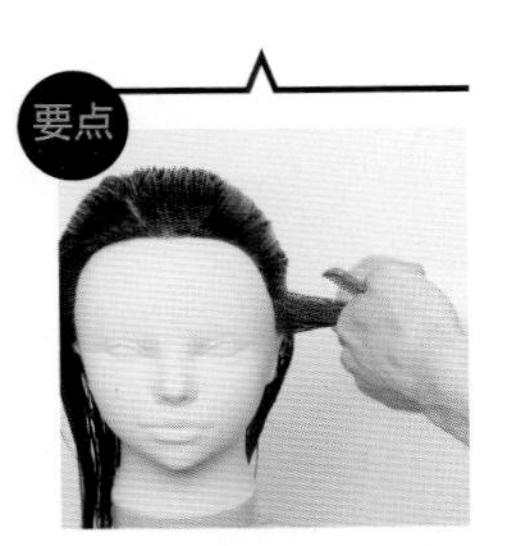

从第一线开始将发片抬高到与地面平行的位置。

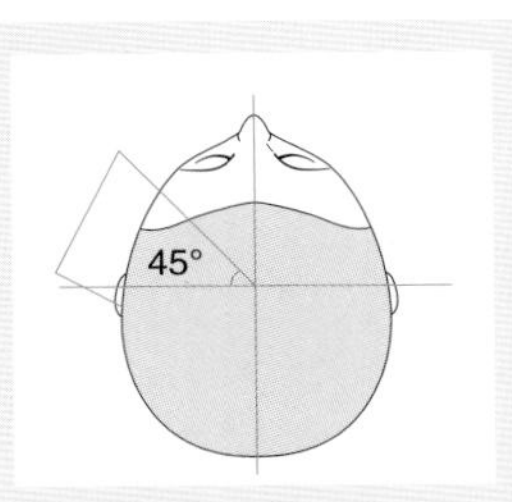

在这里所说的向前提拉45° 是指以正中线与侧中线重叠的点为基准所形成的角度。

侧面（侧中线前方）修剪完毕

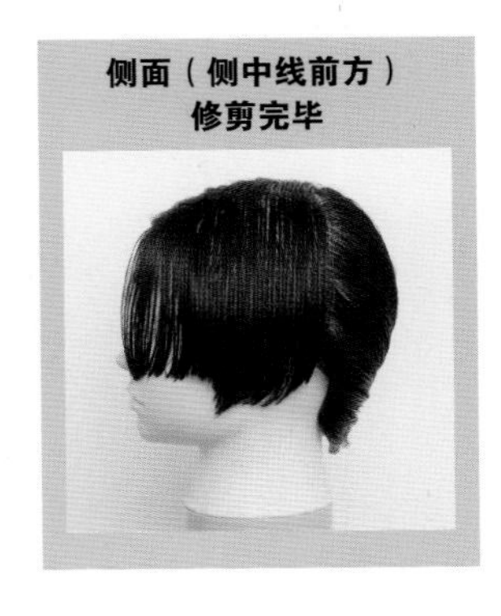

修剪刘海儿

将刘海儿与希望的流向相反方向提拉，沿着想要的线条进行修剪。

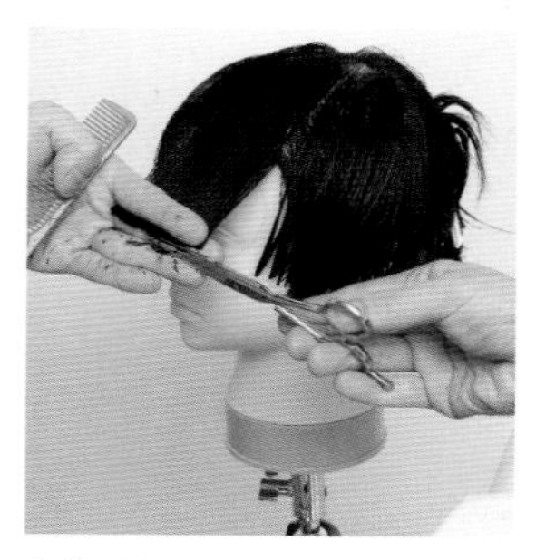
修剪刘海儿与侧面之间形成的发角。

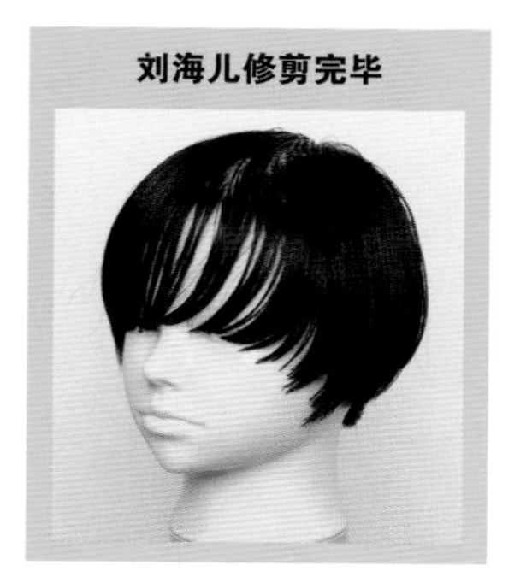
刘海儿修剪完毕

修剪侧面（侧中线后方）

连接侧面与刘海儿。将耳上点和脖颈发际的发束以45°提拉，想象连接两点的修剪线。

沿着刚才想象的修剪线修剪后面第一线。将发片抬高，与边缘轮廓线平行地进行修剪。

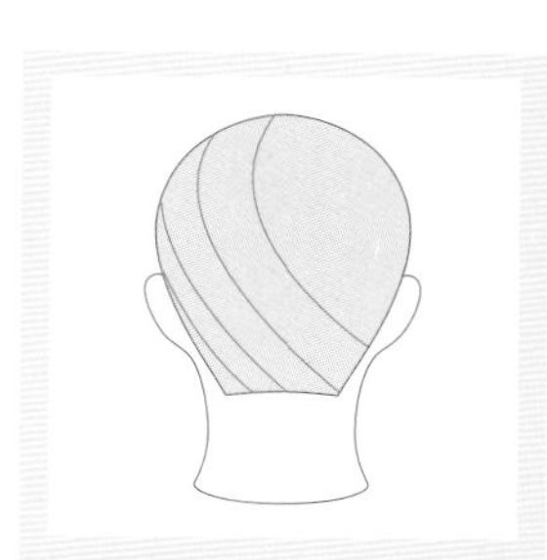
将后面沿着头的弧度斜向分取发片，划分4条发线进行修剪。

沿着头的弧度，在比前一个发片更深的位置划分发线。将发片聚拢到与第一线相同的位置，以引导线为基准进行修剪。

后面的最后一条线。将后面的发束全部聚拢到与第一线相同的位置进行修剪。另一侧也以同样方法进行修剪

后面进行检查修剪。

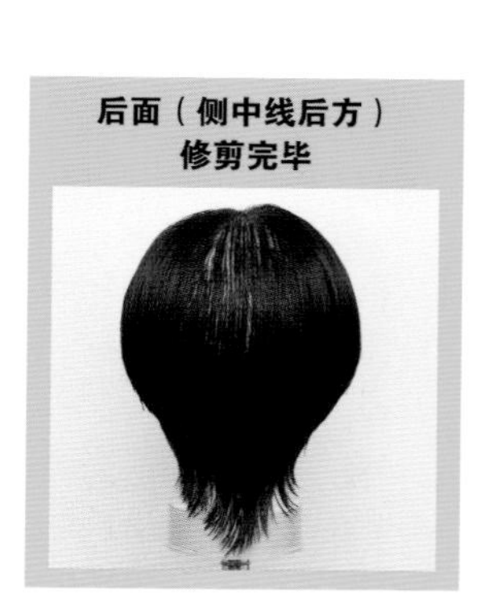
后面（侧中线后方）修剪完毕

修剪轮廓线

将轮廓线长度修剪成从发际到5cm长的位置。

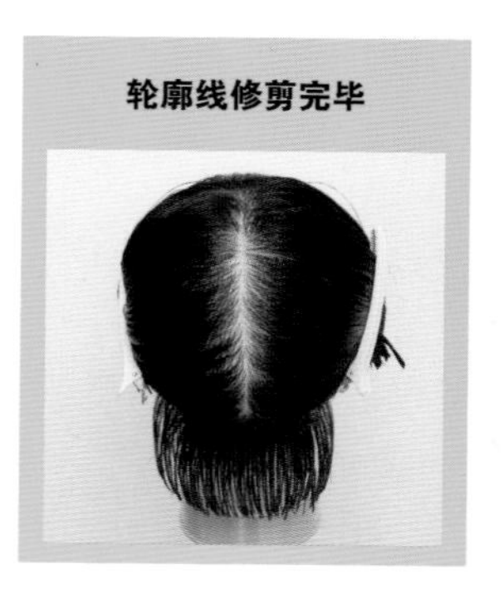
轮廓线修剪完毕

修剪后面

横向分取发片，依次抬高进行修剪，将后面做出自然的弧形。

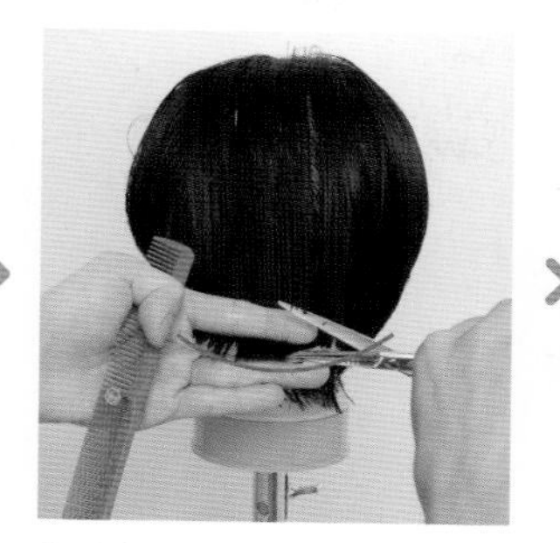

将刚才从正中线修剪至后面时形成的发角，呈弧形进行检查修剪。

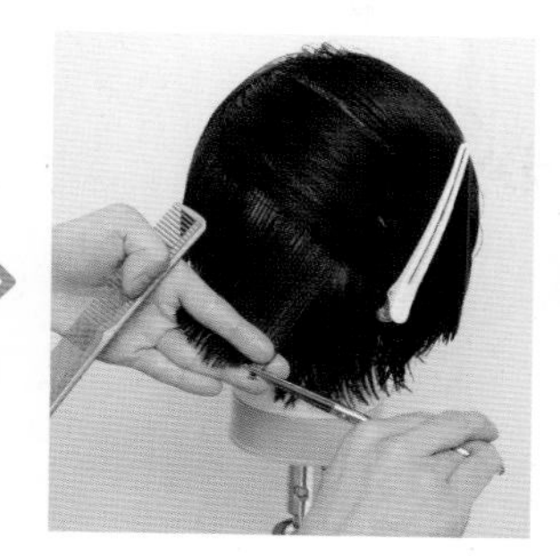

修剪后面与侧面之间形成的发角，将切口修剪成舒缓的弧形。

以同样的方法，围绕着头后面提拉发片，修剪发角。

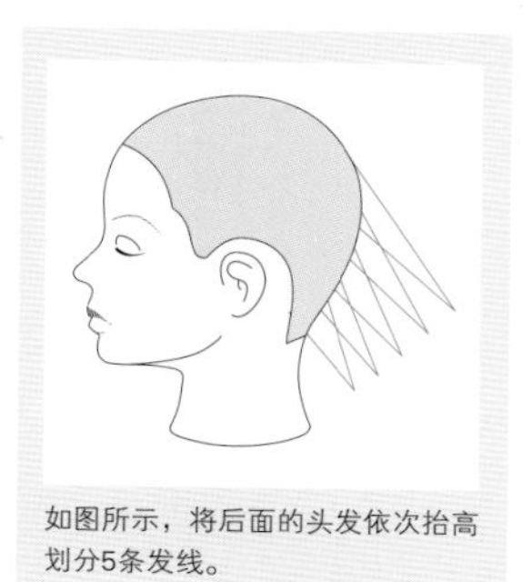

如图所示，将后面的头发依次抬高划分5条发线。

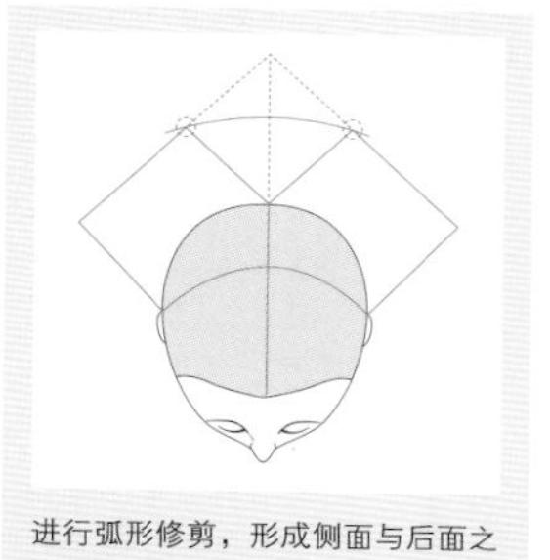

进行弧形修剪，形成侧面与后面之间的发角。

后面修剪完毕

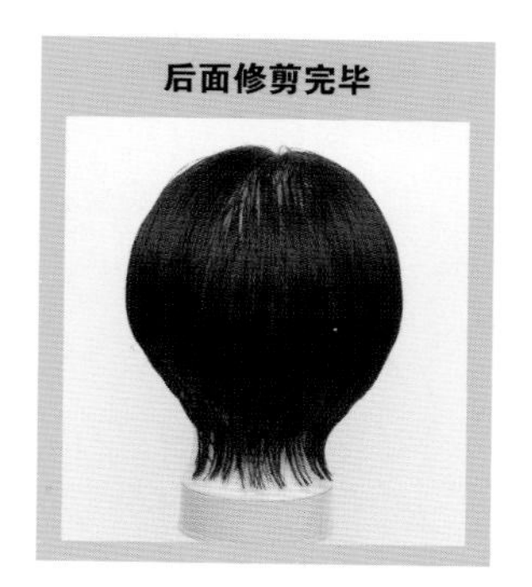

检查修剪

将顶部的头发向正上方提拉，长度设定为15cm，修剪成舒缓的弧形。照此向前进行修剪。

向前进行修剪时，要划分成4条发线垂直于头皮提拉发片。

将整个头发从正中线上进行划分，垂直于头皮提拉侧中线上的、从顶点到头盖骨的发片，向前进行修剪。

连接顶点和后面。从正中线到侧中线以放射线状进行修剪。

将斜向、横向分取发片进行修剪过的后面，纵向分取发片进行检查修剪。

湿剪修剪完毕

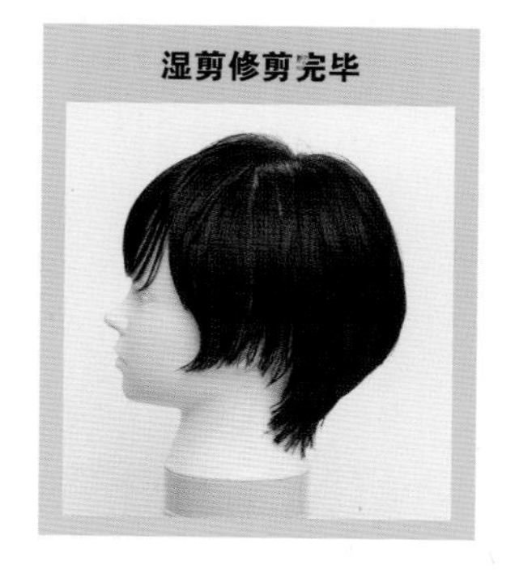

因侧面
头发的聚拢方法的不同
而产生的造型变化

横向分取发片制作盒式鲍勃

将侧面全都向前提拉 45° 进行修剪，制作无层次的一直线鲍勃造型。
后面打造出低层次特有的厚重感和弧形造型。

后面

前面

右侧

左侧

操作过程

修剪侧面下方。将发片向前提拉45° ，平行于分发线进行修剪。

头上方以头下方为引导线，将发片向前提拉45° ，在与第一线相同的位置进行直线修剪。

后面的头盖骨下方以侧面的长度为引导线，将发片向前提拉45° ，进行直线修剪。

后面的头盖骨上方以头下方为引导线，将发片向前提拉45° ，进行直线修剪。

横向分取发片制作侧面的低层次

侧面从头发自然下垂的位置依次抬高进行修剪，制作比较舒缓的低层次。

后面

前面

右侧

左侧

操作过程

将侧面划分成3条发线，以一手指位抬高，与想要的线条平行地进行修剪（图片为最后一个发片）。

连接侧面与后颈侧点。以一手指位抬高，依次围绕后面的发束进行修剪。

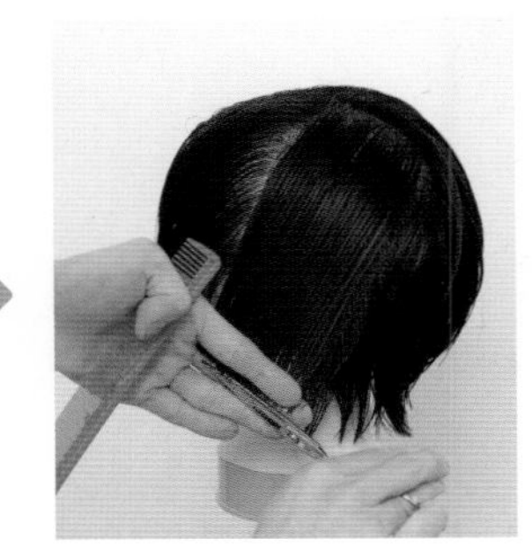

头后面的最后一个发片。

将后面的头发以一手指位抬高，进行修剪。将后面划分成3条发线进行修剪。

长发造型的变化

因为是修剪部分少的长发造型，所以要抓住要点，掌握扩展的变化吧。

修剪前要确认！！

制作长发造型的两个要点

想在侧面制作切口层次，需向前提拉发片进行修剪。根据提拉的角度不同，所完成的切口线条出现差异，所以要抓住要点。

1. 轮廓的做法

决定轮廓形状的是重量点（发束的重叠）的位置。
根据重量点的高低，可以分别制作最近流行的两种长发造型。

略低 ← 重量点的位置 → **略高**

3
1

〈"A"字形〉
重量点大约在3：1的位置，
给人以厚重感的长发造型。

2
2

〈菱形〉
重量点大约在2：2的位置，
给人以轻盈感的长发造型。

2. 制作脸部周围造型的方法

由于与刘海儿连接的位置不同，脸部周围切口层次的幅度也有差异。
那么，就根据想要的脸部周围的造型要求来改变连接位置吧。

略轻 ← 脸部周围的重量 → **略重**

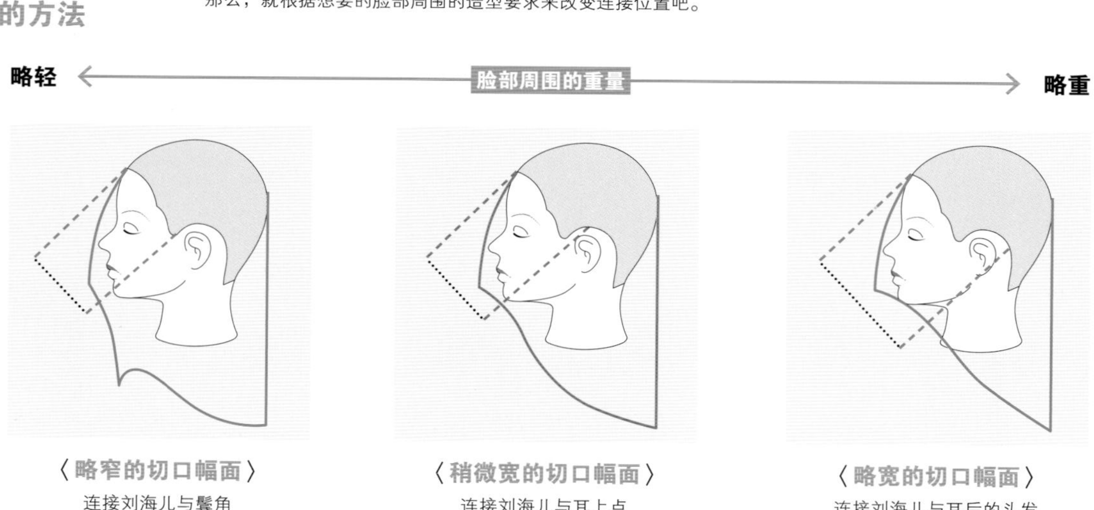

〈略窄的切口幅面〉
连接刘海儿与鬓角

〈稍微宽的切口幅面〉
连接刘海儿与耳上点

〈略宽的切口幅面〉
连接刘海儿与耳后的头发

※虚线为想象出的将两点的发束以前方45° 提拉时的样子。

菱形轮廓的长发造型

重量点位于整体的 2 ： 2 位置附近，是在长发造型中能够给人以略微轻盈感的造型。

左侧

前面

后面

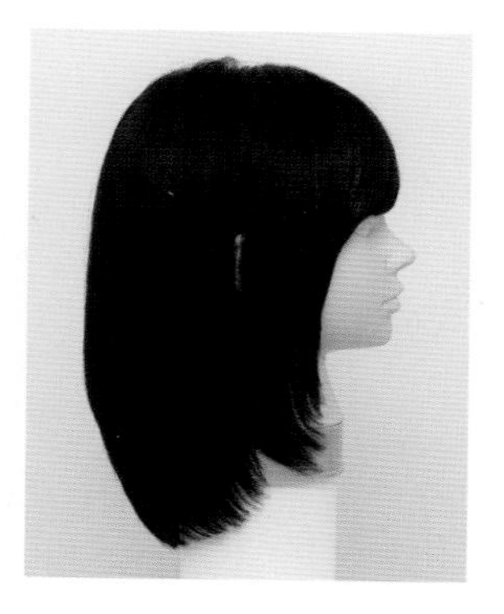

右侧

修剪此造型的要点

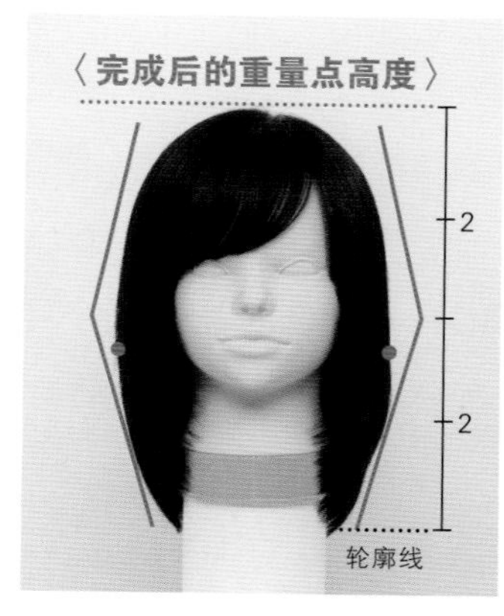

1.
制作菱形轮廓的重量点的设定

要想制作菱形，重量点（发束的重叠）位于完成后的轮廓线高度的2：2附近最为理想。

2.
脸部周围的切口幅面略宽

因为想把脸部周围的切口幅面做得略宽，所以要将刘海儿与耳上点的发束以向前45° 提拉进行修剪。

修剪后面

在耳上点划分发线修剪轮廓线。以“V”字形进行修剪。

将后面上方的发束以头上方为引导线进行修剪。

后面修剪完毕

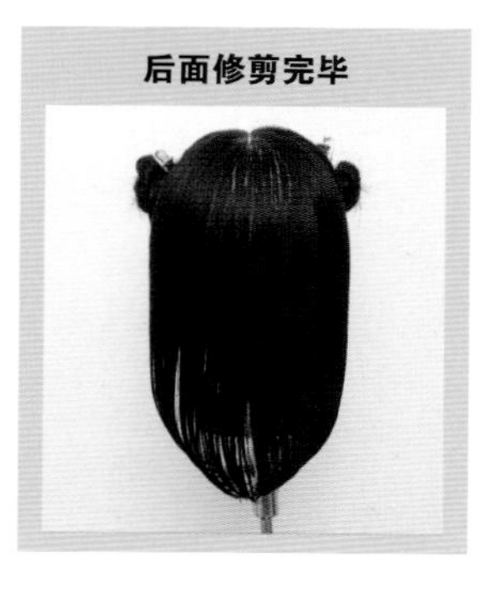

修剪侧面

朝侧面继续修剪。想象着头发到肩膀前的位置，向前提拉发片，以后面长度为引导线进行修剪，做出向前斜上的切口线条。

以后面长度为引导线，朝脸部周围方向进行修剪。

侧面修剪完毕

修剪脸部周围

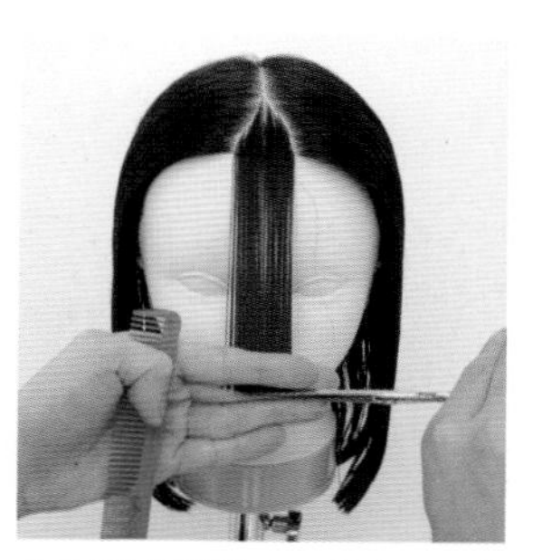

在脸部周围制作切口层次。小范围地分取三角区域的发束，将刘海儿修剪至鼻子与嘴唇之间的位置。

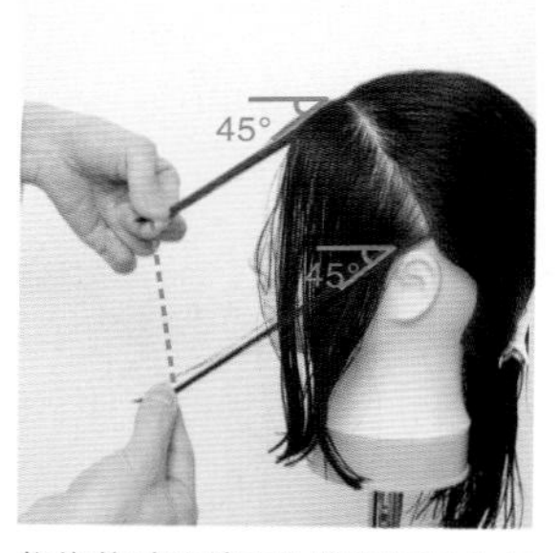

将修剪过的前面的发束和耳上点的发束，以与地面成45°向前提拉，想象在脸部周围制作切口层次的修剪线。

沿着想象的修剪线，修剪脸部周围的发片。连接刘海儿与耳上点，制作略宽的切口层次。

制作脸部周围切口层次的最后一条线。围绕着后面的发片，全部聚拢到相同位置进行修剪。

要点

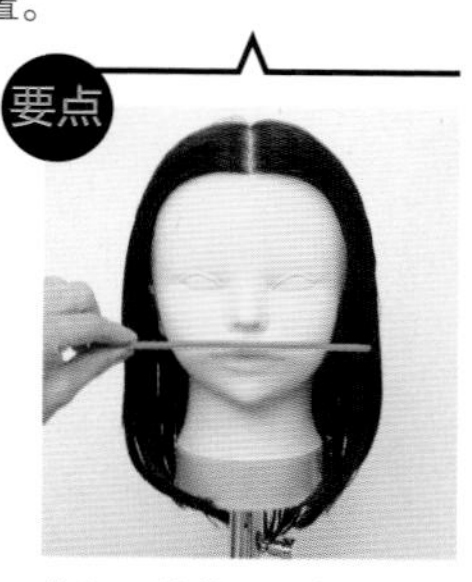

将切口的位置设定在略高于整个轮廓高度的中间位置，是做出菱形轮廓线的要点。

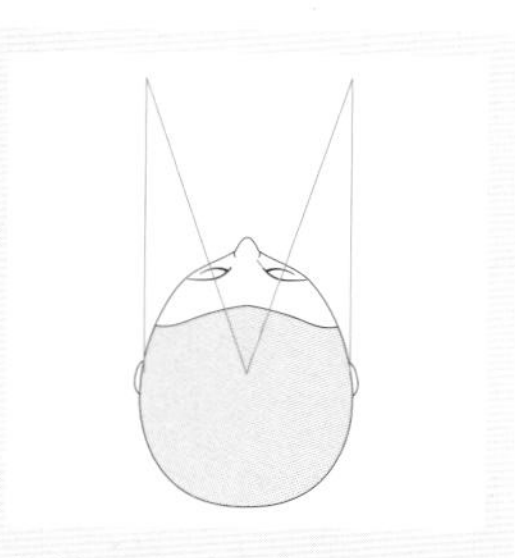

将脸部周围的发片全部聚到相同位置进行修剪。

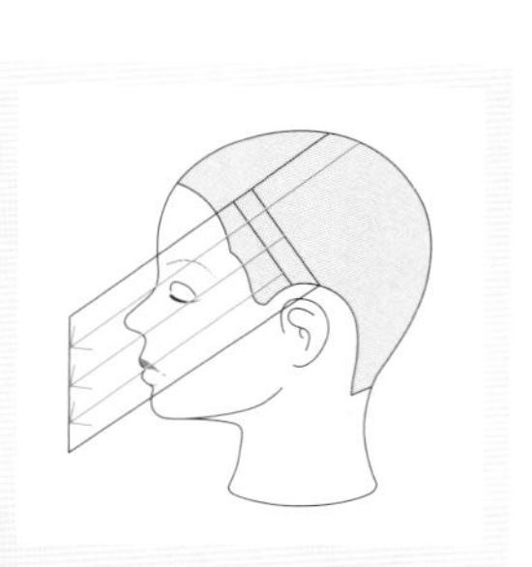

从脸部周围到后面要划分成3条发线进行修剪，制作切口层次。

脸部周围修剪完毕

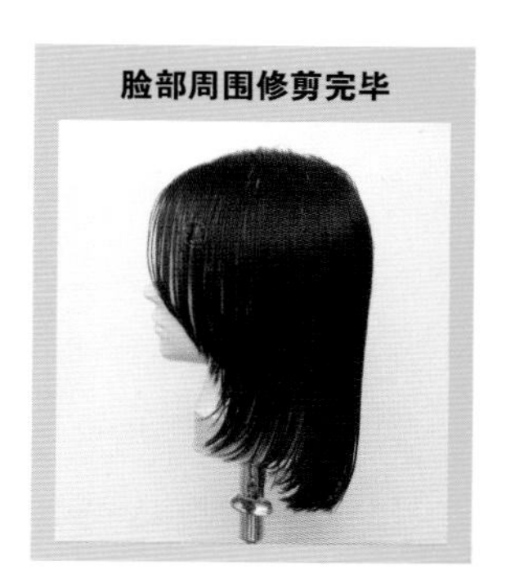

修剪头盖骨上方

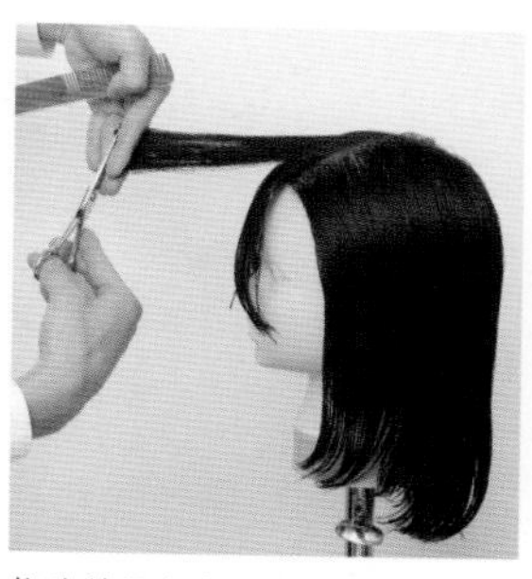

将头盖骨上方的发片平行于地面进行提拉，进行高层次修剪。发片的提拉方法如图所示。

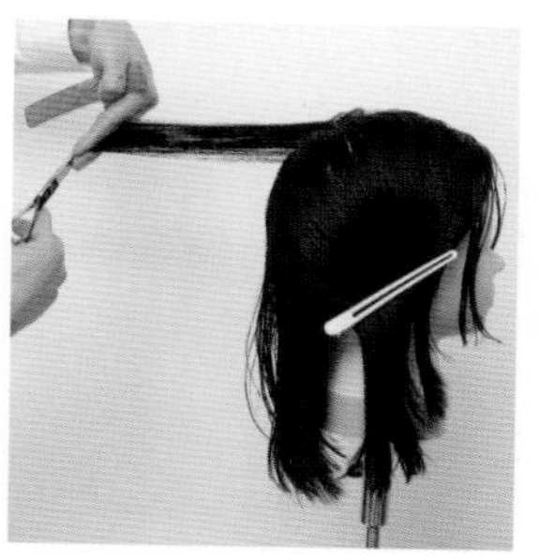

修剪头盖骨上方的最后一条线。保持角度，进行高层次修剪，使头发变得轻盈。

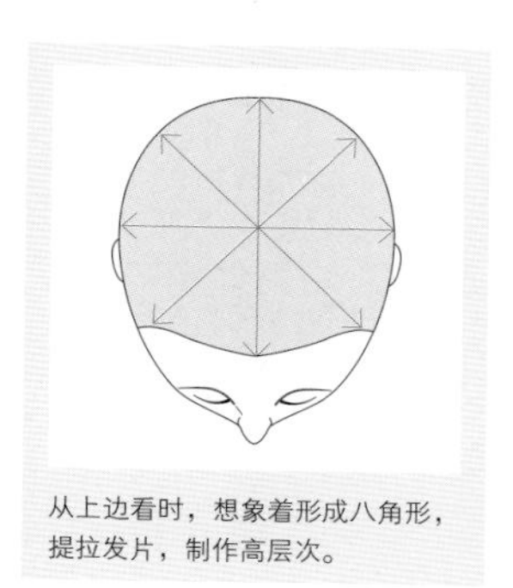

从上边看时，想象着形成八角形，提拉发片，制作高层次。

检查修剪

左右分别要进行去角修剪。将顶部的头发垂直于头皮提拉，照此向前修剪。

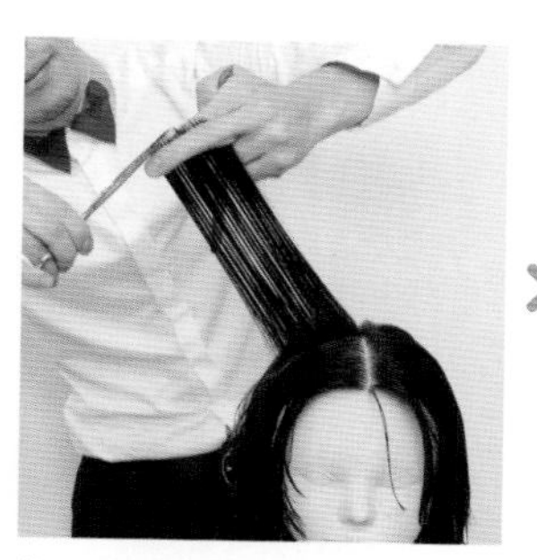

将头盖骨周围的头发也以垂直于头皮的角度提拉，修剪发角。

要点

从侧面看到的最后一个发片的提拉方法。可以看出是与头的弧度成90°进行提拉的。

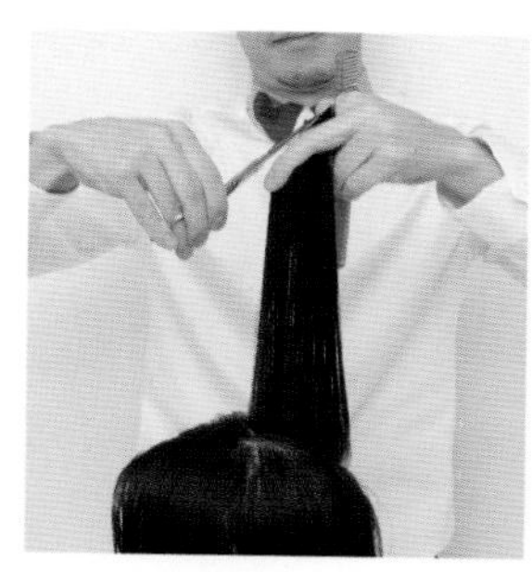

连接顶点和黄金点（GP）。将发片向正上方提拉，进行高层次修剪。

连接GP和后面。沿着头的弧度提拉发片，进行舒缓的低层次修剪。

修剪刘海儿

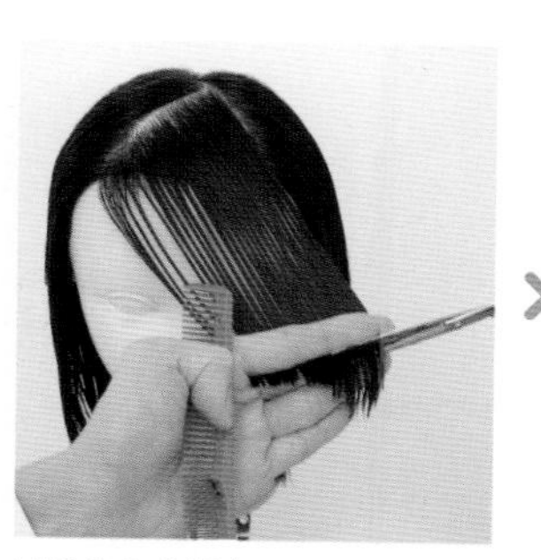

以眼角宽度划出三角区域，与地面平行地提高进行修剪。这时要将刘海儿提拉至与希望的流向相反的方向。

将右侧侧面的发束再一次向前提拉进行修剪，融合发梢。

刘海儿修剪完毕

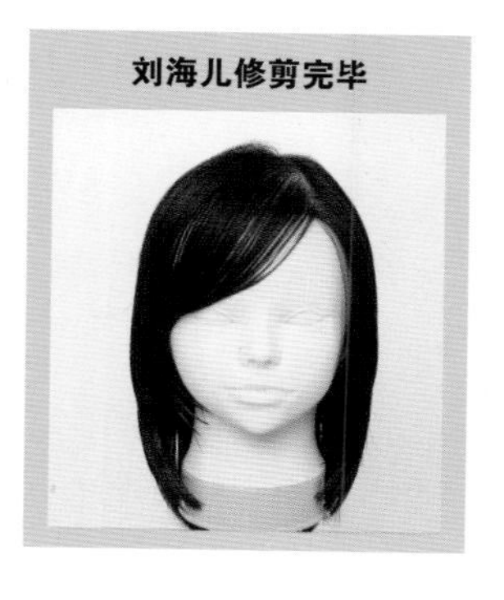

湿剪修剪完毕

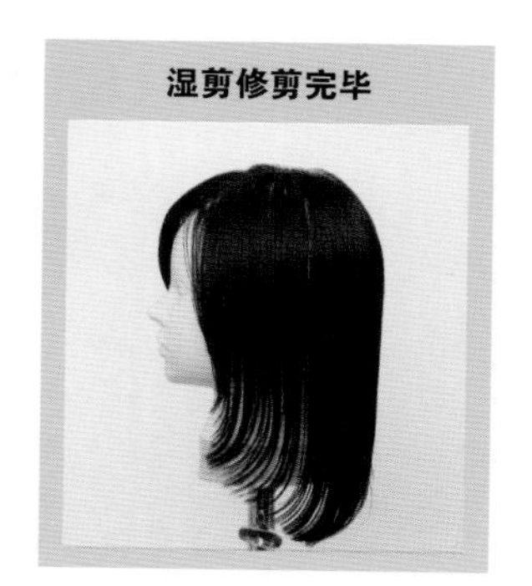

“A”字形线条轮廓的长发造型

重量点位于整体高度的3：1附近，所以造型是像字母“A”那样，下边变宽，具有厚重感。

左侧

前面

后面

右侧

修剪此造型的要点

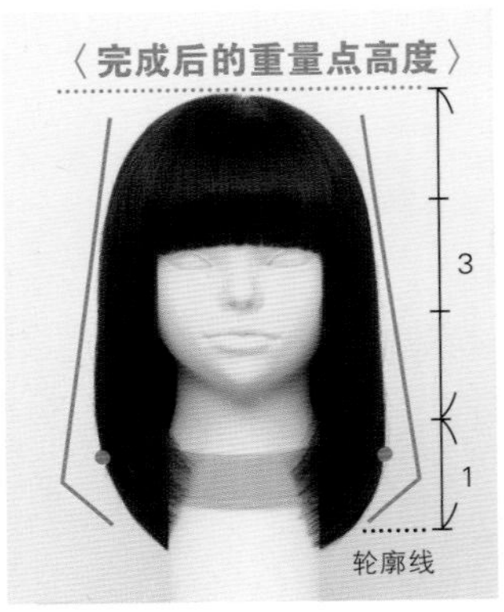

1. 制作“A”字形线条轮廓的重量点设定

要想制作“A”字形线条，重量点（发片的重叠）应位于完成后轮廓线高度的3：1附近最为理想。

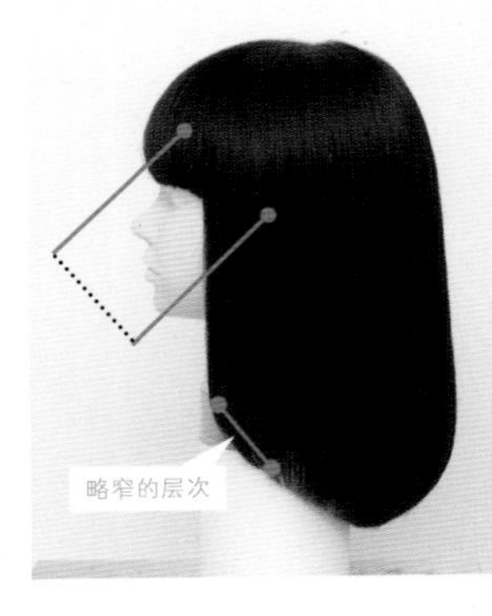

2. 脸部周围的切口幅面变窄

因为想把脸部周围的切口幅面做窄，所以将刘海儿与鬓角的发片以向前45°提拉进行修剪。

修剪刘海儿

将刘海儿修剪至眉下附近的位置。因为要配合厚重的“A”字形线条，刘海儿也想修剪得厚重些，所以将剪刀以水平方向放入。

修剪刘海儿时，将发片抬高至与地面平行的位置进行修剪，这样发片会适当地重叠。

刘海儿修剪完毕

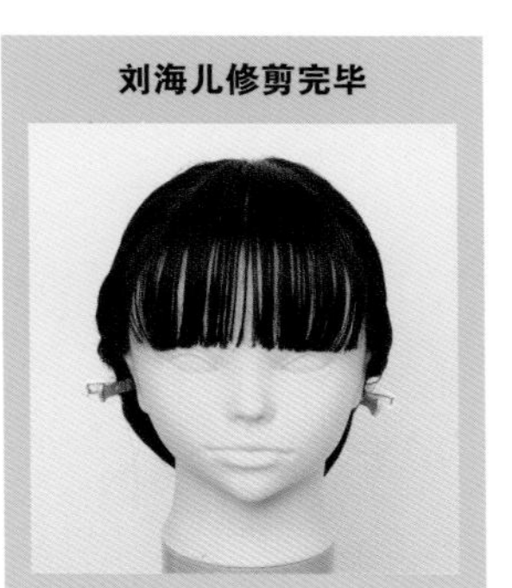

修剪后面

在耳上点划出分发线修剪轮廓线。以舒缓的“V”字形进行修剪。

头下方的另一侧也以舒缓的“V”字形进行修剪。

将后面上方的头发，以头下方为引导线进行修剪。

后面修剪完毕

修剪侧面。想象着头发到肩膀前的位置，略微向前提拉，以后面头发的长度为引导线进行修剪，制作舒缓的向前斜上的造型。

修剪脸部周围

侧面的发片以后面头发的延长线为引导线，修剪成舒缓的向前斜上造型。

侧面修剪完毕

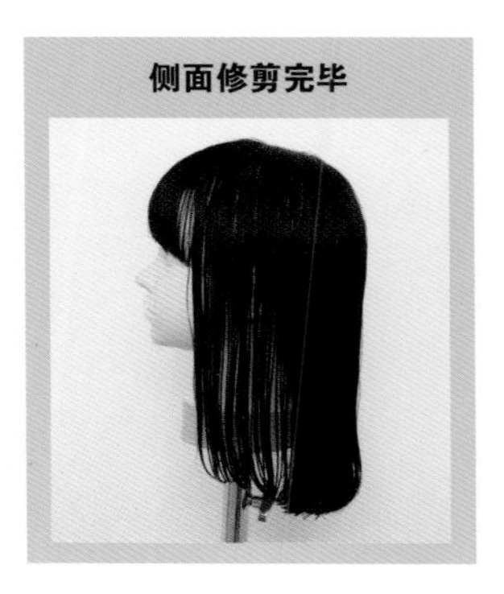

在脸部周围制作切口层次。将起点的前面的头发，在低于整个头发高度的中间的位置进行修剪。

要点

将切口层次的起点设定在低于整个头发高度的中间位置是做出“A”字形线条轮廓的要点。

修剪头盖骨上方

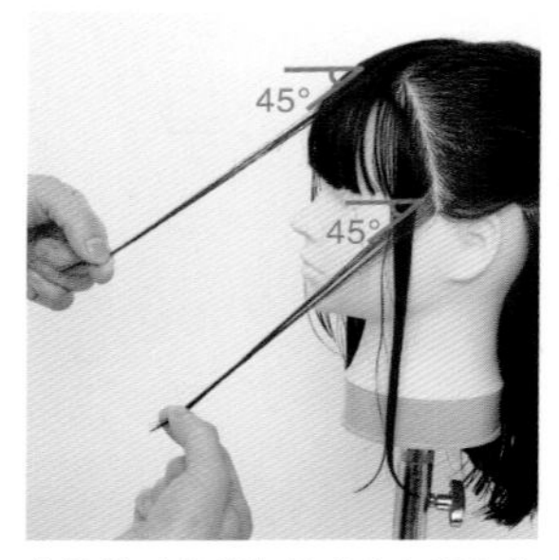

将修剪过的前部的发片和鬓角的发片，以与地面成45° 角向前提拉，想象在脸部周围制作的切口层次的修剪线。

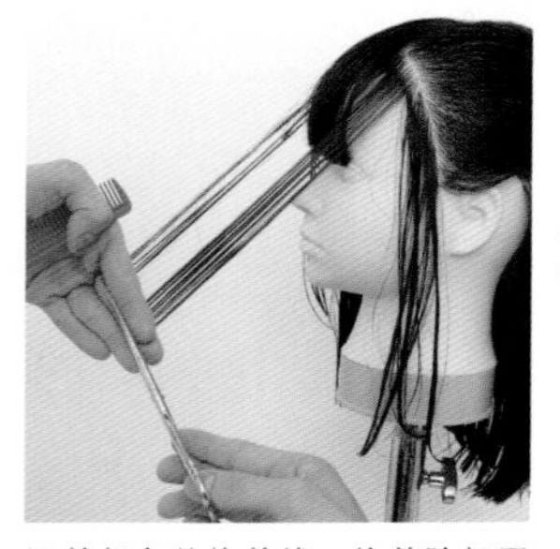
沿着想象的修剪线，修剪脸部周围的发束。连接前面与鬓角，制作略窄的切口层次。

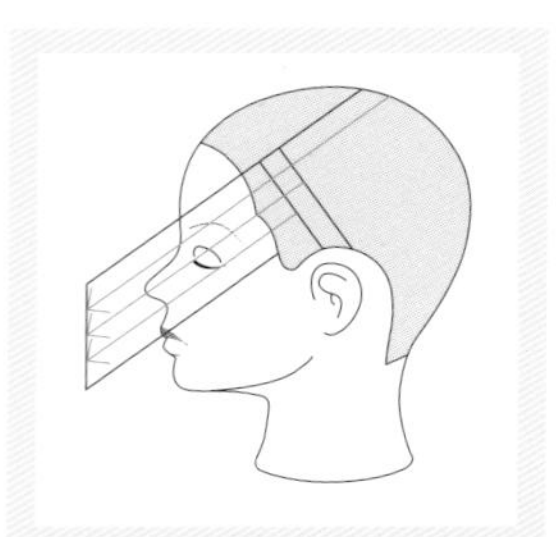
从脸部周围到后面要划分成3条发线进行修剪，制作出切口层次。

制作脸部周围切口层次的最后一条线。把后面的发片也全部汇拢到相同位置进行修剪。

脸部周围修剪完毕

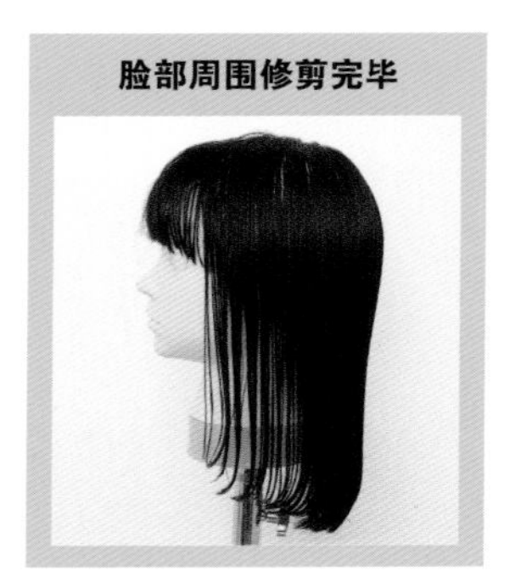

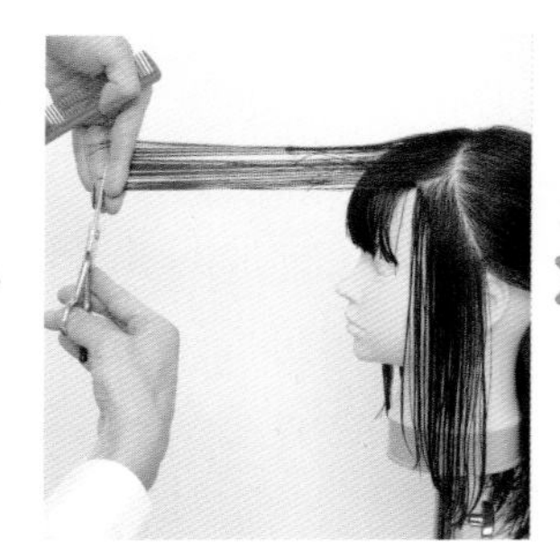
将头盖骨上方的发片与地面平行地提拉，制作高层次。发片的提拉方法如图所示。

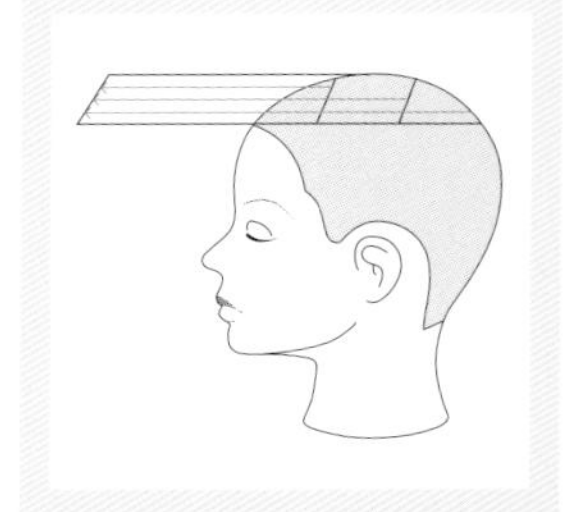
将头盖骨上方的发片与地面平行地提拉，划分3条发线进行修剪。

检查修剪

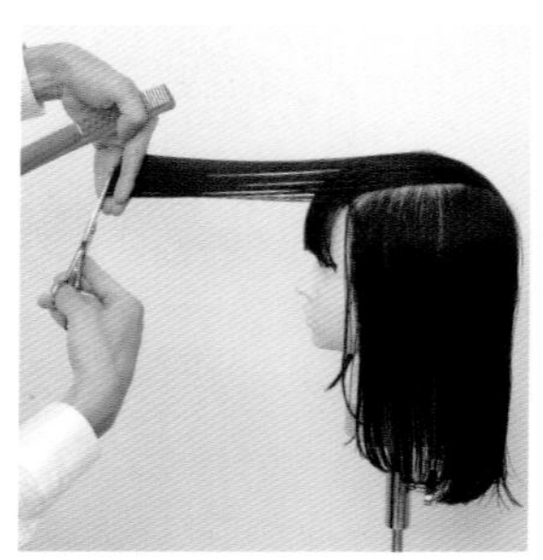
在头盖骨上方制作切口层次的最后一条线。将发片全部聚拢到相同位置进行修剪。

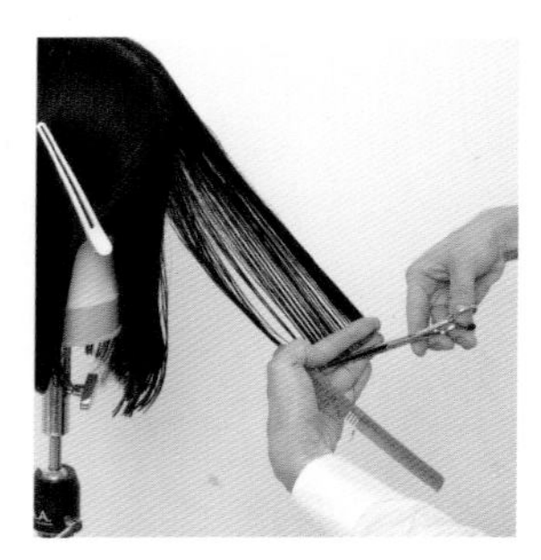
检查修剪后面的发片。沿着正中线依次抬高发片，划分3条发线进行修剪。

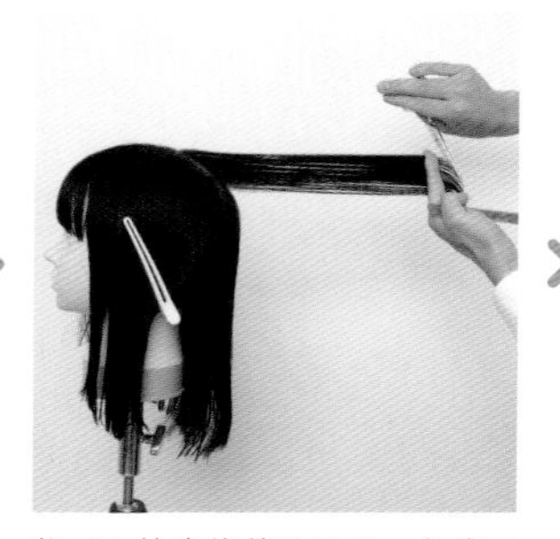
将后面检查修剪的最后一条线的发片与地面平行地提拉进行修剪。

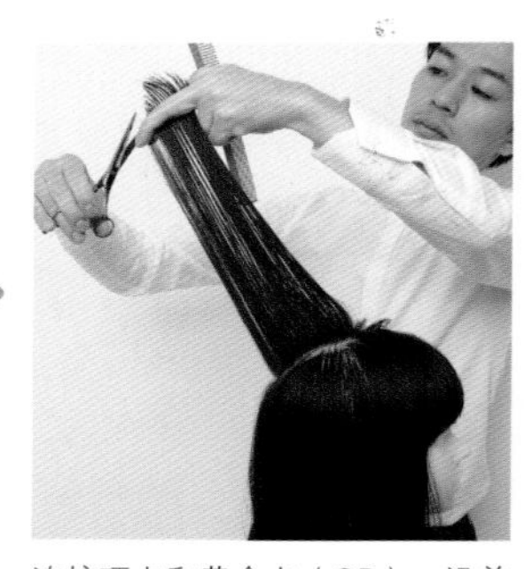
连接顶点和黄金点（GP）。沿着头的弧度提拉发片进行去角修剪。

湿剪修剪完毕

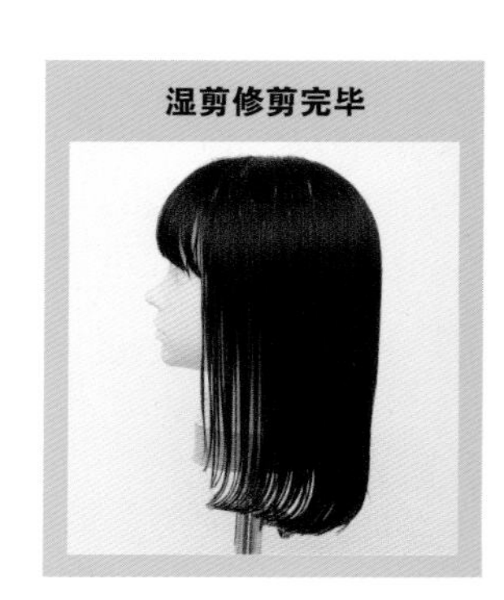

Glossary

术语解说

当顾客让你解释从未听过的美发专业术语或连你也混淆模糊的词语时，你若说不上来就不好了。这时，你便需要我们在此特意为你制作的图解“基本术语词典”。

K–two
奥村一辉

[p168 ~ p172]

1983 年 10 月 15 日出生于日本东京都。日本美发专科学校毕业后，进入 K–two 工作。现在是 QUEEN'S GARDEN by K–two 的副店长，受到不同年龄层男女顾客的好评，是颇受欢迎的青年造型师。

imaii
泽田梨沙

[p173 ~ p175]

1985 年 6 月 28 日出生于日本埼玉县。小学 3 年级至高中 3 年级一直生活在澳大利亚。回国后，就读于日本美发专科学校。2007 年进入 imaii 工作。一头明亮活泼的彩色头发是她的典型标志。作为染发师，她还经常活跃在镜头前。

Cocoon
ACO

[p176 ~ p178]

1981 年 10 月出生于日本东京都。毕业于国际文化美容美发学校。曾就职于东京都内某店，后进入 Cocoon。受到不同年龄层、不同喜好的顾客的好评。现在，店内一半的烫发工作均由其负责。经常担任杂志和广告的发型设计。

grico
江崎义孝

[p179]

1985 年 2 月 21 日出生于日本长崎县。毕业于大村美容美发专科学校（现在的大村美容时尚专科学校）。曾就职于东京都内某店，2009 年，24 岁时开设 grico。经营沙龙的同时参加各种比赛，逐渐成为顶级造型师，也经常在国内、国外的美发讲座中担任讲师。

剪发的基本术语

/K-two　奥村一辉

修剪过程

分区 → **湿剪** → **吹风** → **干剪** → **检查修剪**

分区

为了便于修剪，用发卡来分取头发，形成不同的区域。

湿剪

在弄湿头发的状态下进行修剪。目的是为制作发型打基础。

吹风

使用吹风机吹干头发。可以用发刷抻直头发或做成弧形。

干剪

在干发状态下进行修剪。主要目的是为了调节头发的质感和量感。

检查修剪

为了完成发型，对发梢等处进行的修剪。

造型名称

高层次

修剪的层次幅度大，给人以轻盈感和酷感的发型。

低层次

修剪的层次幅度小，具有厚重感和圆润感的发型。

一直线鲍勃

在头发自然垂落的位置，将头发修剪成同一长度的发型。

蘑菇式

以低层次修剪出的、脸部周围具有厚重感和圆润感的发型。

修剪技巧

5 分取发片

为了进行修剪而分取发片。根据修剪的目的有各种各样的分取方法。

“八”字形分取发片

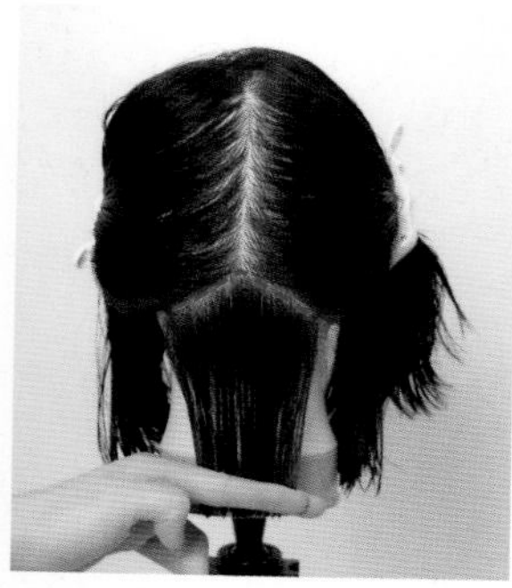

对沿着头的弧度进行修剪时很有效。修剪稍短的发型时经常使用。

斜向分取发片

与想要的修剪线一样，以同样方法进行提拉发片的分取方法。常用于制作向前斜上和向前斜下的造型中。

横向分取发片

头发自然垂落时因出现清晰的线条，所以经常用在制作低层次的造型中。

纵向分取发片

头发自然垂落时因出现清晰的线条，所以用在容易融合的发型中。经常用在制作高层次的造型中。

6 重量点

以低层次法进行修剪时，头发的厚重感最为明显的部分。

近义词 重量点线条

以重量点为起点，显示发型平衡状况的线条。分为向前斜上、平行、向前斜下3种。

7 引导线

长度或切口等将成为修剪标志的发片长度。

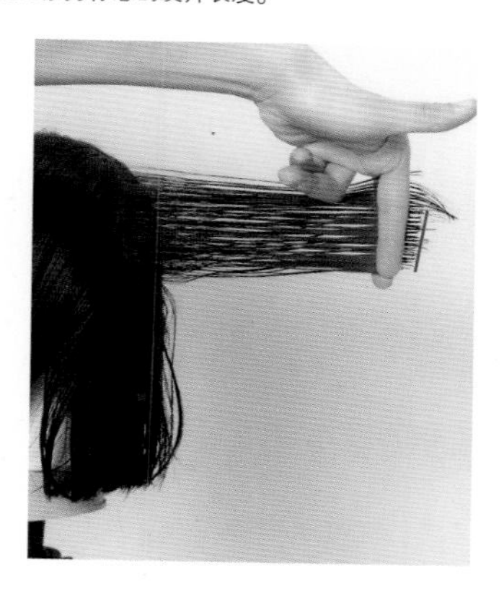

8 提拉发片的角度

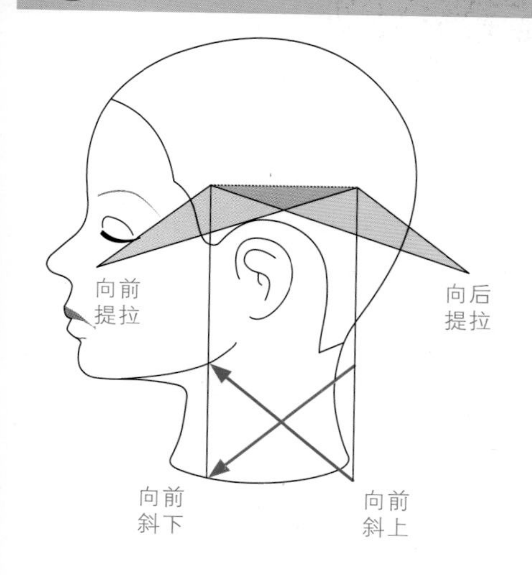

要点

因偏移分配所产生的倾斜度差异

向前、后分别提拉发片时，头发长度会出现偏差。也就是说，向前提拉会形成向前斜上的倾斜度，向后提拉会形成向前斜下的倾斜度。

偏移分配（OD）

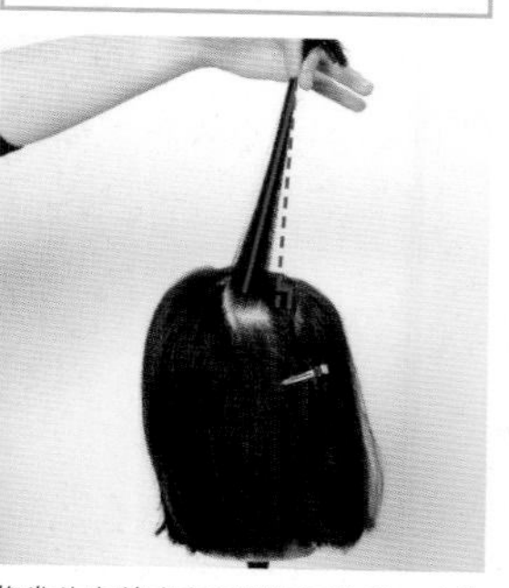

将发片向前或向后提拉至偏移一个位置的、垂直于头皮的位置。轮廓线会倾斜。

垂直于头皮

将发片垂直（90°）于头皮进行提拉。形成沿着头的弧度的修剪线。

9 三角区域

主要是修剪刘海儿时的分区。因头发被分取成三角形，所以叫作三角区域。可以根据想制作的刘海儿的宽度和深度进行调节。要注意鬓角的头发不会垂落到刘海儿的位置，所以不包含在三角区域内。

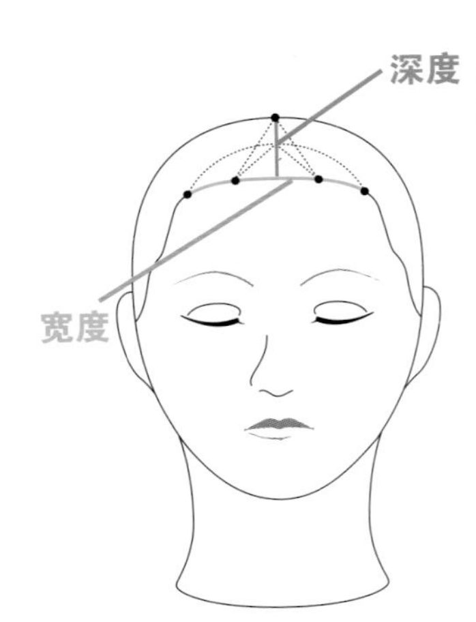

要点

关于三角区域的调节

宽度 调节刘海儿的横向距离
窄：给人成熟的印象
宽：给人可爱的印象

深度 调节刘海儿的纵向距离
浅：适合额头宽、头发多的人
深：适合额头窄、头发少的人

10 拉力

不施加拉力

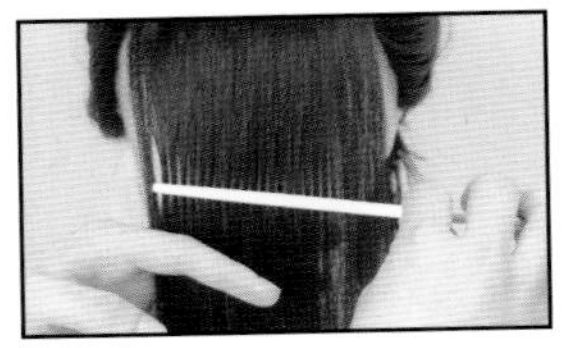

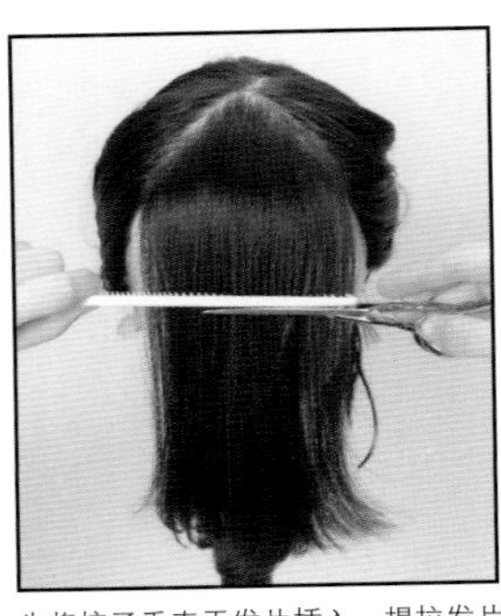

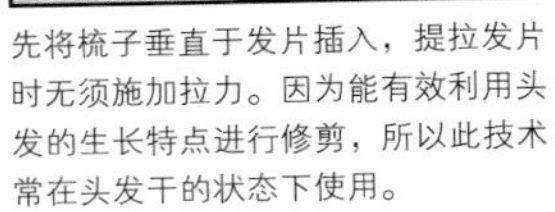

先将梳子垂直于发片插入，提拉发片时无须施加拉力。因为能有效利用头发的生长特点进行修剪，所以此技术常在头发干的状态下使用。

拉力

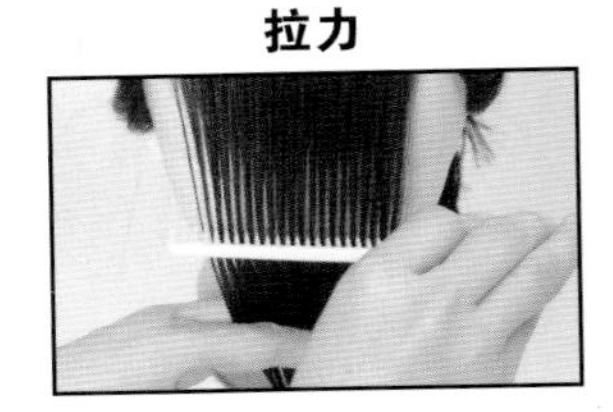

将梳子斜向插入发片，以能够抻直发根的自然卷儿的力度提拉发片。是平时为客人吹风时使用的技术。

11 形状

指用梳子梳头，根据不同目的有各种各样的制作形状的方法。

梳头

确认修剪线时，为了形成自然的弧度，不要过于用力梳发。

向下梳头

修剪时为了产生不同的切口线条，要朝着正下方梳发。

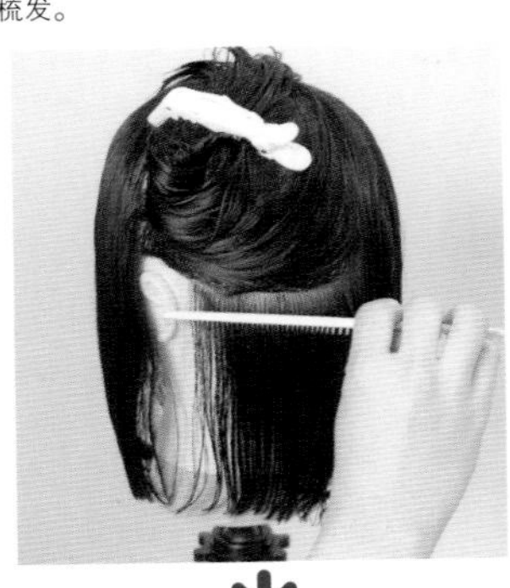

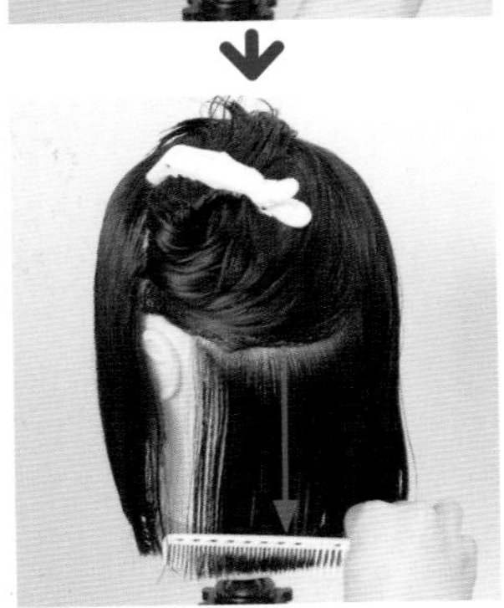

以“C”字形梳头

检查修剪时，为了能够留出上部的头发、掏出下部的头发而进行的弧形梳发。

修剪技巧

12 凹剪与凸剪

凹剪

将左右分别修剪的头发，如图片所示，修剪成提拉发片时形成凹形切口的样子。在打造强烈的高层次感时使用。

凸剪

将左右分别修剪的头发，如图片所示，修剪成提拉发片时形成抛物线状切口的样子。可在打造轻柔的质感时使用。

13 低层次和高层次

要点

发片的提拉方法

修剪的基本为将剪刀垂直于提拉的发片插入。通过低层次向下、高层次向上提拉发片进行修剪来完成各条自然的修剪线。

高层次

如图片所示修剪成下长上短，打造轻盈感和酷感的造型。

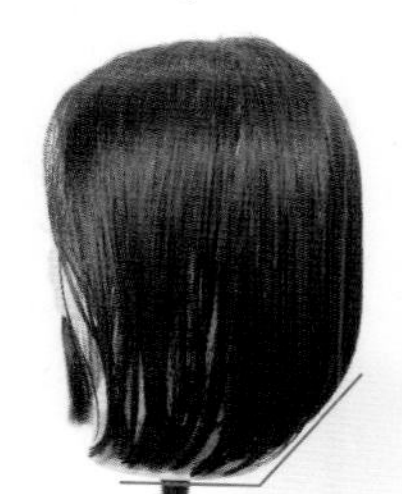

低层次

如图片所示修剪成上长下短，打造头发垂落时具有厚重感和圆润感的造型。

14 削剪

指削发打薄，用一般的剪刀或打薄剪来进行修剪。使用打薄剪进行修剪时，在头发湿的状态下是以2～3次为基准，在头发干的状态下是以3～4次为基准。

（一般的）削剪

想使头发变得稀疏时，可以从发片的发中到发尾处或只在发尾处均匀地调整量感。

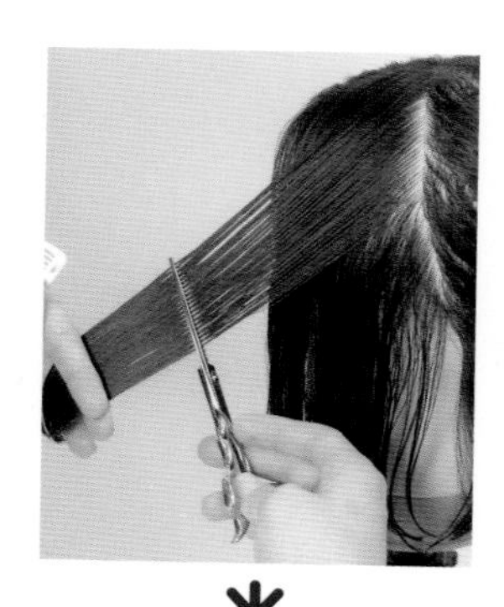

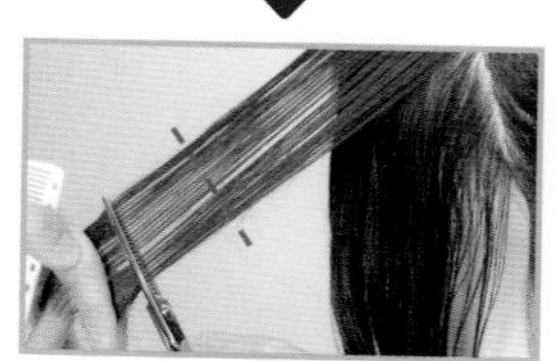

※这里是使用打薄剪来进行说明的。

高层次打薄削剪

以高层次的角度插入剪刀，将发片修剪得外侧短、里侧长，打造富有弹性的外翻卷的造型时使用。

低层次打薄削剪

以低层次的角度插入剪刀，将发片修剪得外侧长、里侧短，打造轻柔的内翻卷的造型时使用。

15 刻痕剪

竖放剪刀以锯齿形进行修剪，打造发梢的轻盈感时使用。

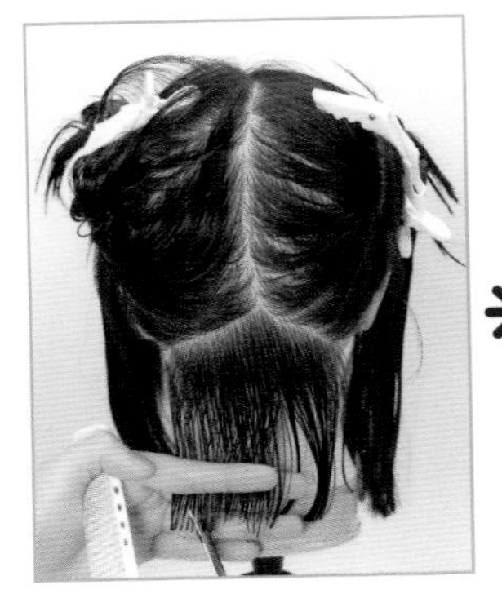

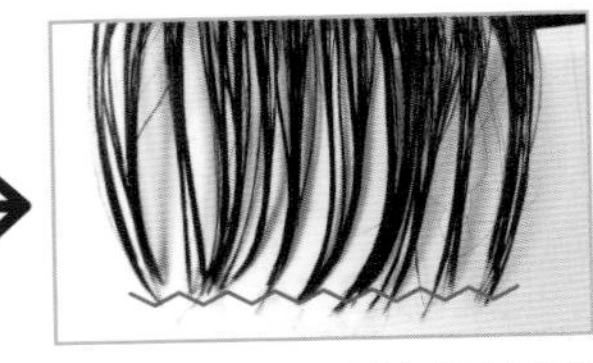

头发自然垂落时，形成容易融合的切口线条。

16 平剪

横放剪刀进行修剪。主要想打造低层次和一直线鲍勃发型时使用。

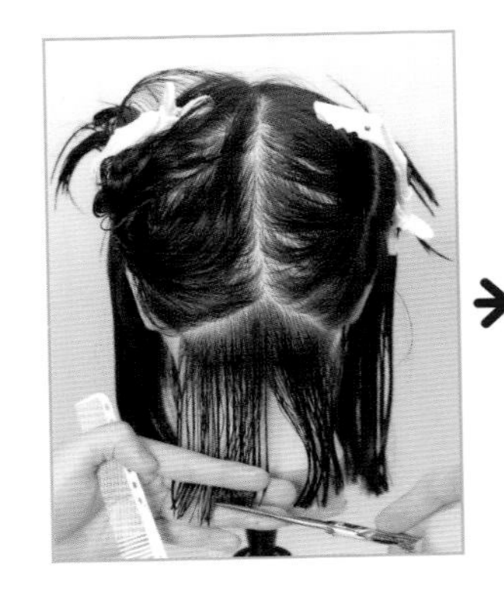

头发自然垂落时，形成清晰的切口线条。

17 滑剪

一边将剪刀张开闭合，一边朝着发梢方向滑动着进行修剪，一般强调发束感时使用。

剪子的朝向 **「朝着发梢」**

18 飞剪

一边将发片从上至下垂落，一边用剪子分散着进行修剪。打造容易融合的发束感时使用。

剪子的朝向 **「朝着发根」**

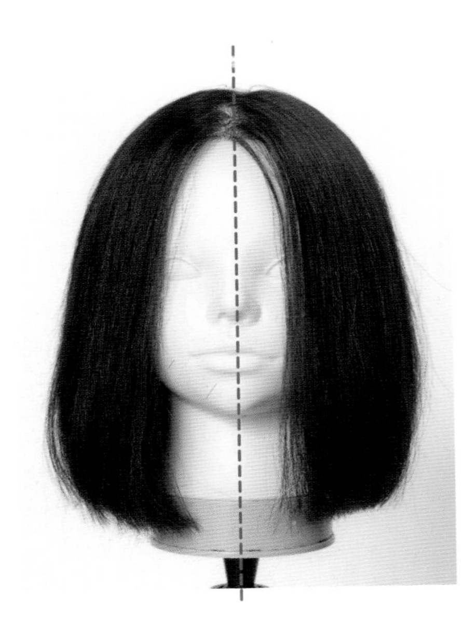

头发的量减少了很多，局部存在短的发束，强调整体的发束感。

头发的量适当减少，发梢的质感变得柔和，并且可以打造出具有空气感的发束感。

染发的基本术语 /imaii　泽田梨沙

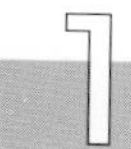

色调

[明度+饱和度]

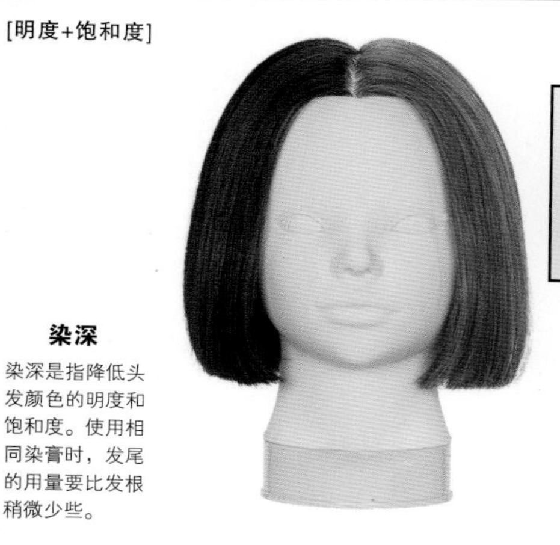

染深

染深是指降低头发颜色的明度和饱和度。使用相同染膏时，发尾的用量要比发根稍微少些。

染浅

染浅是指提高头发颜色的明度和饱和度。使用相同染膏时，发尾的用量要比发根多些。

色度

近义词：色调

色度是表示染发的“明亮程度”的标尺。在日本染发协会2000年制作的色度表中，将明亮程度设定为5～15度。

色度表
（日本染发协会）

互补色

色相环中相对之色称为互补色。互补色混合后呈无彩色（染发配色中呈暗棕色）。

橙色
+
蓝色

红色
+
绿色

黄色
+
紫色

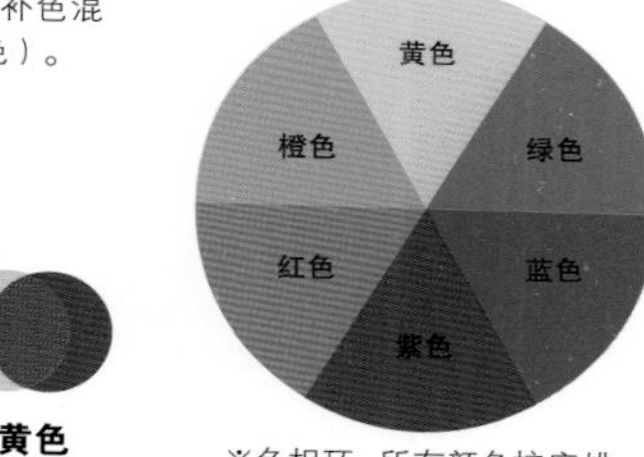

※色相环：所有颜色按序排列组合而成的圆环。

4 色相/明度/饱和度

色相　即红、蓝、黄等颜色的称谓。

明度　颜色的明亮度。不涉及颜色，只指黑白、深浅、明暗。

饱和度　颜色的鲜艳度。决定鲜艳度的是颜色中无彩色所含的比例。

※无彩色：白色、黑色，以及黑白混合色的总称。

底色

即头发漂去原始发色后的状态。辨别清楚头发底色的明度和饱和度，从而选择合适的染膏。

底色色度
原始发色漂色后头发的明度。

底色色调
原始发色染色后各种色调下的颜色（明度和颜色）。

已染发底色
染过的头发在头发底色中会有色素残留。看清已染发的底色再选择染膏。

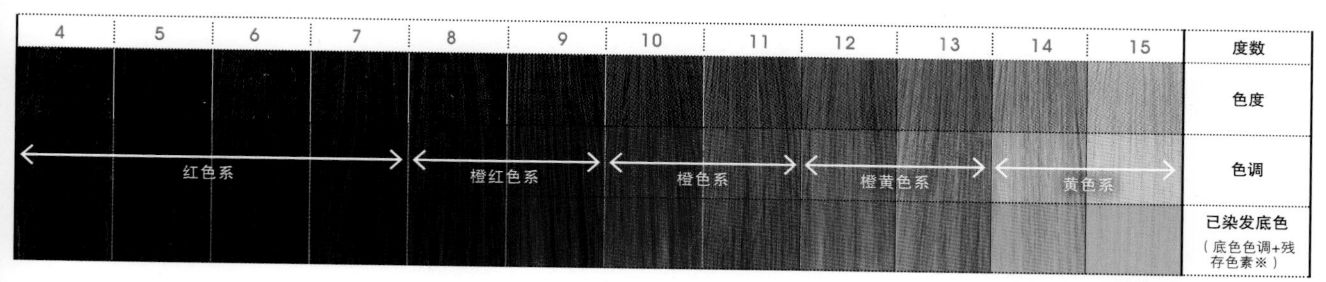

※此例中留有红色系中的残存色系。

6 避开头皮

染发时从发根处开始充分涂抹染膏又能避免将染膏涂到头皮上的技术。这原本是涂抹指甲油的技术，但为了满足那些头皮比较敏感脆弱或重视头皮健康的顾客的需要，这种技术也被应用于碱性染发剂的涂抹中。

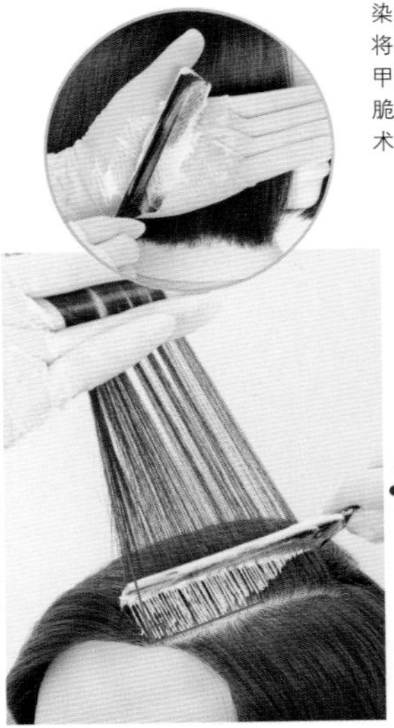

用尖尾梳把染膏涂抹到手掌上。首先，以前额发际线为起点，拉取发片与头皮成90° 角，将尖尾梳的梳齿垂直梳入发片中。接下来，以发片后面为起点，再拉取一片发片与头皮成90° 角，以同样的方法将尖尾梳的梳齿垂直梳入发片中。

7 补染

只染新长出的发根部位。

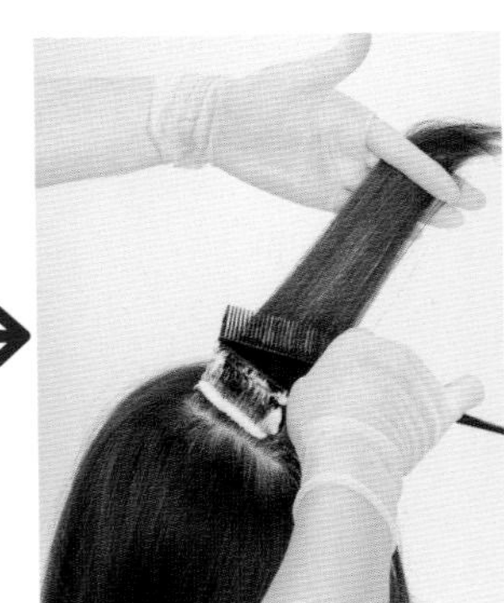

刷子的移动方法是“下→上”。在与已染发的分界处立起刷子来调控染膏用量。发片内侧也要均匀涂抹染膏。

8 挑染/层染

挑取发束或发片，将其染浅或染深的技术，可以打造出立体的染发效果。

挑染

从weaving（编、缝的意思）引申而来，指在头发中穿挑出小发束来对其进行染色的技法。

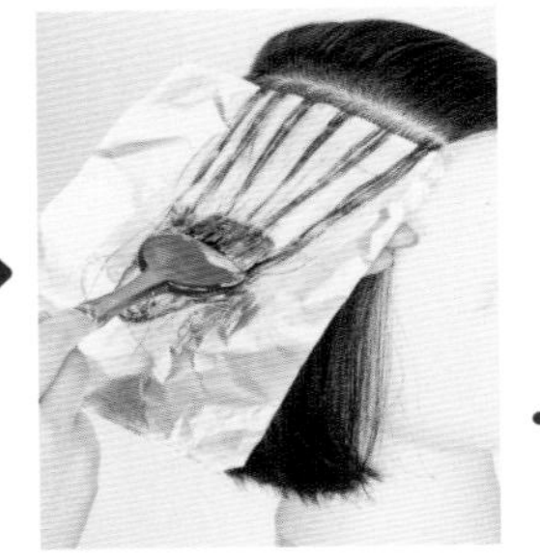

从靠近发根处等间距地挑取出小发束，并将其放在锡箔纸上涂抹染膏。

层染

将头发分成发片一层一层染色的技术。

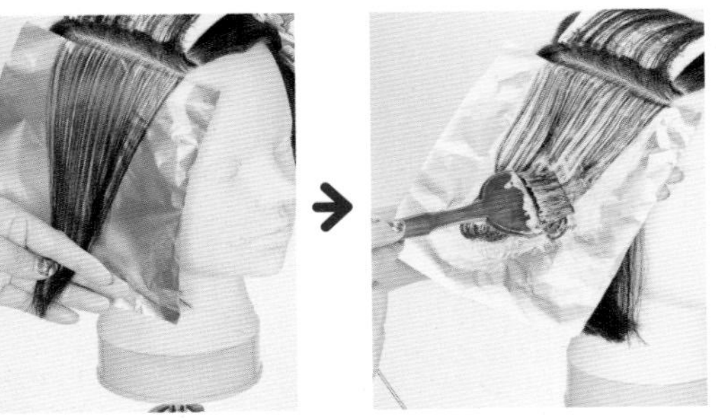

薄薄地分取发片，涂抹染膏至发片的发尾处。

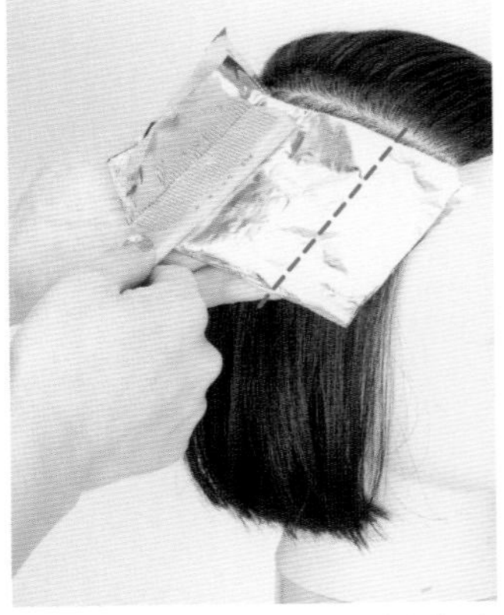

将锡箔纸双向对折，用尖尾梳抵住折线，把锡箔纸左右对折，包住发片。

9 蝶形锡箔片

颜色自然地向发尾渐变的染发技术。

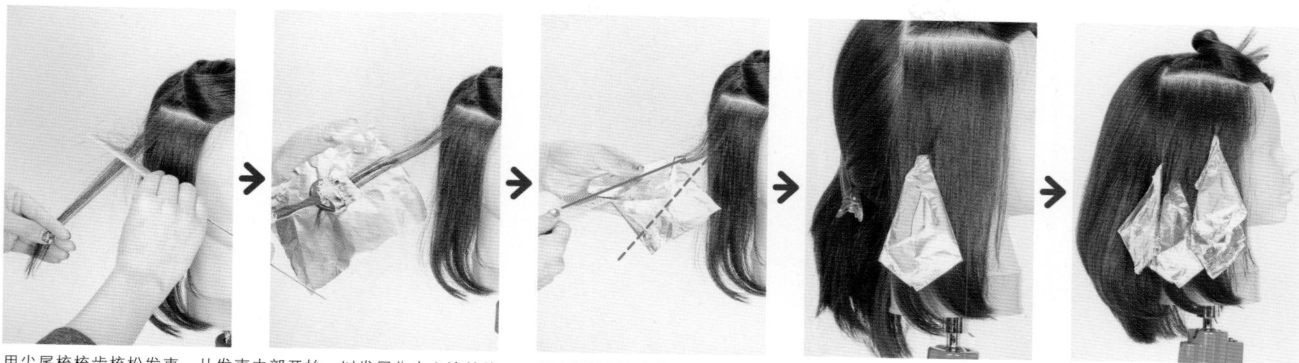

用尖尾梳梳齿梳松发束，从发束中部开始，以发尾为中心涂抹染膏。

用尖尾梳抵住折线，将锡箔纸折成三角形。可以根据设计随机加入锡箔纸来渐染。

10 扫染

从balayer（法语中用扫帚扫地的意思）引申而来，指像用扫帚扫地一样的上色技术。在想打造头发的立体感时使用。

用刷子把染膏涂到尖尾梳上。

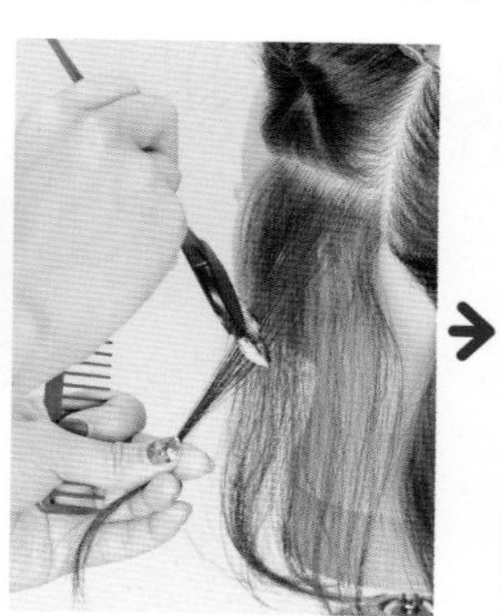

刚开始涂抹时，为了不让发束上沾染太多染膏，用刷子竖向刷入，然后再将刷子放平，朝着发尾方向涂抹。

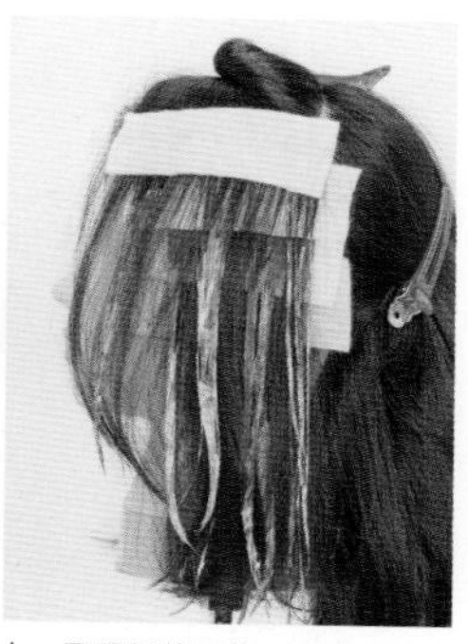

为了不让染膏沾到没涂抹染膏的头发上，要用隔热纸将已涂发片盖住隔开，再涂抹下一发片。注意要在不同发片的不同位置涂抹染膏，隔热纸呈垒砖式插入。

11 缓释剂

中和酸性或碱性，让头发恢复中性的中和剂。中和酸性时，使用碱；中和碱性时，使用酸。染发时，在乳化剂的前后使用。

pH的调节

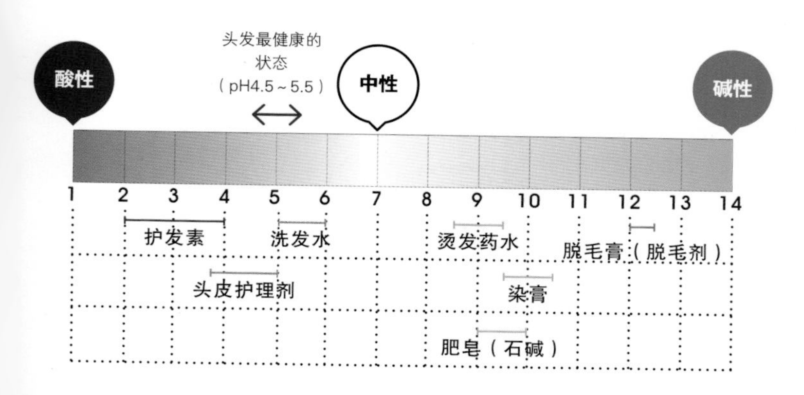

12 乳化剂

涂抹染膏后，在洗发台把头发上残留的染膏用温水好好调和，使染膏均匀涂抹在头发上。为避免染色不均或色素沉着，要清洗干净头皮上沾染到的染膏。

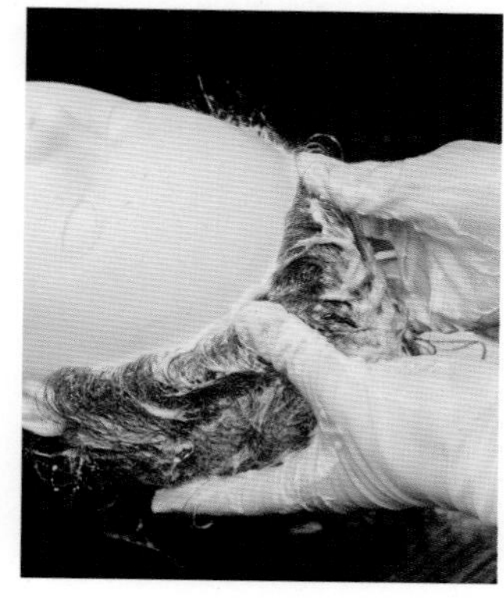

在洗发池中蓄入温水，一边向头发撩拨温水，一边用手指打圈揉搓头发，让混合了染膏的乳白色液体流经全部头发。

烫发的基本术语 /Cocoon ACO

1 不施加拉力

拉力=抻拉的力量。一般专业考试要求需要施加拉力，但是最近在美发沙龙里不施加拉力成为了主流。

拉力过强时的状态。

2 基础修剪

烫发前要先进行基础修剪，把调整完量感的头发称为烫发的基础修剪。为了使烫发的隆起感显得漂亮，需要结合头发的量和自然卷儿及骨骼来调整烫发的重叠。特别要减轻耳后头发的厚重感。脸部周围要根据造型进行调整。

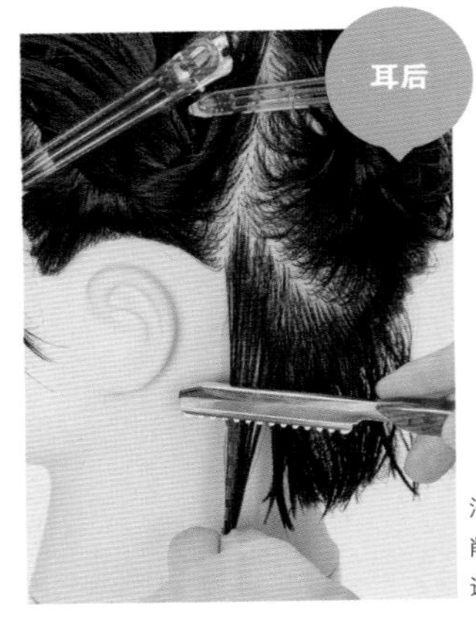

沿着脖子用削刀以弧形进行修剪。

比如想在脸部周围打造圆润感时，就这样用削刀进行修剪。

3 向下提拉发杠

指卷发杠的角度，以低于垂直于头皮（与头皮成90°）的角度做型进行的卷发。想控制蓬松感的部分常常以下拉卷杠进行卷发，可以用在后颈发际周围。

4 向上提拉发杠

指卷发杠的角度，以高于垂直于头皮（与头皮成90°）的角度做型进行的卷发。想打造蓬松感的部分常常以上拉卷杠进行卷发，可以用在顶部周围。

5 竖卷

为基本卷法，即竖着卷发杠的技术。不仅能打造清晰的隆起感，也能打造立体的动感。

6 平卷

为基本卷法，即横着卷发杠的技术。能打造横向展开的蓬松感。

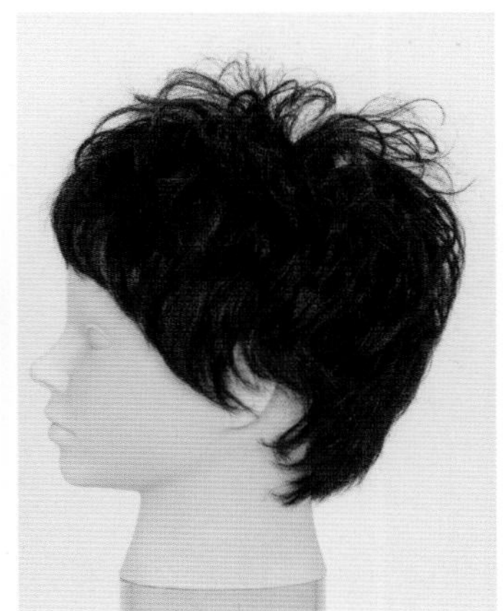

发卷儿的形状与发杠的选定

掌握4种发卷儿的形状会拓展烫发的设计。

7 "C" 形卷儿

想在表面制作很少的发卷儿来减少直发感时使用。用15mm的发杠，以发梢卷法平卷半圈。

8 "J" 形卷儿

想在发梢制作轻柔的发卷儿或连接清晰的发卷儿和模糊的发卷儿时使用。用21mm的发杠，以发梢卷法平卷1.5圈。

9 "S" 形卷儿

想在中间部分制作最为清晰的发卷儿时使用。用19mm的发杠，以中间卷法竖卷2圈。

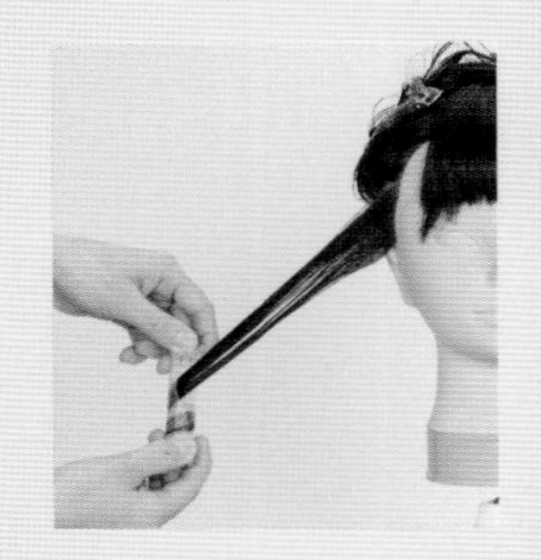

10 螺旋卷儿

想制作发梢处的清晰的发卷儿或打造具有动感的波浪时使用。用17mm的发杠，以发梢卷法竖卷3圈。

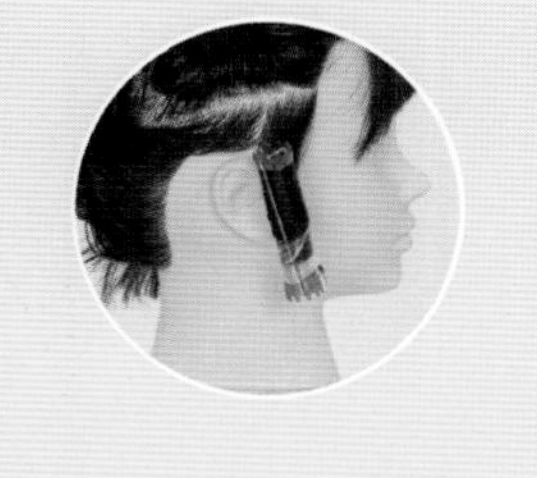

发杠的直径根据卷的大小而变化

11 向后卷

朝着后方卷发杠的方法。发卷儿集中在外侧，不怎么覆盖在脸部的轮廓上。发卷儿总体向外侧展开。想控制脸部周围等处的蓬松感时使用。

12 向前卷

朝着前方卷发杠的方法。发卷儿集中在内侧，进入到脸部的轮廓里。从正面看脸部周围的蓬松感明显。想制作蓬松感时使用。

13 发卡卷

用在短发造型或脸部周围的短发上。有向前提拉发梢的向前卷和向后提拉发梢的向后卷等方式。想打造脸部周围的自然的动感或紧绷后颈发际部分时使用。

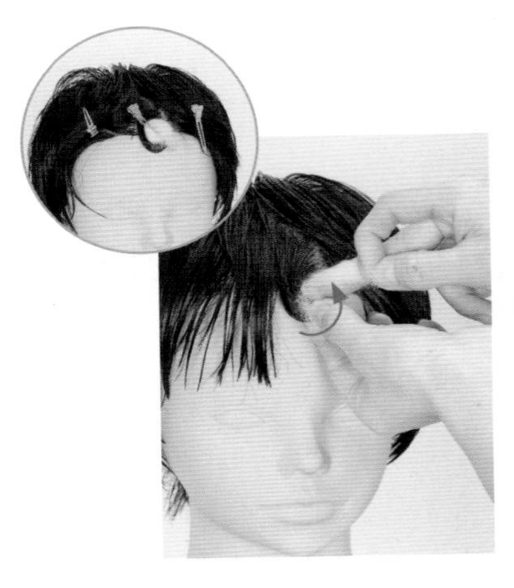

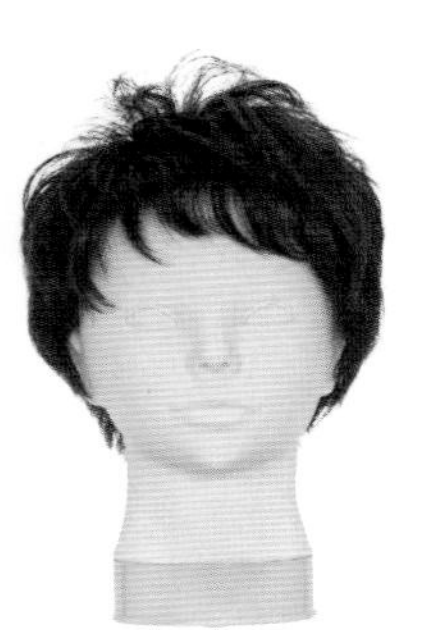

14 逆卷

压着发根横放发杠向外卷的方法。可以用在控制容易飘起的脖颈和自然卷儿强的后颈发际处。

15 排杠

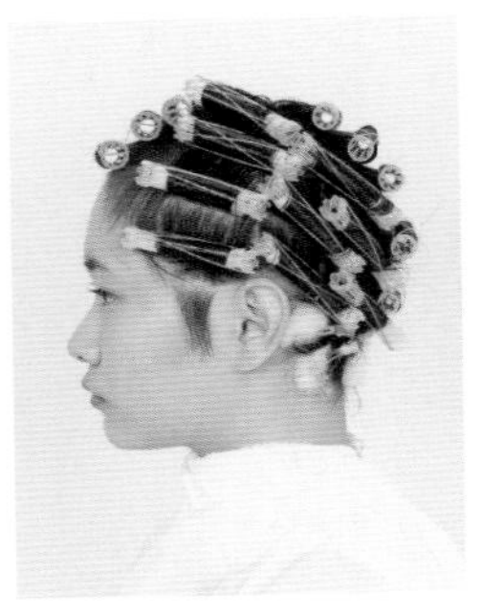

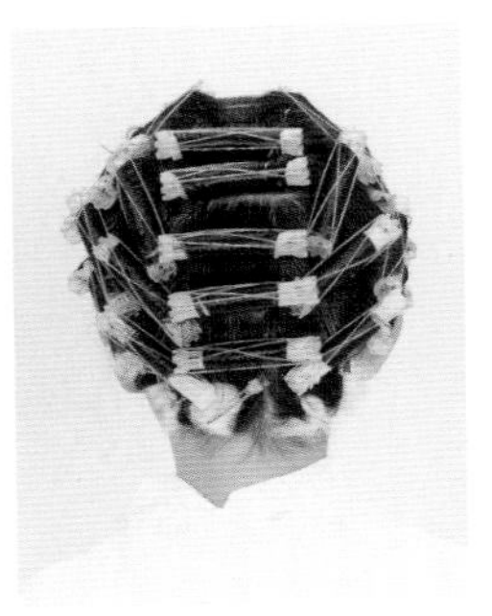

指卷发杠的排列状态。要根据客人的骨骼，调整发杠的数量。

电烫发的基本术语 /grico 江崎义孝

1 纵卷·向前（发尾上卷）

用电烫棒向后卷发束，可以烫出立体的发卷。在长发造型的收尾工作中，经常结合向前卷来一起使用。

将电烫棒斜向夹住发束的发尾部分，不改变角度一直向上卷至发中位置。左右倾斜电烫棒卷发可以打造出V脸效果。

2 纵卷·向后（发尾上卷）

用电烫棒向前卷发束，可以烫出有立体感的发卷儿。在长发造型的收尾工作中，会经常使用到该卷法。

将电烫棒斜向夹住发束的发尾部分，不改变角度一直向上卷至发中位置。左右倾斜电烫棒卷发可以打造出后脑部的V字效果。

3 微卷

想突出外侧头发时，用电烫棒将捻转过的小发束烫卷儿。无论是短发还是鲍勃头都可以用此方法来打造头发强烈的微翘灵动感。

取少量头发向上提拉捻转，从发中位置开始向后纵向绕动小发束。

4 平卷·内扣（发尾上卷）

发卷儿中间烫出夹痕的话就错了。

将电烫棒水平横向夹住发尾，绕动至发中位置烫出内扣的发卷。这是从短发到长发都可以使用的万能技术。拿电烫棒的人一边向自己所在方向稍用力拉，一边向内转动电烫棒。

5 平卷·外翻（发尾上卷）

将电烫棒水平横向夹住发尾，向外绕动。无论是短发还是长发，想要突出外层头发时都可以使用此方法。

索引

A

A 字线（A-line） 轮廓像字母 “A” 的形状

B

饱和度 颜色鲜艳、纯正的程度。

变色 逐渐地改变颜色。

边缘轮廓线 发际线处。

补染 只对已染发从发根处新长出来的部分进行染色。

不施加拉力 不拉紧头发。

C

超时（Overtime） 主要指药水在头发上的放置时间超过必要时间。烫发时，指 1 剂的放置时间，但有时也指 2 剂的放置时间。染发时，指染膏在头发上的时间。放置时间过长的话，会对头发造成损伤。

侧中线（Ear-to-ear Line） 连接两侧耳上点的、经过顶点的连线。

重叠（Overlap） 染发时，染膏涂抹超界了。在给头发新生部分补染时，把染膏涂到已染头发上了。

处女发（生发） 未经化学处理过的头发。

穿挑（Weaving） weave 的派生词。指穿挑发束打造立体感的锡纸染发技术。

垂直于头皮（On base） 提拉发片与头皮成 90° 角。

D

蛋白质变性 头发的角质蛋白质遇热后改变性质。头发一旦引起蛋白质变性，就会难于染烫。

低层次修剪 依次地或呈阶梯状的样子。修剪中，修剪截面具有层次的造型。将提拉的发片修剪成上长下短的造型。

定型（Shape） 用发梳按固定方向梳头发。或指剪发时，一边用发梳梳理一边用手指夹住发片。

多目的（All purpose） 在烫发中，不拘泥于发型设计的具有多种用途的卷的排列。

多肽 构成头发主要成分角蛋白质的物质。许多个构成蛋白质的肽链相链接。

F

发多侧（Heavy side） 头发左右分时发量较多的那一侧。因为该侧头发发量较多，所以看起来比较厚重。

发杆 原指茎或干。这里指把头发分成一片或一束的说法。

发片 提拉出的片状发束。

发片线 发片间的分界线。

发少侧（Light side） 头发左右分开时发量较少的那一侧。因为该侧头发较少，所以看起来比较轻薄。

非氧化染色剂 金属性染发剂。以铁为主要成分的染发剂，不必担心过敏性皮炎。现在已几乎不再使用。

分发线 分区时划分界线的发线。

分取发片 将分区内的头发分成薄发片。

分区 事先在头部按不同部位将头发分成不同的区域。

富士额 额头正中央的凸起的部分。

G

高层次 形成层状的样子。染发时，偶尔用于叠染。剪发时，指头发上短下长的样式，可以减轻头发的厚重感。

高分子 分子量大的分子，聚合物。与由高分子构成的基本单位单体相对。

高损伤 头发严重受损。损伤大的头发是指有较多空洞的头发。

H

还原剂 物质失去氧，与氢相结合的化学反应称之为还原。染发 1 剂向头发提供氢离子，使之与头发中的胱氨酸发生反应（引起还原），因此，1 剂是还原剂。因为胱氨酸与氢离子发生反应，二硫键被切断。

渐变 慢慢变化。染发时，一束发束或全头头发有两种以上颜色时，为了不突兀，颜色逐渐变化。

检查修剪 整理修剪头发不整齐的发梢。

间充质 软角蛋白或无定形角蛋白。填充于原纤维之间的物质。与硬角蛋白或结晶型角蛋白相对，是构成原纤维的物质。

尖尾 尾巴、尾部。指尖尾梳等发梳尾端棒状的部分。

碱性剂 药水中的碱性物质。烫、染时可以使头发的角质层打开，易于药水对头发的渗透。可以提高 pH。因为头发在 pH4.5 ~ 5.5 的弱酸性时最稳定，当 pH 提高，碱性增强时，酸碱平衡被破坏，离子键被切断。同时，碱性增强后角质层容易打开，使烫发药水易于吸收。染发时，可以使 2 剂的双氧乳产生活性氧。

角度 根据提拉发片的角度不同而产生的不同层次。

角质层 覆盖在头发外层，重叠 4 ~ 6 枚（据资料记载，也有 6 ~ 10 枚，甚至更多），保护头发内侧。

颈枕处 后脑接近脖子的发际处。

卷发矫正 拉直有自然卷儿的头发，或为了让头发易于打理而需使用拉直药水。

K

抗水性 不容易吸水的性质，与吸水性相对。

空手 指剪发时手里没拿发片。

L

拉力 指适度用力拉头发。

脸周发际线 脸部周围的发际线。

刘海儿 修剪的额前的头发。

隆起 烫发后发卷鼓出来的部分。

轮廓 发型的整体轮廓。

轮廓线（Outline） 发型边缘、外侧的轮廓。

M

麦拉宁色素（Meraninn） 决定皮肤、头发颜色的因子。麦拉宁多的话头发就黑。深色麦拉宁和浅色麦拉宁的含量和比例决定了头发的颜色。

毛鳞片 表皮层或角质层。

明度 指明亮、暗淡等，即颜色的明亮程度。

莫西干线（Mohican Line） 头的中央，正中线。

P

pH pH（p 小写，H 大写）是表示氢离子浓度指数的，是用来测量水溶液的酸碱度的标准。

膨胀 吸收液体膨胀。烫发和染发时，头发因药剂作用，或吸收药剂后膨胀。

皮质层 沿着头发生长方向较规则排列的纤维细胞，是染膏发生作用的部分，占到头发的 85% ~ 90%。

漂剂 漂白头发中的麦拉宁色素、提高头发明度的药剂。因为没有颜色，所以只能漂白不能上色。

漂色 分解头发内部的麦拉宁色素，漂白头发。酸性染发剂通常是在漂色的同时。

平剪 将剪刀横向放入提拉的发片上，进行直线修剪。

Q

轻拍 按摩放松肩部。指一边用双手交替捧头发一边轻轻拍打的动作。主要是在护发按摩和染发尾时做。

区间（Zone） 把头部按性质和目的划分而成的数个区域。

区域 指将头部分成几个部分的空间。在剪发、烫发、染发中，辨别造型的基本部分时使用。

R

R 弯、曲线的简称。由半径（radius）派生出的表示曲线的词。

染发慕斯 往头发上喷的可以染色的喷雾剂之类的东西。

染发液 染发药水中有酸性成分，可以让头发表层吸收染色。使用方法和护发素相同。

染发油 让酸性染膏在头发表层通过离子结合来染色。

染浅 色调是指“明度＋饱和度”。染浅是指提高明度和饱和度，使颜色变亮、变淡。

染色 染出颜色。

染深 降低明度和饱和度，致眼色变暗、变深。

乳化剂 用来配合稳定头发状态。

软化 使头发变得柔软。在烫发中，在 1 剂的作用下，链键断开，头发变得柔软的状态。

S

色度 用来表示染色明度。

色相 红、绿、蓝等色彩。

梳头双 用发梳梳理头发。

氧乳 作为染发和非处方烫发药水的 2 剂使用的氧化剂。

T

抬起 剪发时用手指夹起发束。

头盖骨 是指头部横向突出的部分。头顶平面最突出的部分。

脱染剂 与使发色变浅变亮的脱色剂不同，脱染剂是为了漂除已染色头发中的颜色。

脱色剂 分解头发中麦拉宁色素的药剂。多用于让发色变浅。

X

吸水性 容易吸水的性质，与抗水性相对。

向后 后面，朝着头后部。

向前 前方，朝着脸的前面。

向上提拉发片（Upstem） 提拉发片与头皮成钝角。一般指 90° 以上的角度。

向下提拉发片（Downstem） 提拉发片的角度成锐角，通常是指 90° 以下。

削剪 用牙剪纵向修剪发片，发梢长度不均。

斜向检查涂抹 染发时，选取侧面发片，再次涂抹漏涂的地方。

新生发 未经染烫的发根处新长出来的头发部分。等于新生部分。

修剪线（Cutline） 修剪的切口线条。

Y

氧化剂 物质失去氢离子，与氧原子相结合的氧化反应。烫发 2 剂就是氧化剂。通过胱氨酸与氧气的反应，使被切断的二硫键重组。染发时，由双氧乳中的氧来漂白分解麦拉宁色素，让氧化染膏氧化上色。

氧化聚合 染发时，因为 2 剂中的双氧乳释放出氧引起氧化，1 剂的酸性染膏会结合起来。这种聚合能够生成较大分子，进行染色。

已染发 已经染色的头发。如果不考虑已染发的颜色残留的话，是无法均一染色的。

一直线鲍勃 将垂落的头发在同一位置进行修剪。或者修剪成那样的造型。

引导线（Guide） 主要指剪发时，能使后面相连发片以正确的长度修剪的引导线，也叫设计线。

Z

扎发 指把头发聚拢到一起。

正中线 从前额到后颈处将头部左右对称平分的线条。

重量点（Weight） 以低层次法进行修剪时，头发的厚重感最为明显的部分。

中枢点（Pivot point） 头部旋转轴上开始旋转的原点。

合作沙龙

明石真和 （明石真和）	DaB	〒150-0033	東京都渋谷区猿楽町 28-11 ネスト代官山 1F （东京都涩谷区猿乐町 28-11 nest 代官山 1F）	03-3770-2200
ACO （ACO）	Cocoon	〒150-0001	東京都渋谷区神宮前 5-6-5 Path 表参道 A 棟 B1 （东京都涩谷区神宫前 5-6-5 Path 表参道 A 栋 B1）	03-5466-1366
奥村一輝 （奥村一辉）	K-two	〒104-0061	東京都中央区銀座 7-8-7 GINZA GREEN 6F （东京都中央区银座 7-8-7 GINZA GREEN 6F）	03-6252-3285
井上千尋 （井上千寻）	apish	〒150-0001	東京都渋谷区神宮前 5-18-10 EXASPACE 2-E （东京都涩谷区神宫前 5-18-10 EXASPACE 2-E）	03-5464-9300
伊輪宣幸 （伊轮宣幸）	AFLOAT	〒104-0061	東京都中央区銀座 2-5-14 銀座マロニエビル 10F （东京都中央区银座 2-5-14 银座 MARRONNIER BUILDING 10F）	03-5524-0703
エザキヨシタカ （江崎孝义）	grico	〒150-0001	東京都渋谷区神宮前 6-14-12 モードＳ 2・3F （东京都涩谷区神宫前 6-14-12 MODE S2、3F）	03-6427-9062
大澤正行、澤田梨沙 （大泽正行、泽田梨沙）	imaii	〒150-0001	東京都渋谷区神宮前 6-3-9 5F （东京都涩谷区神宫前 6-3-9 5F）	03-3400-2105
磯圭一 （矶 圭一）	DIFINO	〒107-0062	東京都港区南青山 5-4-41 グラッセリア青山 2F （东京都港区南青山 5-4-41 GLASSAREA 青山 2F）	03-5468-3361
林仁美 林 仁美）	kakimoto arms JIYUGAOKA	〒152-0035	東京都目黒区自由が丘 1-29-14 J-FRONTビル2F （东京都目黑区自由之丘 1-29-14 J-FRONT BUILDING 2F）	03-3718-4646
三笠竜哉 （三笠龙哉）	Tierra	〒150-0001	東京都渋谷区神宮前 6-28-3 Gビル神宮前 06 （东京都涩谷区神宫前 6-28-3 G BUILDING 神宫前 06）	03-6418-8005
村上栄治 （村上荣治）	KENJE	〒251-0024	神奈川県藤沢市鵠沼橘 1-17-5 KG ビル （神奈川县藤泽市鹤沼桥 1-17-5 KG BUILDING）	0466-26-0309
森嶋謙介 （森嶋谦介）	PEEK-A-BOO	〒104-0061	東京都中央区銀座 5-4-9 ニューギンザ 5 ビル 3、4F （东京都中央区银座 5-4-9 NEW GINZA 5 BUILDING 3、4F）	03-6254-5990
YUJI （YUJI）	MAGNOLiA	〒107-0062	東京都港区南青山 4-24-8 アットホームスクエア BF （东京都港区南青山 4-24-8 AT HOME SQUARE BF）	03-5774-0170

合作企业

株式会社アリミノ （ARIMINO 股份有限公司）	〒161-0033	東京都新宿区下落合 1-5-22 アリミノビル 7F （东京都新宿区下落合 1-5-22 ARIMINO BUILDING 7F）	03-3362-3436
中野製薬株式会社 （中野制药股份有限公司）	〒607-8141	京都府京都市山科区東野北井ノ上町 6-20 （京都府京都市山科区东野北井之上町 6-20）	0120-075570
日華化学株式会社 デミ コスメティクス （日华化学股份有限公司）	〒910-8670	福井県福井市文京 4-23-1 （福井县福井市文京 4-23-1）	0776-25-8585
リアル化学株式会社 （REAL 化学股份有限公司）	〒170-0005	東京都豊島区南大塚 3-31-1 大塚南口ビル 9F （东京都丰岛区南大塚 3-31-1 大塚南口 BUILDING 9F）	03-3986-1651

注：为方便读者联系，此处保留了原文。

摄影　gaku、太田功一、后藤伦人、竹林省吾（BARK IN STYLE）、深见千惠、山崎美津留、吉乐洋平

封面插图　木村美琪（BUILDING）

插图　小关 勇、高桥正荣、木村美琪（BUILDING）、宫田千佳

艺术指导　STUDIO GIVE

设计　山田安佳里、细渊亮

图书在版编目（CIP）数据

日本美发技术全解析 /（日）发书房著；朴实，韩海莲，李红梅译. —沈阳：辽宁科学技术出版社，2015.10
ISBN 978-7-5381-9434-0

Ⅰ. ①日… Ⅱ. ①朴… ②韩… ③李… Ⅲ. ①理发 Ⅳ. ①TS974.2

中国版本图书馆CIP数据核字（2015）第221642号

出版发行：辽宁科学技术出版社
（地址：沈阳市和平区十一纬路29号 邮编：110003）
印 刷 者：辽宁新华印务有限公司
经 销 者：各地新华书店
幅面尺寸：210 mm × 285 mm
印　　张：11.5
字　　数：80 千字
印　　数：1 ~ 5000
出版时间：2015 年 10 月第 1 版
印刷时间：2015 年 10 月第 1 次印刷
责任编辑：李丽梅
封面设计：袁　姝
版式设计：袁　姝
责任校对：徐　跃

书　　号：ISBN 978-7-5381-9434-0
定　　价：69.00元

投稿热线：024-23284063 QQ：542209824（添加时，请注明“读者”“美发”等字样） 联系人：李丽梅
邮购热线：024-23284502 联系人：何桂芬
http：//www.lnkj.com.cn
QQ群：55406803